U0347986

中國建築西北設計研究院有限公司

華夏設計所

CSCEC HUAXIA DESIGN FIRM

大唐芙蓉园
DATANG FURONGYUAN

大唐芙蓉园紫云楼（一）
DATANG FURONGYUAN ZIYUNLOU

大唐芙蓉园紫云楼（二）
DATANG FURONGYUAN ZIYUNLOU

大唐芙蓉园仕女阁
DATANG FURONGYUAN SHINVGE

大唐芙蓉园西大门
DATANG FURONGYUAN XIDAMEN

黄帝陵全景
HUANGDILING QUANJING

黄帝陵大殿内景
HUANGDILING DADIAN NEIJING

黄帝陵外景
HUANGDILING WAIJING

长安塔施工（一）
CHANGANTA SHIGONG

长安塔施工（二）
CHANGANTA SHIGONG

丹凤门：遗址厅内景
DANFENGMEN YIZHITING NEIJING

丹凤门外景
DANFENGMEN WAIJING

丹凤门施工
DANFENGMEN SHIGONG

曲江池（一）
QUJIANGCHI

佛学院大雄宝殿
FOXUEYUAN DAXIONG BAODIAN

曲江池（二）
QUJIANGCHI

西安博物馆大厅仰视
XIAN BOWUGUAN DATING YANGSHI

西安博物馆外景
XIAN BOWUGUAN WAIJING

大唐西市
DATANG XI SHI

化女泉 - 品泉阁
HUANVQUAN-PINQUANGE

化女泉 - 品泉阁施工
HUANVQUAN-PINQUANGE SHIGONG

化女泉 - 大殿
HUANVQUAN-DADIAN

化女泉 - 大殿施工
HUANVQUAN-DADIAN SHIGONG

传统风格建筑现代结构设计

Modern Structure Design of Traditional Style Architecture

名誉顾问　张锦秋

编　　著　吴　琨　贾俊明　车顺利
　　　　　董凯利　韦孙印　马　牧

中国建筑工业出版社

图书在版编目（CIP）数据

传统风格建筑现代结构设计/吴琨等编著.— 北京：中国建筑工业出版社，2017.12
ISBN 978-7-112-21267-5

Ⅰ.①传… Ⅱ.①吴… Ⅲ.①建筑结构 — 结构设计 Ⅳ.① TU318

中国版本图书馆CIP数据核字（2017）第236491号

本书结合中国建筑西北设计研究院张锦秋院士及华夏所的系列建筑作品，从结构设计的角度，重点阐述了传统风格建筑的现代结构设计方法、手段。书中编入了较多的工程案例，详细介绍具体工程项目的设计基本要求、构造要求、内力分析、计算模型及假定等，并引入关键节点、典型构件等细部构造设计和试验，同时列出部分计算分析图表和结构构造图，是中国传统风格建筑现代结构设计的实践及总结。

本书可供结构专业设计人员参考，也可供从事建筑工程施工的技术人员和高等院校相关专业师生学习使用。

责任编辑：咸大庆　王　梅　武晓涛
书籍设计：韩蒙恩
责任校对：王　瑞　姜小莲

传统风格建筑现代结构设计
名誉顾问：张锦秋
吴　琨　贾俊明　车顺利　董凯利　韦孙印　马　牧　编著
*
中国建筑工业出版社出版、发行（北京海淀三里河路9号）
各地新华书店、建筑书店经销
北京京点图文设计有限公司制版
北京建筑工业印刷厂印刷
*
开本：787 × 1092毫米　1/16　印张：17¾　插页：8　字数：344千字
2018年2月第一版　2018年2月第一次印刷
定价：65.00 元
ISBN 978-7-112-21267-5
（30913）

前　言

中华民族历史文化源远流长，传统文化博大精深，像一颗璀璨的明珠照亮着世界，让中国人民以及海外华人引以为傲。从诗词歌赋到笔墨书画，无不渗透着中国优秀传统文化的精髓，凝聚着整个中华民族。传统与现代，就好比根与树，叶与花，水与土的关系。没有了根，长得再高大的树，最终的结局都是轰然倒地；没有了绿叶，再漂亮的花都存有缺陷；没有了水，再肥沃的土地也会枯竭。建筑是文化的产物，是人类艺术意志的体现。中国传统文化孕育出中国独特的建筑文化，中国建筑文化是中国传统文化的延伸。建筑文化也应继承历史、立足当代、展望未来。在这样一个思想和文化多元化的时代，除了对这些珍贵文化遗产进行保护和继承外，如何传承与创造出具有中华民族风格与地域特色的新时代传统风格建筑？如何将传统与现代通过建筑作品更好地呈现在广大世人面前？

该书是以张锦秋院士为首的中国建筑西北设计研究院设计同仁献给广大工程科技工作者的一份礼物，其可使结构工程师对传统风格建筑有一个直观、清晰的了解，为进行传统风格建筑的结构设计及建造提供借鉴。近些年来，各地在发展和建设中，在保护传统建筑的基础上，为了更能体现中国传统文化的底蕴与特点，不断探索在新建建筑中传承与创新本地区的传统风格建筑文化，因此传统风格建筑具有很好的推广及应用前景。在这方面的探索与创新中，古都西安最具代表性，且已取得了很大的成功。在古都西安，为适应历史文化名城保护与发展的需要，传统风格建筑得到了迅速的发展，建设了大量的具有新时代功能、传统文化风格显著的地标性建筑，著名的有张锦秋院士主持设计的西安青龙寺、陕西历史博物馆、法门寺寺庙区、唐华清宫浴汤遗址博物馆、大慈恩寺玄奘法师纪念院、西安唐华宾馆、西安钟鼓楼广场、黄帝陵祭祀大院、大唐芙蓉园、曲江池遗址公园、唐大明宫丹凤门遗址博物馆、大唐西市、西安世界园艺博览会、大唐华清城、天人长安塔、咸阳博物院、西安市博物院文物库馆等。还有与唐代建筑文化密切相关的如洛阳龙门景区前区新建建筑、中国佛学院普陀山学院等。本书结合张锦秋院士及华夏所的系列建筑作品，以结构师的眼光阐述了结构设计中应注意的问题，以期对高等学校结构工程专业的本科生、研究生以及从事结构工程设计的工程师、科研人员有所帮助。

本书由中国建筑西北设计研究院有限公司张锦秋院士担任名誉顾问，院专业总工程师吴琨担任主编，贾俊明、车顺利、董凯利、韦孙印、马牧担任副主编。感谢中国建筑西北设计研究院有限公司华夏所全体同事对本书的贡献，特别感谢华夏所结构组张耀、陶倍林、侯文龙、刘锋、吴翔艳、王景、龙婷、李建兵、刘涛及西北院葛鸿鹏等同志对具体工程案例和实验数据的收集和整理。

由于编著者水平有限，对书中谬误及不妥之处，敬请各位专家学者批评指正。

目　录

第1章
概 述

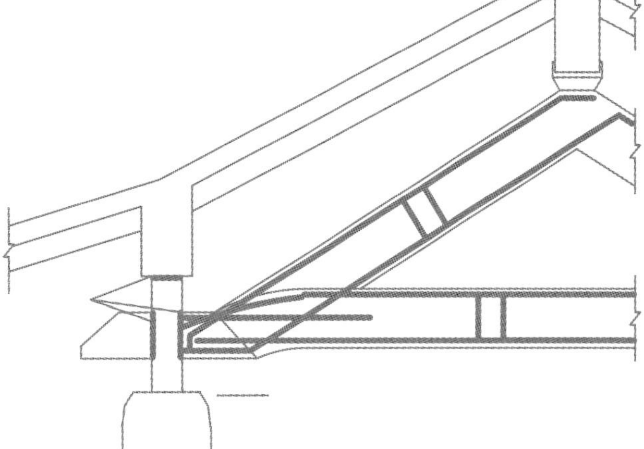

1.1 中国传统建筑的特点

中国历史悠久、地域辽阔，不同的地质、地貌、水文、气候条件孕育了不同的历史背景、文化传统和生活习惯，在此背景之下，形成了独具东方特色的建筑文化。中国传统建筑文化是中华文明的重要组成部分，在其漫长的发展过程中形成了多样的建筑形式，其中木构架建筑是我国古代建筑成就的主要代表，它数量最多，分布最为广泛[1~3]。

中国传统建筑单体主要由台基、屋身、屋顶三部分组成，俗称“三段式”（图 1.1.0.1）。台基是木结构建筑的重要组成部分，其主要功能在于防止建筑底部潮湿，特别是木柱根部受潮，稳固屋基并提升建筑形象。同时，台基的高低和形式也逐渐成为显示建筑物等级的标志。由梁柱体系构成的屋身提供了可以灵活分隔的空间，即在整齐的柱网中，根据功能要求用板壁、帐幔和各种形式花罩、博古架等便于安装、拆卸的配件隔出大小不一的空间。传统建筑沿长向布置的两柱之间的空间称为一间，是房屋的基本计算单位，若干间并联组成一栋单体建筑。建筑每间宽称开间，其总宽称面阔。传统建筑的间数一般为奇数，正中间的那一间叫明间，紧挨着明间的叫次间，次间再向两侧的叫梢间，最外侧的叫尽间。建筑深度可以间计，也可以屋架承托的椽数计，称为进深几架椽。从南北朝后期每间房屋的面阔、进深和所需构件的截面尺寸就开始有些模数的使用，到宋代发展得更为完备、精密。屋顶形式多样是体现中国传统建筑最重要、最引人注目的特点之一。传统建筑的屋顶形式有：单坡顶、平顶、圆顶、硬山顶、悬山顶、栱顶、穹窿顶、庑殿顶、歇山顶、卷棚顶、盝顶、攒尖顶等（图 1.1.0.2、图 1.1.0.3）。为了体现房屋的高等级、尊贵性，重要官式建筑可设重檐，一般除皇宫、官署、寺庙外，其他屋舍均不允许建成重檐，历朝都有相关具体规定。庑殿顶、歇山顶主要用于宫殿、官署及同级别的寺观，而悬山顶、硬山顶、盝顶一般用于民间。攒尖顶多用于园林中的景观建筑，十字坡脊顶、悬山顶有时也用于宫殿的辅助建筑。

传统建筑的屋顶为了有效排水及审美的需要，从早期的直线坡顶发展成略凹的曲面屋顶，从而屋角起翘。在相邻的两面坡顶相交处为加强防水渗漏而做成屋脊，转角处通过角梁承托。

木构架承重体系主要类型有抬梁式和穿斗式两种形式，结构上基本采用简支梁和轴心受压柱的形式，局部使用了悬臂出挑构件和斜向支撑。此外，斗栱作为传统建筑特点之一，它不但可以承托屋檐出挑重量而且可使屋顶梁架和柱壁间合理过渡。在构造上，各个节点之间采用了榫卯结构，该构造在承受水平外力时有一定的适应能力。

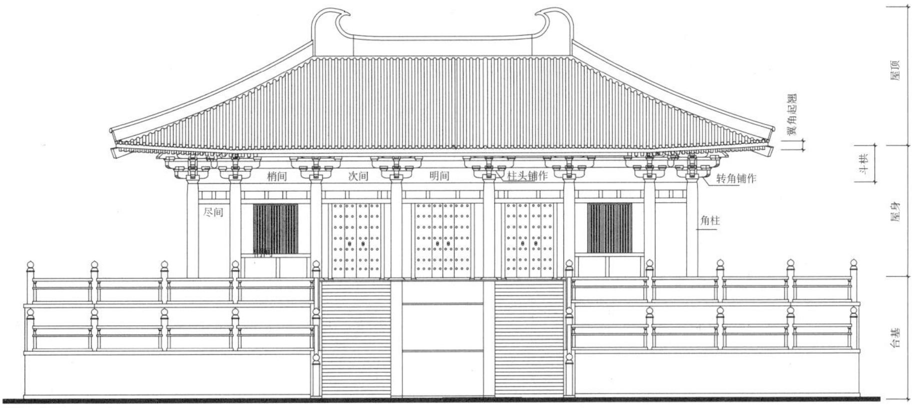

图 1.1.0.1 某庑殿正立面示意

图 1.1.0.2 故宫博物院

图 1.1.0.3 华清宫唐代御汤遗址博物馆鸟瞰

斗栱（图 1.1.0.4）是中国古建筑体系特有的形制，是集结构功能与装饰功能于一体的独有构件。明代以后斗栱的承重作用主要向装饰作用转变，到了清代后主要起装饰作用。斗栱本身包含多个部件，简单地说，斗栱中斗是斗形木块，栱是弓形短木，栱架在斗上，向外挑出，栱端之上再接斗，这样逐层叠加形成上大下小的托架，用来承托屋面的荷载，将屋面荷载均匀地传递到柱子和基础上。斗栱之间也是靠榫卯结合，有效地提高了抗震能力，遇到地震时，各构件虽有松动但不会散架，消耗了地震传来的能量，起到了耗能减震的作用。在封建社会中斗栱又是建筑等级的标志，普通的民宅一般不得使用斗栱，只有在宫殿、宗庙、陵寝、府衙等高等级建筑中才能使用斗栱。

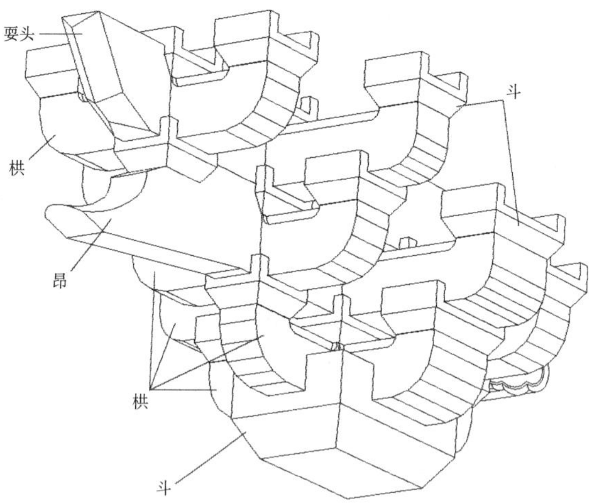

图 1.1.0.4　斗栱示意

中国传统建筑是前人留下的珍贵遗产，在世界上独树一帜。作为炎黄子孙，有责任也有义务坚持文化自信、文化自觉，从中国博大精深的传统文化中汲取营养，赋予现代建筑独特的中国内涵，完成时代赋予的历史责任和社会责任，使源远流长的中华文化生生不息。

1.2　中国传统建筑的材料衍变

中国传统建筑是我国五千年文化发展史的印证，是民族弥足珍贵的文化遗产，也是世界建筑艺术中宝贵的财富。任何建筑都是由不同的材料构成，材料是建筑的基础，是建筑的肌体，材料问题是建筑中最基本的问题。人类早期建筑材料（图 1.2.0.1）主要可分为两大类，分别为天然材料和人工材料，其中天然材料如土、草、泥、竹、木、石等，人工材料如砖、瓦、石灰等。纵观建筑史[1~3]，建筑总是随着建造技艺的进步、新材料的出现以及人们观念的变化而发展。材料总是在建筑发展中起到不可替代的作用。建筑的发展史其实也是材料与建造技术的发展史，在建筑发展的每一个重要阶段都有相应的材料和建造技术与之匹配。

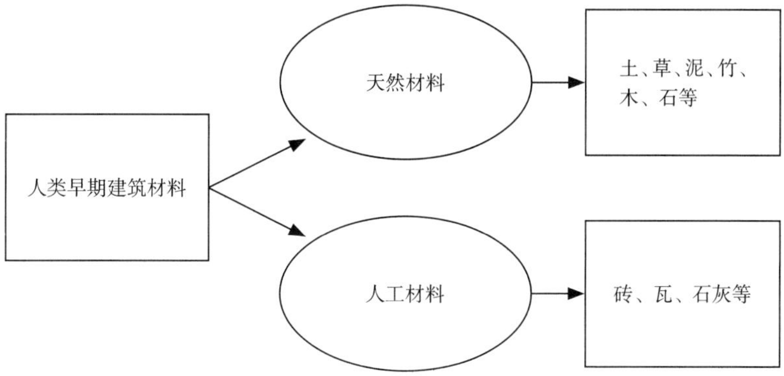

图 1.2.0.1 早期建筑材料

经过人类的长期实践，人类早期建筑材料经筛选、沉淀，逐渐形成了基本传统建筑材料（图 1.2.0.2、图 1.2.0.3）架构，如木、竹、石、灰土等直接取自天然，砖、瓦等经过简单的加工处理便可应用。这些材料均取材方便、使用简单、施工便捷，且由它们建成的房屋及构筑物相对耐久坚固。

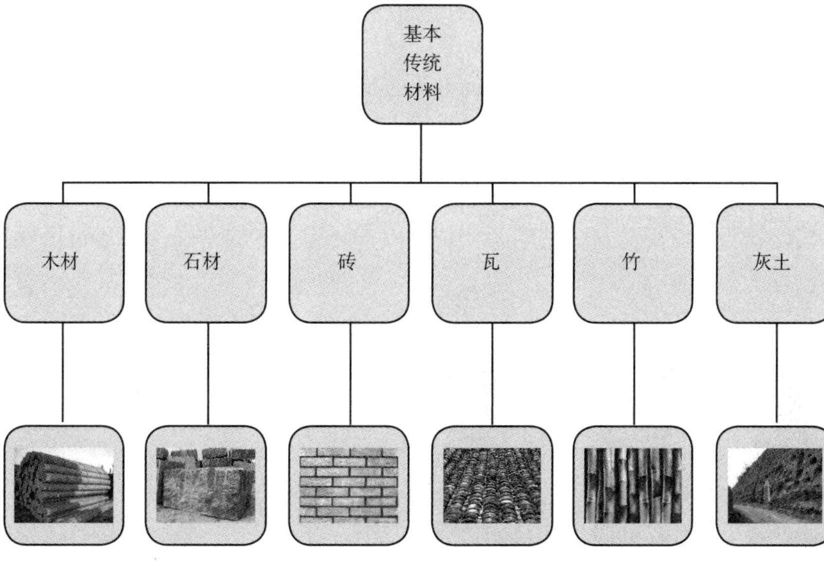

图 1.2.0.2 传统建筑基本材料

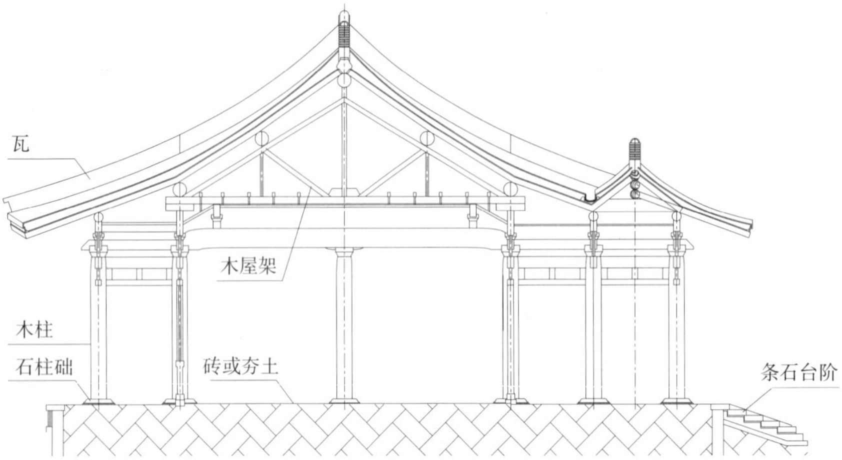

图 1.2.0.3 传统建筑材料应用示意

古人对于建筑的坚固程度通常采取比较现实、比较客观的态度，就地取材，当然这也受制于当时的条件，人们总是穷其工艺，尽可能使建筑具有坚固性及耐久性。由于我国自古森林覆盖广泛，木材具有取材方便、运输及施工便利等特点，因此成为古代中国人理想的建筑材料。从原始社会构木为巢，到春秋战国简单的木构架系统，再到隋唐五代木结构技术趋于成熟，随后到宋代以后形成木结构的模数制，难怪中国古建筑被誉为“木头的史书”。

中国传统建筑始终以木材为主要建筑材料，而砖、石、竹、瓦、土等材料常居辅材之位。木结构的演变记录着历史上各个时期的特点，记录着古代文明的痕迹。在这个过程中，传统木建筑构筑了传统文化，同时也形成了人们内心深处对传统文化的归属感。

作为四大文明古国之一，在悠悠的五千年历史长河中，中国创造了灿烂的华夏文明，木结构古建筑正是华夏文明最直接的载体。它凝聚着我国古代社会文化及艺术发展精华，经过千年的演变和沉淀，木结构古建筑早已成为光彩夺目、风格鲜明的建筑瑰宝，其记载着千万劳动人民的聪明才智。以木结构为主的中国传统建筑呈现了独具特色的建筑艺术，其独一无二的“天人合一”的建筑思想，舒展优美的飞檐翼角、端庄肃穆的恢弘气魄、美轮美奂的斗栱与彩绘等，充分体现出中国建筑艺术的感染力。《阿房宫赋》云：“使负栋之柱，多于南亩之农夫；架梁之椽，多于机上之工女；钉头磷磷，多于在庾之粟粒；瓦缝参差，多于周身之帛缕；直栏横槛。”虽为批评秦统治者穷奢极侈之诗句，但从中可以得知柱、梁、椽、钉、瓦、栏杆等建筑材料的广泛应用。历史实践证明，木结构传统建筑以独特的风格、灵活合理的布局、适宜的建筑体量和精巧的装饰取得了高度的艺术成就，在世界上享有极高的盛誉。

木材作为一种传统建筑材料，在生长、生产、使用的整个生命过程中都表现出生态可持续的特点。作为建筑的骨骼，木材具有质轻、强度大、弹性和韧性比较好、抗冲击性强、导热性小、易于加工、外观好、在适宜条件下耐久性好等优点，但长期实践中，木材应用仍面临以下问题：

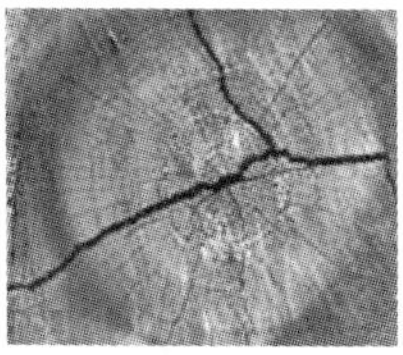

（a）开裂

（b）虫腐

（c）老化

图 1.2.0.4 木材缺陷

1）生长周期长，过度开采易造成生态破坏。木材是一种自然资源，优质木材生长周期长，资源稀缺。对森林的过度砍伐会导致水土流失、土壤沙漠化，生态环境会遭到破坏，气候恶化等，均会严重危害人类生存环境，使生态循环规律被破坏[4, 5]。

2）材质性能低，易于开裂。木材作为建筑材料，其具有明显细观结构，属于生物复合材料。木材具有非均匀、各向异性和“天然”存在的微观甚至宏观的缺陷或损伤（裂纹）等不足 [图 1.2.0.4（a）]。木材承载时细观结构上的损伤会在木材中扩展，通常这些初始的缺陷或损伤会导致木材的宏观力学行为向不规则性演化。

3）木结构耐久性较差。木材是生物体，由有机物组成，容易受真菌、细菌、昆虫、海生钻孔动物等的侵害而形成变色、腐朽、虫眼或蛀孔等缺陷 [图 1.2.0.4（b）、（c）]。在大多数情况下，生物侵害所引起或形成的缺陷都会使木材的构造和物理、力学、化学等性质发生变化而降低木材的使用价值和利用率。

4）耐火性能差，火灾风险大。传统建筑木结构的防火性能差，建筑构件多为燃烧材料，建筑耐火等级低。传统建筑木结构受地形、地貌等因素的影响，往往发生火灾的频率高，扑救困难，损失难以挽回。

5）结构整体性差。虽然我国传统木结构建筑在一般情况下具有“墙倒屋不塌”的特征，但经强震后仍表现出很多不尽人意之处。针对我国传统建筑在汶川地震中的震害进行分析表明：传统建筑木结构由于其整体性能较差，结构刚度小，地震时易发生溜瓦、饰物掉落、墙倒等破坏，严重时表现为整体垮塌破坏。

综上，木材的缺陷导致现存传统建筑木结构往往出现变形、劈裂、歪闪、脱榫、腐朽、折断等破坏现象，致使大量传统建筑木结构面临维修和加固。随着城镇化发展需要，建筑规模不断扩大，而森林资源日益减少，木材的供应量也远远满足不了建设需求；同时，越来越多的建筑为适应现代功能的需要，对建筑材料提出更新、更高的要求，如大跨度建筑对材料高强高性能要求等；又如社会可持续发展及绿色环保等要求；特定环境下建筑对材料耐火、耐久性要求等[6, 7]。因此，如何优化建筑材料，实现传统建筑的可持续发展就成为目前急需解决的问题。

工业革命之后，生产力与工业效率得到了大幅度的发展和提高，生产成本得到了降低，人类文明进入到新的发展阶段，建筑领域的材料也得到了新的发展和使用。建筑工程技术快速发展，新的建筑功能与建筑形式不断地对建筑材料提出新的要求，这也促进新的建筑材料不断出现和普及，而新的建筑材料反过来又会对建筑功能与建筑形式产生一定的影响。因此，建筑材料的使用对于当下的建筑创作领域具有极为重要的作用与意义，新材料优异的物理力学性能以及丰富多彩的加工工艺和外观特性，为设计师提供了更多的素材，也为了建筑创作打开了新的思考维度与实现手段。

建筑形态的创新和功能的完善，同样有赖于建筑材料的发展，建筑材料是影响建筑形态不可忽视的“内因”。如何在建筑现代化进程中继承和弘扬中国传统建筑，探索适宜的新技术、新材料是当今设计师们所面临的重要问题。结构作为建筑的骨骼，是创造建筑空间、达到建筑目的的主要物质手段，而建筑材料作为结构构件的构成要素，决定着结构构件的性能。因地制宜地运用新材料、新技术、新结构，使传统建筑艺术得以继承和创新实在迫在眉睫。

1.3 中建西北院华夏所传统风格建筑现代设计概况

中国建筑西北设计研究院有限公司华夏设计所成立于 1993 年，是由中国工程院院士、首批中国工程建设设计大师、中建西北院总建筑师张锦秋主持创建的综合性设计所。华夏所的设计项目，首先从建筑材料、结构的创新入手，创作设计了一大批具有影响力的传统风格建筑。早在 20 世纪 80 年代，张锦秋院士主持设计的陕西历史博物馆（图 1.3.0.1）就将斗栱设计成预制组装构件，同时通过预制屋椽与现浇挑檐板形成密肋梁板，共同承重；设计中还采用 6.6m × 7.2m 的预制混凝土墙板作为围护结构。在她主持设计的华清池御汤遗址博物馆设计中，通过采用钢筋混凝土梁柱、预制钢屋架，预制钢斗栱等创新性设计手法，使该博物馆在 90 天内得以竣工。

在建筑科技及建筑材料不断发展的环境下，如何保存传统建筑特有的风格，如何在保持传统韵味的基础上又能满足现代功能需求等一系列问题上，张锦秋院士带领着华夏所团队自始至终在不断探索[8~11]。

1）继承与发展

张锦秋院士，中国建筑界一位孜孜不倦的耕耘者，清华大学建筑系研究生毕业，师从梁思成教授。从 1987 年至今，在科学与技术成就方面，她获奖无数。众多的奖项，是对她一如既往探索传统与现代相结合的创作之路的认同；是对她重视和发扬中华传统文化，在延续中国传统建筑风格基础上对技术、材料创新的肯定 [11]。

华夏所的创始人、领头人张锦秋院士是一位孜孜不倦的探索者。她的作品于建筑的环境、意境、尺度中体现传统文化及传统建筑的精髓；于功能、材料、技术上体现现代建筑的需求。她的作品力求达到“谋其前，恋当今，虑其后”。

她要求工作团队在建筑设计中应强调城市文化基因，做到有根可循，有据可考。张锦秋院士的一系列作品（图 1.3.0.1、图 1.3.0.2）扎根华夏，唤起人们浓浓的乡愁，每件作品都有一颗“中国心”。常言道：“不忘初心，方得始终”。初心就是人生起点所许下的梦想，是一生渴望抵达的目标。初心给了她一种积极进取的状态，使她始终保持着对建筑创作的好奇和求知欲。她的一件件作品就如一部部史书，让我们重温着祖国的历史文化，激发起人们的爱国热情和民族自信心，同时它们也是可供人观赏的艺术作品，给人以美的享受。城市文化孕育建筑文化，建筑文化彰显城市特色，是她建筑创作始终遵循的主旨。

图 1.3.0.1 陕西历史博物馆

图 1.3.0.2 延安革命纪念馆

2）传统与现代

与砖、石、木、瓦、土等传统建筑材料相比，传统风格建筑中广泛应用钢筋混凝土、钢材、玻璃等现代建筑材料，使得一些传统材料无法建造的建筑能够通过新的技术手段成为现实。新材料的应用，必将导致建筑技术、工艺的变革。新材料的提出既是新时代建筑根据其功能形式等所提出的要求，也反过来为新的建筑实践提供了丰富的物质基础和建构素材，极大地丰富了建筑创作的可能性。现代建筑材料在继承传统材料的构筑方式下进行了革新，适应了时代发展的需求，并产生新的、更为丰富的表达方式。

近代以来，混凝土材料越来越多地应用于传统建筑结构，其具有可塑性、整体性、耐久性好等优点，同时易于就地取材。图 1.3.0.3 为中建西北院华夏所采用钢筋混凝土材料设计的传统风格建筑工程的部分案例。

钢材同混凝土材料比较，具有材性均匀、力学指标好、易于工厂化加工、节能效果好、建筑总重轻、施工速度快、环保效果好等优点，符合产业化和可持续发展的要求。图 1.3.0.4 为西北院华夏所采用钢结构材料设计的传统风格建筑工程的部分案例。

（a）陕西历史博物馆

（b）法门寺寺庙区

（c）黄帝陵轩辕庙祭祀大殿

（d）大唐芙蓉园

图 1.3.0.3　钢筋混凝土传统风格建筑工程

（a）丹凤门遗址博物馆

（b）西安天人长安塔

（c）世博会大明宫馆

（d）西安化女泉庙区

图 1.3.0.4　钢结构传统风格建筑工程

上述这些项目用钢筋混凝土或钢材替代木材应用于传统风格建筑中，既能克服木材在构造上和技术上的弱点，同时能产生意想不到的艺术效果。它们汇集了中国传统建筑文化的精髓，展现了中华文明的发展过程，古朴典雅，别具特色。它们在考虑建筑现代功能的基础上，创造了一个庄严、质朴、宏伟，具有浓郁传统文化气氛的现代空间环境。各个项目结合传统文化和地域文化，时而“中央殿堂、四隅崇楼”，时而“斗栱宏大、出檐深远”，时而“宏伟庄严、古朴典雅”，格局上具有鲜明的民族文化特征，风格上与传统建筑一脉相承又具有浓郁的新时代气息。

中国传统建筑是中国历史文化及艺术的产物，建筑要有自己文化的根，建筑的根基应扎根于本民族文化的土壤，不是干枝、干花，不是从别处信手拈来，而是依靠自己的文化土壤生出来、长出来。现代城市建设的一个陷阱就是没有分别地弃旧贪新，或者毫无顾忌的标新立异，结果要么丧失城市的特色，要么造成不和谐的建筑景观。建筑要有意识地彰显民族特色，应以民族文化为基因，传承并创新，从而避免“千城一面”，避免“奇奇怪怪”。

3）探索与创新

华夏所的作品，如大唐芙蓉园、中国佛学院普陀山学院、西安曲江池遗址公园等，始终在不断探索中国建筑文化的发展，着眼于促进历史文化与当代生活的和谐、人与城市的和谐、人与自然的和谐，人与人的和谐，以期达到历史文化、遗址保护与现代城市建设的共生与良性循环。她继承了中国传统建筑特点，在建筑形式和建筑空间构成上追求传统风格与现代功能的结合创新，把传统美、自然美、技术美以及时代美有机结合。从青龙寺的木结构到陕西历史博物馆的钢筋混凝土结构，再到丹凤门遗址博物馆及天人长安塔的钢结构，张锦秋院士的作品也经历了建筑材料的发展与演变，因此从结构的角度分析传统建筑结构技术应用和发展很有必要[11~16]。

大明宫丹凤门遗址博物馆（图 1.3.0.5）是张锦秋院士传统风格的现代建筑作品之一。该项目作为遗址保护工程，设计前期设计师充分考虑了遗址保护的相关要求和唐丹凤门原型由来。该项目结构主体采用现代钢结构框架。钢结构具有结构自重轻、材质均匀、力学性能可靠、抗震性能优越、构件工厂化程度高、施工工期短等优点。

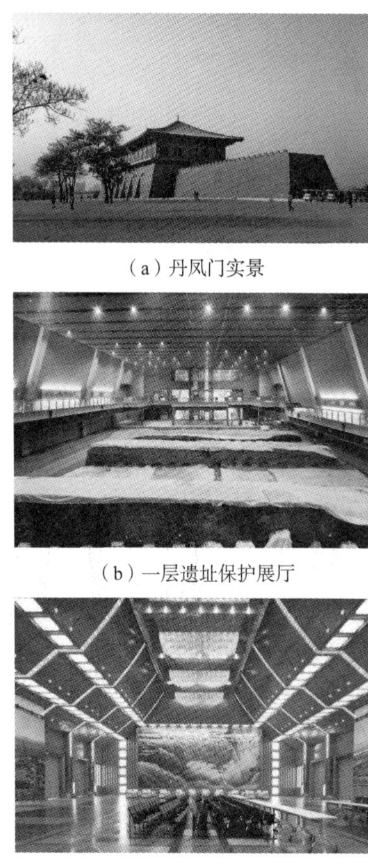

（a）丹凤门实景

（b）一层遗址保护展厅

（c）二层多功能厅

图 1.3.0.5　丹凤门遗址博物馆

同时，通过钢材的选择，可减少湿作业工序，避免模板系统对遗址现场的挤压破坏，降低了建筑废料的产生，更好地实现了施工过程中对遗址及周边环境的保护。为了体现“盛唐第一门”的气势，该项目檐口出挑深远；该项目着眼于遗址保护和现代功能需要，建筑内部设置大空间，展厅内设置架空回廊，为整个建筑空间提供了丰富的三维空间序列，让参观者可以尽情欣赏遗址保护现状。钢结构的采用既便于满足上述建筑功能与艺术特点的要求，又能满足建筑的环保低碳要求，充分体现了现代结构技术和材料的先进性。在主体采用钢结构的同时，本工程还选择铝镁锰合金材料制作屋面瓦件及部分装饰斗栱，选择钢格板为楼面承重构件。由于该项目构件大多在工厂中完成，整个项目施工周期快，材料可循环利用。丹凤门博物馆的设计不仅仅是要设计一个博物馆，设计者希望在这个设计当中把绿色环保的理念融合进去。同时也希望以丹凤门遗址博物馆为中心打造一个考古和文化的公园，希望这个文化公园未来会成为西安居民一个休闲的理想之地。

丹凤门遗址博物馆就像一座桥梁，连接着历史与现在，走近她，你可以感受华夏文明千年的演变，可以畅想盛唐时期的辉煌，站在她的高处，你可以俯览古都西安现代的发展，感受其年轻的活力。

天人长安塔（图 1.3.0.6）是 2011 年西安世园会四大标志性建筑之一，是张锦秋院士又一传统风格的现代建筑作品。它融合了隋唐古韵和现代元素，是西安新的地标性建筑，该建筑出檐深远，屋檐玲珑剔透。天人长安塔结构的设计实现了中国塔形建筑由木塔、砖塔、钢筋混凝土塔向全钢结构塔形建筑的完美演绎。

（a）长安塔钢结构主体封顶

（b）天人长安塔钢结构屋檐近景

图 1.3.0.6 天人长安塔

该项目结构体系采用钢框架 - 钢支撑体系，地下室交通核布置为钢筋混凝土墙。天人长安塔既具有唐代传统木塔的造型特色，又具有观光、展览等现代功能。设计中设计师对屋顶和层间挑檐采用玻璃材质、玻璃幕墙，外饰构件采用亚光不锈钢材料等设计处理手法，使该塔贯穿古今、玲珑剔透，充满时代感，又水天一色，内外透绿，寓意“天人长安”。钢结构的采用，使结构自重轻、施工快，且钢材为可循环材料，节能环保。为了控制柱截面尺寸，保证建筑造型及结构所需要的刚度和强度，设计中局部柱采用钢管混凝土柱。白天，长安塔立于高地，其富于变化的形体，形成巍然耸立、雄浑大气、简朴高雅的整体。夜晚，世园会长安塔飞檐通透、熠熠生辉。它是整个园区的核心和灵魂，像是乐队的总指挥，统摄整个园子的韵律和脉动。

（a）局部 （b）局部

（c）全景

图 1.3.0.7 黄帝陵轩辕庙祭祀大院（殿）

黄帝陵轩辕庙祭祀大院（殿）工程（图 1.3.0.7）是为适应新时代的祭祀要求而建设的一组祭祀建筑，其设计特点可概括为山水形胜、一脉相承、天圆地方、大象无形。为了创造出宏伟、庄严、古朴的氛围，突出圣地感，工程建设从宏观上处理好与大环境山川形胜的关系，格局上有鲜明的民族文化特征，风格上与传统建筑一脉相承，又具有浓郁的新时代气息。

祭祀大殿命名为轩辕殿，采用钢筋混凝土结构。屋盖为 40m × 40m 大跨度覆斗式屋盖，采用预应力混凝土结构。屋顶中央开设直径 14m 的圆形天窗，混凝土屋盖外覆石材。为保证柱子石材外观的完整性，创新地将整个柱石材掏空作为模板，与钢筋混凝土柱整体浇筑，以满足这座形似石造的建筑达到抗震要求。黄帝陵祭祀大殿这些创新的技术措施使整座建筑实现了结构坚固、功能实用、建筑美观的目标。轩辕殿的时代性不仅体现在其手法简练、符合现代审美情趣，同时还由于其高技术含量而增强了工程的现代感。

4）结语

传承不是“亦步亦趋”，不是拘泥形式，而是对传统文化精髓的领悟。张锦秋院士的作品重视和发扬中华传统文化，尊重传统，但不固于传统；与时代同步，但不盲从西方现代。其传统风格的现代建筑作品具有以下特点：

（1）其作品是在延续中国传统建筑精神基础上的技术、材料的创新。与古建筑相比，她的传统风格建筑作品在技术、结构、空间、造型及对材料的理解上都进行了创新，同时其对于建筑立面造型比例的处理、空间比例关系以及文化特征、元素的运用等处理方法却又与传统一脉相承。

（2）其作品能充分发挥材料的各项力学性能，取得丰富多彩的空间艺术效果。把钢筋混凝土、木材、钢材、玻璃以及合金等材料混合使用，克服古建筑材料在性能、结构构造等方面的不足，并产生意想不到的艺术效果。

（3）其传统建筑作品强调建筑内部空间的光影效果，通过大空间处理或局部开洞处理等结构处理手段，利用自然光、人工照明等光学手段来体现和加强内部空间的层次感、色彩质感，以不同材料特有的纹理和色彩形成室内朴素而自然的装饰效果，显得高雅而别致。

1.4 课题依据及来源

当前，随着各个城市在发展和建设中对当地传统文化的重视和挖掘，越来越多的建筑能更好体现本城市的特色，避免千城一面，传统风貌建筑将具有很好的发展前景。

基于上述原因，中国建筑西北设计研究院有限公司成立课题组（图 1.4.0.1），该课题组以华夏设计所具有实践经验的技术骨干为主力，申报了中建股份科技研发课题任务：传统风格建筑现代结构设计关键技术研究（CSCEC-2012-Z-16）。中国建筑西北设计研究院有限公司华夏设计所是由中国工程院院士、中国工程建设设计大师、中建西北院总建筑师张锦秋主持创建的综合性设计所，成立于 1993 年。华夏所自成立以来，始终贯彻西北院“精心设计、诚信服务”的经营理念，全力为业主奉献最优秀、最满意的设计作品。张锦秋院士带领工作团队共完成了陕西历史博物馆等百余项设计作品，这些项目中获新中国成立 60 周年中国建筑学会建筑创作大奖 6 项（全国共 100 项）；全国优秀工程勘察设计金奖 2 项，银奖 1 项，铜奖 4 项；建设部优秀设计一等奖 1 项，二等奖 2 项，三等奖 1 项；中建总公司优秀设计一等奖 3 项，二等奖 1 项；陕西省优秀设计一等奖 4 项；建设部优秀城市规划设计一等奖 1 项，二等奖 1 项；陕西省优秀城市规划设计一等奖 1 项；全国优秀工程勘察设计行业一等奖 2 项；全国优秀建筑结构设计二等奖 1 项。

张锦秋院士及其工作团队扎根三秦大地这片文化沃土，经过十多年的工程设计实践，在中国传统建筑设计领域形成了鲜明的技术特征和优势。先后完成了西安临潼御汤遗址博物馆、陕西省历史博物馆、法门寺寺庙区、大雁塔风景区“三唐”工程、西安钟鼓楼广场、黄帝陵祭祀大院（殿）、少林寺景区项目、大唐芙蓉园、西安曲江池遗址公园、延安革命纪念馆、中国佛学院教育学院、大唐西市、大明宫国家遗址公园丹凤门遗址博物馆、西安世界园艺博览会天人长安塔、大唐华清城、西安市博物院文物库馆等项目，这一系列建筑项目弘扬了华夏建筑文化，助推了国家文化产业发展，并为历史悠久的中国传统建筑文化增添了新的活力。

图 1.4.0.1　课题启动、研讨

课题组通过对传统风格建筑现代结构工程实例进行技术调研，收集并整理相关资料，分析总结现有研究基础，对现有研究成果进行了一定深度的理论分析和总结，走访了张锦秋院士主持设计的相关项目。课题组成员依据诸次考察结果、课题启动会主旨精神等，结合课题研究目标，对已完成项目进行认真总结归纳，对需要试验研究的子项加以区分、细化，提炼出传统风格建筑现代结构设计中的关键技术问题，撰写调研分析报告和详细的研究方案与计划。

课题组通过前期调研分析、实验研究、数据分析、论文整理等，已初步取得了相关论文、专利等成果。课题组以上述设计实践和相关研究成果为基础，完成《传统风格建筑现代结构设计》一书的撰写。本次课题组成员均为一线工程设计人员，且多为硕士以上学历，不乏教高、高工等高技能人才，他们将理论与实践结合，必能为读者提供翔实、可靠的一线工程资料。

第2章

传统风格建筑结构设计

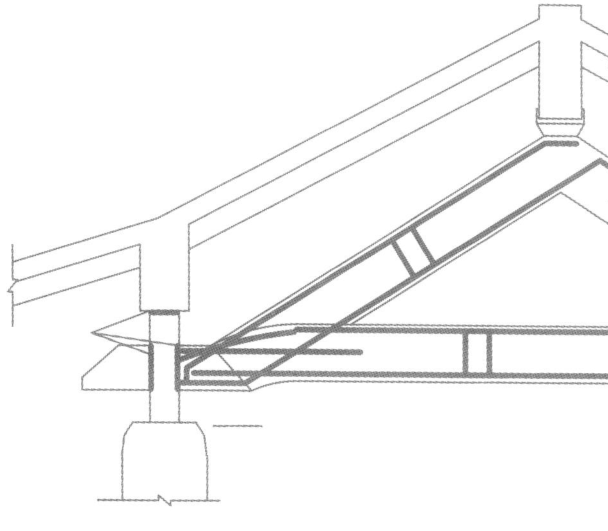

中国传统建筑是中国五千年文明的智慧结晶，是中国古代人民辛勤劳动的成果，有自己的核心体系，形成了独特的风格，迥异于西方建筑，在极大的区域流传，影响了周边国家。中国传统建筑主要特点[1~3,17]如下:1）以木构架为房屋的主要结构形式；2）中轴对称的院落式布局；3）以方格网系统为主的规划布局。古人建造房屋时，只要确定了房屋性质和间数，以“材分”或者“斗口”为模数，即可建成比例适当、构件尺寸基本合理的房屋。这种模数制的设计方法可以通过口诀在工匠间传承，不需工程师绘图即可准备构件、建造房屋。由于当时的文化条件和社会分工，这种传承仅局限于师徒、家族之内，如清朝的“样式雷”家族，局限性比较大，没有过多的抽象理论上的讨论。而在现代，任何一个项目都需建筑师、结构工程师、设备工程师等一起分工协作、紧密配合。结构工程师需根据建筑整体设计效果选择合理的结构方案，并通过计算、分析等手段绘制相关施工图纸以便指导施工，确保建筑结构的安全可靠。

2.1 结构体系

2.1.1 结构体系的演变和选择

结构体系是指结构抵抗外部作用的构件组成方式。在传统建筑设计中，抗侧力结构体系的确定和设计通常是结构设计的关键问题之一。在古代，建筑主要采用木构架体系[18],该体系构件平面布置灵活,墙厚和门窗的大小可以不受承重的影响,可实现“墙倒屋不塌”，最大化地满足功能要求。通常传统建筑木构架结构刚度小，自振周期长，对抗震有利。其平面多为规则的几何形状布置，如矩形、圆形、正多边形，且对称性和均匀性都比较好，有利于减少地震作用下的扭转效应。对竖向高度有限制要求，如宋《营造法式》规定“下檐柱虽长，不越间之广”，从而对结构整体的抗倾覆有很好的作用。传统建筑木构架结构节点通常为铰接节点，该节点连接可保证在地震作用下节点可以发生较大的弹塑性转动变形。结构木柱与柱础石平置浮搁式连接，在柱头大都设有传统建筑特有的斗栱，各构件之间采用榫卯连接。斗栱及铺作层有耗能减震隔震的效果。角柱生起和侧脚提高了结构的抗震性能，增强了结构的整体性和稳定性。檐柱柱顶从中间向两侧逐渐加高，阑额两边高中间低，竖向荷载下可以挤紧压实榫卯节点，提高柱架的抗侧移能力；在地震作用下可以在一定程度上限制铺作层的位移，使其不会滑出柱架外,进而能避免屋盖的落架。侧脚就是柱顶向内倾斜、柱底向外倾斜，在地震作用下柱架成为一个水平复位系统。屋架采用“举架法”层层抬高、层层设梁，极大地减少了梁跨中弯矩，从而减小梁截面，降低了施工难度。搭设屋顶时，沿着进深方向在柱上设梁，梁上设小柱或者垫板，其上再设梁，再设小柱或者垫板，如此往复，达到屋脊高度，同时沿开间方向设脊檩，椽子和望板架于檩上，传统建筑木构架计算简图见图2.1.1.1。

随着钢筋混凝土及钢材等新型建筑材料的应用，传统风格建筑现代结构设计中建筑物的抗震设防能力主要采用"抗"的方法来实现。随着减震隔震技术的发展，对于部分重要的传统风格建筑也可通过设置隔震层或者消能器减震来改善建筑物的抗震性能。传统风格建筑主要为单层、多层或者高层，迄今为止没有超出《抗规》中的A级高度。传统风格建筑当使用钢筋混凝土作为主材时，主要采用框架结构（图2.1.1.2）、框架-抗震墙结构、抗震墙结构、框架-核心筒结构、筒中筒等结构体系；当使用钢材作为主材时，一般采用钢框架、钢框架-钢支撑、钢框架-钢筋混凝土核心筒等结构体系；特殊情况下也采用砌体结构体系。结构体系的选择主要应根据建筑的抗震设防类别、抗震设防烈度、建筑高度、场地条件、地基、平面功能、屋顶形式、层高、结构材料和施工等因素，经技术、经济和使用条件综合比较确定。

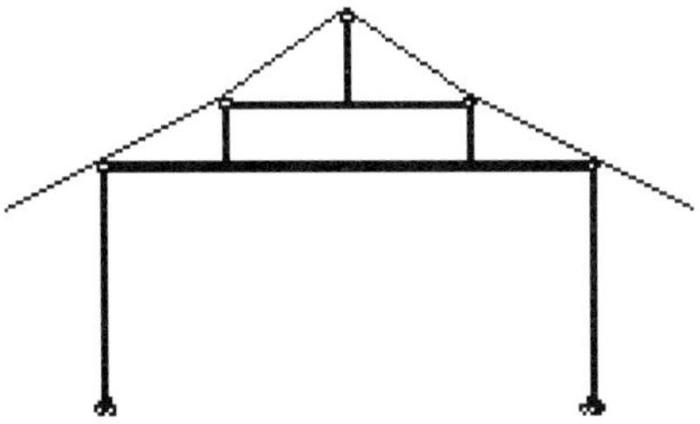

图2.1.1.1 传统建筑木构架计算简图

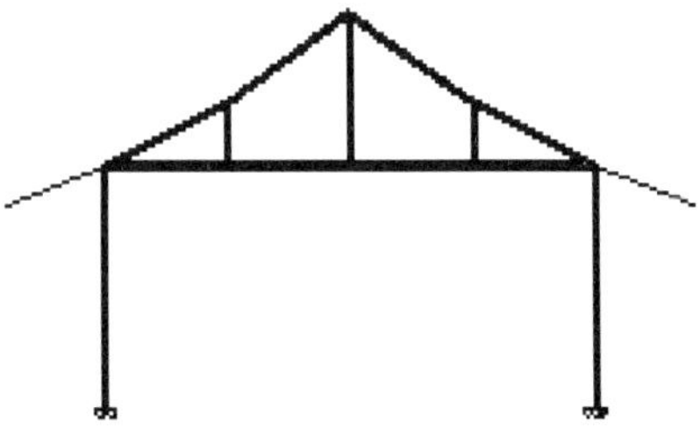

图2.1.1.2 传统风格建筑框架计算简图

合适的结构体系应符合下列各项要求：1）应有明确的计算简图和合理的地震作用传递途径；2）应避免因部分结构或者构件破坏而导致整个结构丧失抗震能力或对重力荷载的承载能力；3）应具备必要的抗震承载力，良好的变形能力和消耗地震能量的能力；4）对可能出现的薄弱部位，应采取措施提高其抗震能力；5）结构体系宜有多道抗震防线；宜有合理的刚度和承载力分布，避免因局部削弱或者突变形成薄弱部位，产生过大的应力集中或者塑性变形集中，如梭柱、阑额部位得引起工程师的足够重视；结构在两个主轴方向的动力特性宜接近。

2.1.2 结构构件及连接要求

结构设计中，结构构件应符合下列要求：

1）砌体结构应按规定设置钢筋混凝土圈梁和构造柱、芯柱，或采用约束砌体、配筋砌体等。

2）混凝土结构构件应控制截面尺寸和受力钢筋、箍筋的设置，防止剪切破坏先于弯曲破坏、混凝土的压溃先于钢筋的屈服、钢筋的锚固粘结破坏先于钢筋的破坏。

3）钢结构构件的尺寸应合理控制，避免局部失稳或整个构件失稳。

各结构构件之间的连接，应符合下列要求：

1）构件节点的破坏，不应先于其连接的构件；

2）预埋件的锚固破坏，不应先于连接件；

3）装配式结构构件的连接，应能保证结构的整体性；

4）预应力混凝土构件的预应力钢筋，宜在节点核心区以外锚固。

5）非结构构件与结构主体的连接应进行抗震设计，避免地震时倒塌伤人。

2.1.3 建筑高度确定

建筑物的抗震等级是结构设计的重要设计参数之一，其应根据设防类别、结构类型、烈度和房屋高度确定[19]。传统风格建筑的高度确定通常容易混淆，需特别重视。《抗规》中 6.1.1 条注释规定：多高层钢筋混凝土房屋高度指室外地面到主要屋面板板顶的高度（不包括局部突出屋顶部分）；7.1.2 条注释规定：多层砌体房屋和底部框架砌体房屋的总高度指室外地面到主要屋面板板顶或檐口的高度，对带阁楼的坡屋面应算到山尖墙的 1/2 高度处。当同一座建筑顶部有多种形式的屋面时，建筑高度应按上述方法分别计算后，取其中最大值。

综上，传统风格建筑一般是坡屋面，传统风格建筑高度通常取室外设计地面至其檐口与屋脊的平均高度。

2.2 建筑结构材料

随着建筑材料的发展，传统风格建筑的承重结构全部采用木结构的情况较少，多采用钢筋混凝土结构、钢结构、砌体结构。这些材料可在工厂生产，造价适中，可大规模建造，耐久性好。在具体的设计施工中，考虑到施工方便，为降低屋面自重，充分利用材料的受力特性，对于大跨度、层高较高、支模不方便的传统风格建筑也可采用钢筋混凝土柱和钢结构屋面组合的形式。对于建筑装饰性构件如起装饰作用的斗栱，可以采用轻骨料混凝土、玻璃纤维增强混凝土（GRC）、轻钢材料等。传统风格建筑中的瓦形式较多，如青瓦、石材瓦、陶瓦、水泥瓦、琉璃瓦、金属瓦等。各种类型瓦的自重不同，选用时应根据建筑立面效果确定。在保证建筑结构适用、美观、经济的基础上，尽量减小非结构构件的自重、减少对主体结构的影响。传统风格建筑中结构材料要求如下[19~21]：

1）建筑抗震结构对材料和施工质量的特别要求，应在设计文件上注明，且应符合现行相关规范要求；

2）砌体结构材料应符合下列规定：（1）烧结普通黏土砖和烧结多孔黏土砖的强度等级不应低于 MU10，其砌筑砂浆强度等级不应低于 M5；（2）混凝土小型空心砌块的强度等级不应低于 MU7.5，其砌筑砂浆强度等级不应低于 M7.5。

3）钢筋混凝土结构材料及性能应符合下列规定：（1）混凝土的强度等级，框支梁、框支柱及抗震等级为一级的框架梁、柱、节点核芯区，不应低于 C30；构造柱、芯柱、圈梁及其他各类构件不应低于 C20；（2）抗震等级为一、二级的框架结构，其纵向受力钢筋采用普通钢筋时，钢筋的抗拉强度实测值与屈服强度实测值的比值不应小于 1.25；且钢筋的屈服强度实测值与强度标准值的比值不应大于 1.3，且钢筋在最大拉力下的总伸长率实测值不应小于 9%；（3）普通钢筋宜优先采用延性、韧性和可焊性较好的钢筋；普通钢筋的强度等级，纵向受力钢筋宜选用 HRB400 级和 HRB500 级热轧钢筋，箍筋宜选用 HRB400 和 HPB300 级热轧钢筋；（4）混凝土结构的混凝土强度等级，9 度时不宜超过 C60，8 度时不宜超过 C70。

4）钢结构的钢材性能应符合下列规定：（1）钢材的抗拉强度实测值与屈服强度实测值的比值不应小于 1.2；（2）钢材应有明显的屈服台阶，且伸长率应大于 20%；钢材应有良好的可焊性和合格的冲击韧性；（3）钢结构的钢材宜采用 Q235 等级 B、C、D 的碳素结构钢及 Q345 等级 B、C、D、E 的低合金高强度结构钢；当有可靠依据时，尚可采用其他钢种和钢号；（4）采用焊接连接的钢结构，当钢板厚不小于 40mm 且承受沿板厚方向的拉力时，受拉试件板厚方向截面收缩率，不应小于国家标准《厚度方向性能钢板》GB 50313 关于 Z15 级规定的容许值。

2.3　荷载与作用取值

总结近年来的设计经验，参考相关标准规范[19，22~23]，给出传统风格建筑设计中常用的构造做法及恒、活荷载取值，以便于设计人员设计参考。

2.3.1　竖向荷载取值

1）相关要求

传统风格建筑结构的竖向荷载与其他建筑相似，包括结构自重、设备重量和楼面活荷载。荷载取值直接关系到建筑物质量、结构截面尺寸、地基基础及建筑安全度。

传统风格建筑的荷载计算有其特有的多样性和复杂性，一方面由于建筑形式本身的特点；另一方面，传统风格建筑的屋面构造做法、外墙构造做法复杂，不但要考虑其传统风格的实现和传统材料的应用，还要结合现代建筑材料的发展，才能对其进行较为准确的计算和统计。

恒荷载由结构构件自重、围护结构自重、装饰装修材料重量等几方面组成。由于结构构件自重、室内装饰装修材料荷载、内隔墙及装饰均与现代建筑类似，本节就不再赘述，主要就屋面做法及外墙、柱头节点等荷载进行分类，提供设计和计算参考。

活荷载应按《建筑结构荷载规范》GB 50009—2012 选用，未明确子项可参考《全国民用建筑工程设计技术措施（结构）》第二章选用；楼面活荷载标准值折减系数，按《建筑结构荷载规范》GB 50009—2012 第 5.1.2 条的规定选用。

施工中采用附墙塔、爬塔等对结构受力有影响的起重机械或其他施工设备时，在结构设计中应根据具体情况验算施工荷载的影响。

竖向荷载作用下的内力，高层一般不考虑楼面活荷载的不利布置，可以按活荷载满布考虑。因为高层民用建筑楼面活荷载不大，一般为 1.5~2kN，只占全部竖向荷载的 10%~15%，因而楼面活荷载的不利分布对内力产生的影响较小。当楼面活荷载较大时，可以将楼面活荷载按满布计算的梁跨中弯矩乘以 1.1~1.2 的放大系数，多层应考虑楼面活荷载的不利布置。

2）屋面的建筑构造做法及恒载计算

（1）无椽的陶制筒板瓦屋面

陶制筒板瓦屋面由于建筑造型和装饰需要分为有椽板和无椽板，椽及板均为钢筋混凝土材料，陶制筒板瓦屋面为传统风格建筑典型的屋面构造方式。以北方地区常用屋面做法为例，由上至下构造分层及荷载计算如下：

①半圆筒瓦（取 d=0.2m，砂浆坐满，自重取砂浆重，间距取 0.4m）

$$(\pi \times 0.2^2/4) \times 20 \times 1/0.4/2=0.785\text{kN/m}^2$$

②板瓦（压 6 露 4，厚 20mm，按黏土瓦计算重量，圆弧长 =1.1 倍水平长，如图 2.3.1.1 所示）

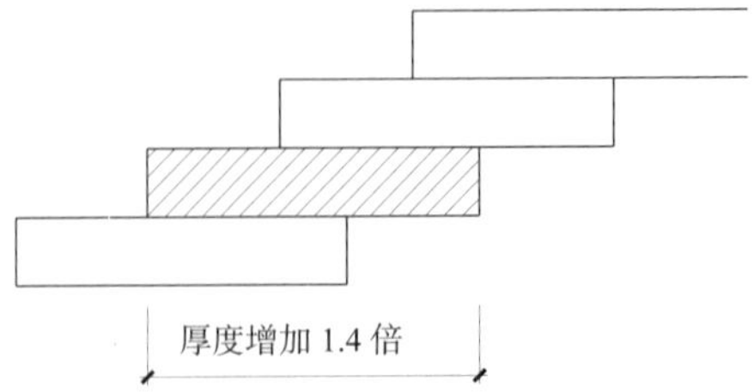

图 2.3.1.1　板瓦示意

0.02 × 18 × 2.4（倍）× 1.1（弧长）=0.95kN/m²

③水泥白灰砂浆座瓦（厚 30mm） 0.03 × 20=0.6kN/m²

④ 1∶3 水泥砂浆找坡，最薄处 30mm 厚。上铺 ϕ6 钢筋网

（找坡平均厚度取 70mm） 0.07 × 20=1.4kN/m²

⑤ 1.5mm 厚 PS-PET 湿铺法复合单面自粘橡胶沥青防水卷材两道 0.05kN/m²

⑥ 20mm 厚 1∶3 水泥砂浆保护层 0.02 × 20=0.4kN/m²

⑦ 80mm 厚聚苯乙烯泡沫塑料板保温层用聚合物砂浆粘贴 0.05kN/m²

⑧ 20mm 厚 1∶3 水泥砂浆找平 0.02 × 20=0.4kN/m²

⑨混凝土结构板自重（厚 120mm） 0.12 × 25=3.00kN/m²

⑩吊顶及底粉 0.50kN/m²

以上总计 8.13kN/m²

考虑屋面坡度系数 1.2（根据实际情况确定）后恒荷载为 9.7kN/m²

（2）有椽的陶制筒板瓦屋面

①半圆筒瓦（取 d=0.2m，砂浆坐满，自重取砂浆重，间距取 0.4m，如图 2.3.1.2 所示）

$$(\pi \times 0.2^2/4) \times 20 \times 1/0.4/2=0.785\text{kN/m}^2$$

图 2.3.1.2 筒瓦示意

②板瓦（压 6 露 4，厚 20mm，按黏土瓦计算重量，圆弧长 =1.1 倍水平长）

0.02 × 18 × 2.4（倍）× 1.1（弧长）=0.95kN/m²

③水泥白灰砂浆座瓦（厚 30mm） 0.03 × 20=0.6kN/m²

④ 1∶3 水泥砂浆找坡，最薄处 30mm 厚。上铺 ϕ6 钢筋网（找坡平均厚度取 70mm） 0.07 × 20=1.4kN/m²

⑤ 1.5mm 厚 PS-PET 湿铺法复合单面自粘橡胶沥青防水卷材两道 0.05kN/m²

⑥ 20mm 厚 1∶3 水泥砂浆保护层 0.02 × 20=0.4kN/m²

⑦ 80mm 厚聚苯乙烯泡沫塑料板保温层用聚合物砂浆粘贴　　0.05kN/m^2

⑧ 20mm 厚 1∶3 水泥砂浆找平　　$0.02 \times 20=0.4kN/m^2$

⑨混凝土结构板自重（按 80mm 厚计算）　　$0.08 \times 25=2.00kN/m^2$

⑩预制椽折算自重（按椽规格 90mm × 90mm@180mm 计算）

$0.09 \times 0.09 \times 25/0.18=1.13kN/m^2$

⑪预制椽板粉刷　　$0.01 \times (3 \times 0.09+0.09) \times 20/0.18=0.31kN/m^2$

以上总计　　8.1kN/m^2

考虑屋面坡度系数 1.2（根据实际情况确定）后恒荷载为　　9.72kN/m^2

（3）金属瓦屋面

金属瓦屋面（图 2.3.1.3）以钢结构屋架为结构支撑体系，钢檩条上托钢丝承托网（丹凤门大屋面）为例，由上至下构造分层及荷载计算如下：

图 2.3.1.3　金属瓦屋面示意

① 2.5mm 铝镁锰合金特制瓦或彩瓦，金属瓦搭接用不锈钢大头钉固定外金属特制瓦用橡胶粘接层两面复合　　$0.0025 \times 82=0.205kN/m^2$

②拔热铝箔　　0.01kN/m^2

③ 1.5mm 厚 BS-P 自粘卷纸复合防水卷材两道　　$2 \times 0.05=0.1kN/m^2$

④ 1.2mm 厚合成高分子防潮垫　　0.01kN/m^2

⑤ 12mm 厚隔音石膏板　　$0.012 \times 13.5=0.162kN/m^2$

⑥ U 形支座　　0.01kN/m^2

⑦ 10mm 厚铝板找平板　　$0.01 \times 27=0.27kN/m^2$

⑧ 75mm 厚带铝箔保温棉（或挤塑板）　　$0.075 \times 2=0.15kN/m^2$

⑨钢丝承托网　　0.01kN/m^2

⑩钢檩条 0.20kN/m²

50mm 厚挤塑板（内表面为 9mm 厚防火埃特板） $0.050 \times 2=0.10kN/m^2$

2.5mm 厚碳素铝板详内装 $0.0025 \times 27=0.0675kN/m^2$

以上总计 $1.295kN/m^2$

考虑屋面坡度系数 1.2（根据实际情况确定）后恒荷载为 $1.554kN/m^2$

（4）重型瓦屋面

对于一些较为雄伟宏大的纪念性建筑，有时会采用雕刻的石瓦作为屋面材料，如黄帝陵祭祀大殿（图 2.3.1.4），其由上至下构造分层及荷载计算如下：

图 2.3.1.4 重型瓦屋面示意

①花岗石瓦最薄处 50mm 厚，最厚处 150mm $(0.050+0.1/2) \times 28=2.8kN/m^2$

② 80mm 厚 1：1：4 水泥石灰砂浆掺 1.5% 纤维素铺瓦找坡座瓦

$0.080 \times 17=1.36kN/m^2$

③ ϕ8 闭合钢筋圈用于挂瓦 $0.10kN/m^2$

④ 30mm 厚 1：2.5 水泥砂浆保护层 $0.030 \times 20=0.60kN/m^2$

⑤ SBS 防水卷材两道每道 3mm 厚 $0.05kN/m^2$

⑥ 20mm 厚 1：2.5 水泥砂浆找平层 $0.020 \times 20=0.40kN/m^2$

⑦钢筋混凝土现浇板（180mm 厚） $0.180 \times 25=4.50kN/m^2$

⑧吊顶 $1.0kN/m^2$

以上总计 $10.81kN/m^2$

考虑屋面坡度系数 1.2（根据实际情况确定）后恒荷载为 $13kN/m^2$

（5）外墙装饰面（磨砖对缝工艺）的构造及计算

现代建筑的外墙装饰面（图 2.3.1.5）材料很多，如石材、涂料、玻璃、瓷砖等。传统风格建筑因其风格的要求，除现代建筑的外墙装饰面材料外，还有一种特殊的装饰面材料即磨砖对缝外墙面。在古代磨砖对缝是工匠们砌墙的一种工艺，由于其施工花费时间长，要求精细程度高，在现代除有特殊要求外，已很少采用。在传统风格建筑中，对建筑有磨砖对缝要求的地方，通常砌筑 120mm 或 240mm 厚青砖墙体与围护体系紧贴，成为一种外墙装饰面，其荷载计算为 0.24m（墙厚）× 19=4.56kN/m^2。

图 2.3.1.5　外墙装饰面示意

（6）屋脊、鸱吻及宝顶

传统风格建筑的屋脊、鸱吻及宝顶部分（如图 2.3.1.6、图 2.3.1.7 所示）为建筑装饰构件，一般采用陶土分段烧制，也有金属成品。结构固定措施有多种实现手段，设计时应根据建筑要求的实际情况加设，其荷载据实计算。如屋脊梁内插筋—安装陶制空心屋脊—浇灌空心部位混凝土，或者屋脊现浇钢筋混凝土翻板—翻板侧面及顶面粘贴陶制屋脊面砖；鸱吻结构连接处理方法与屋脊类似，宝顶一般采用钢筋混凝土芯柱或钢芯柱固定。

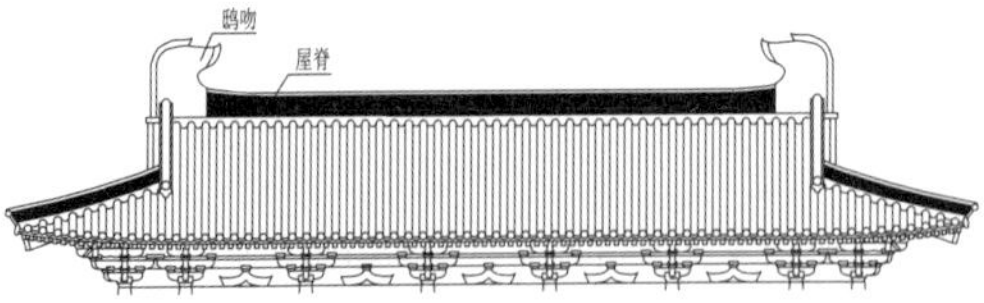

图 2.3.1.6　鸱吻及屋脊

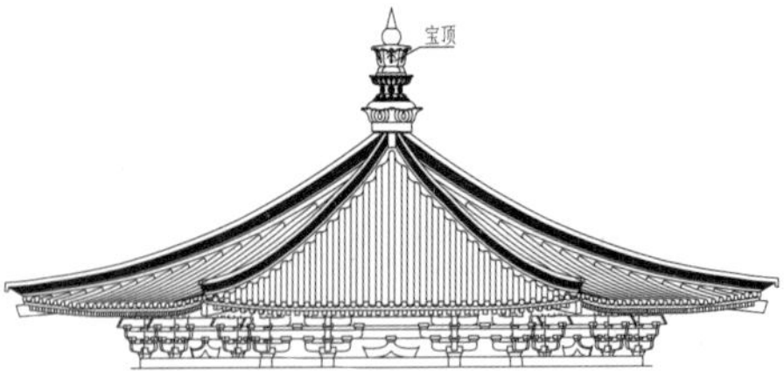

图 2.3.1.7　宝顶

（7）节点荷载

现代结构设计体系中传统风格建筑的阑额、斗栱系统大多为外挂装饰构件（图 2.3.1.8），一般不承担结构性功能，但其自身重量会对建筑物整体产生影响。这种情况下，此部分构件对竖向构件的弯矩剪力均较小，可忽略不计，可仅将其自重作为竖向节点荷载加设于柱顶，斗栱系统不参与整体计算。当考虑斗栱系统受力时，可简化为斜撑进入计算模型。

图 2.3.1.8　斗栱示意

2.3.2　风荷载

风荷载是一种动荷载，当空气流动受到阻挡后，对建筑物表面产生的压力或吸力。风荷载主要表现为水平力，但对于长悬挑部位也会表现为竖向力。风荷载的大小与风速、地面粗糙度、建筑物的形状、高度等多种因素有关。我国现行规范将其转化为静力等效荷载，通过控制风荷载作用下的结构侧移，与重力荷载组合作用下的结构承载力、稳定、抗倾覆等，进行抗风设计。

1）垂直作用于建筑物表面上的风荷载标准值，应按下列规定确定：

（1）计算主要受力结构时，应按下式计算：

$$\omega_k=\beta_z\mu_s\mu_z\omega_0$$

式中：ω_k——风荷载标准值（kN/m^2）；

β_z——高度 z 处的风振系数；

μ_s——风荷载体型系数；

μ_z——风压高度变化系数；

ω_0——基本风压（kN/m^2）。

（2）计算围护结构时，应按下式计算：

$$\omega_k=\beta_{gz}\mu_{sl}\mu_z\omega_0$$

式中：β_{gz}——高度 z 处的阵风系数；

μ_{sl}——风荷载局部体型系数。

基本风压 ω_0 应根据《建筑结构荷载规范》GB 50009—2012 附录 E 表 E.5 重现期 50 年的值采用，对于 60m 以上的高层建筑承载力设计时应乘以系数 1.1 采用。

在进行风荷载计算时，按高层建筑所在地面粗糙程度分为四类：A 类指海岸、湖岸、海岛及沙漠地区；B 类指田野、乡村、丛林、丘陵及房屋比较稀疏的乡镇；C 类指有密集建筑群的城市市区；D 类指有密集建筑群且房屋较高的城市市区。风压高度变化系数应根据地面粗糙度类别按《建筑结构荷载规范》GB 50009—2012 表 8.2.1 规定采用。

2）风荷载体型系数与高层建筑的体型、平面尺寸等有关，可按下列规定采用：

（1）圆形和椭圆形平面建筑，风荷载体型系数取 0.8；

（2）正多边形风荷载体型系数由下式计算：$0.8+1.2\sqrt{n}$ （n——多边形的边数）；

（3）矩形、鼓形、十字形平面建筑（除细高的塔式建筑外）风荷载体型系数为 1.3；

（4）下列建筑的风荷载体型系数为 1.4：

① V 形、Y 形、弧形、双十字形、井字形平面建筑；

② L 形和槽形平面建筑。

高宽比 H/B_{max} 大于 4、长宽比 l/B_{max} 不大于 1.5 的矩形、鼓形平面建筑，

迎风面积取垂直于风向的最大投影面积。

在需要更细致进行风荷载计算的情况下，风荷载体型系数由《建筑结构荷载规范》GB 50009—2012 表 8.3.1 规定或风洞试验确定采用。

3）悬挑构件、围护构件及其连接件，可采用下列局部风荷载体型系数：

封闭式矩形平面房屋的墙面和屋面按 GB 50009—2012 表 8.3.3 的规定采用；

檐口、雨篷、遮阳板、阳台的上浮力：-2.0。

2.3.3 地震作用

1）抗震设防要求

传统风格建筑抗震设计考虑在 6 度至 9 度范围内设防。设防烈度一般按基本烈度采用，对于特别重要的建筑物应按国家规定的权限报请批准后，其设防烈度可比基本烈度提高 1 度采用。

2）建筑工程抗震设防类别

（1）特殊设防类：指使用上有特殊设施，涉及国家公共安全的重大建筑工程和地震时可能发生严重次生灾害等特别重大灾害后果，需要进行特殊设防的建筑。简称甲类。

（2）重点设防类：指地震时使用功能不能中断或需尽快恢复的生命线相关建筑，以及地震时可能导致大量人员伤亡等重大灾害后果，需要提高设防标准的建筑。简称乙类。

（3）标准设防类：指大量的除 1、2、4 款以外按标准要求进行设防的建筑。简称丙类。

（4）适度设防类：指使用上人员稀少且震损不致产生次生灾害，允许在一定条件

下适度降低要求的建筑。简称丁类。

3）各抗震设防类别建筑的抗震设防标准

（1）标准设防类，应按本地区抗震设防烈度确定其抗震措施和地震作用，达到在遭遇高于当地抗震设防烈度的预估罕遇地震影响时不致倒塌或发生危及生命安全的严重破坏的抗震设防目标。

（2）重点设防类，应按高于本地区抗震设防烈度一度的要求加强其抗震措施；抗震设防烈度为 9 度时应按比 9 度更高的要求采取抗震措施；地基基础的抗震措施，应符合有关规定。同时，应按本地区抗震设防烈度确定其地震作用。

（3）特殊设防类，应按高于本地区抗震设防烈度提高一度的要求加强其抗震措施；抗震设防烈度为 9 度时应按比 9 度更高的要求采取抗震措施。同时，应按批准的地震安全性评价的结果且高于本地区抗震设防烈度的要求确定其地震作用。

（4）适度设防类，允许比本地区抗震设防烈度的要求适当降低其抗震措施，但抗震设防烈度为 6 度时不应降低。一般情况下，仍应按本地区抗震设防烈度确定其地震作用。

4）传统风格建筑结构应按下列原则考虑地震作用

（1）抗侧力结构正交布置时，可在结构两个主轴方向分别考虑水平地震作用；有斜交抗侧力结构时，应分别考虑各斜交方向的水平地震作用。

（2）质量与刚度明显不对称、不均匀的结构，应考虑水平地震作用的扭转影响。

（3）9 度设防时应考虑竖向地震作用与水平地震作用的不利组合。

5）水平地震作用计算

传统风格建筑结构应根据不同情况，分别采用以下地震作用计算方法：

（1）高度不超过 40m，以剪切变形为主且质量和刚度沿高度分布比较均匀的建筑结构，可采用底部剪力法。

（2）高度超过 40m 的建筑宜采用振型分解反应谱法。

（3）刚度与质量沿竖向分布特别不均匀的高层建筑结构，甲类建筑结构及《抗规》表 5.1.2-1 所示的乙、丙类高层建筑结构，宜采用时程分析法进行补充计算。采用时程分析法时宜按设防烈度、场地类别选用适当数量的实际地震记录或人工模拟的加速度时程曲线。由时程分析法所求得的底部剪力，若小于底部剪力法或振型分解反应谱法求得的底部剪力的 80% 时，至少按 80% 取用。

传统风格建筑结构的地震影响系数应按地震分组、场地类别和结构自震周期确定；

计算地震作用时，高层建筑的重力荷载代表值应按下列规定采用：

恒荷载——取 100%；

雪荷载——取 50%；

楼面活荷载——按实际情况计算时取 100%，按等效均布活荷载计算时，藏书库、档案库、库房取 80%，一般民用建筑取 50%。

6）竖向地震作用计算

水平长悬臂构件和大跨度结构需考虑竖向地震作用，在 8 度和 9 度设防时竖向地震作用的标准值，分别取该结构及所承受重力荷载代表值的 10% 和 20% 进行计算。设计基本地震加速度为 0.30g 时，可取该结构、构件重力荷载代表值的 15%。

水平长悬臂构件为 8 度时大于 2m、9 度时大于 1.5m 的构件。大跨度结构是指计算跨度 18m 以上的结构。

2.3.4 荷载效应和地震作用效应的组合

结构设计应根据使用过程中在结构上可能同时出现的荷载，按承载能力极限状态和正常使用极限状态分别进行荷载（效应）组合，并应取各自的最不利的效应组合进行设计。

对于承载能力极限状态，应按荷载效应的基本组合或偶然组合进行荷载（效应）组合，并应采用下列设计表达式进行设计：

$$\gamma_0 S_\mathrm{d} \leq R_\mathrm{d}$$

式中：γ_0——结构重要性系数；

S_d——荷载效应组合的设计值；

R_d——结构构件抗力的设计值，应按各有关建筑结构设计规范的规定确定。

对于基本组合，荷载效应组合的设计值 S_d 应从下列组合值中取最不利值确定：

1）由可变荷载效应控制的组合：

$$S_\mathrm{d} = \sum_{j=1}^{m} \gamma_{\mathrm{G}_j} S_{\mathrm{G}_j\mathrm{k}} + \gamma_{\mathrm{Q}_1} \gamma_{\mathrm{L}_1} S_{\mathrm{Q}_1\mathrm{k}} + \sum_{i=2}^{n} \gamma_{\mathrm{Q}_i} \gamma_{\mathrm{L}_i} \psi_{\mathrm{c}_i} S_{\mathrm{Q}_i\mathrm{k}}$$

式中：γ_{G_j}——第 j 个永久荷载的分项系数，应按荷载规范采用；

γ_{Q_i}——第 i 个可变荷载的分项系数，其中 γ_{Q_1} 为主导可变荷载 Q_1 的分项系数，应按《建筑结构荷载规范》GB 50009—2012 第 3.2.4 条采用；

γ_{L_i}——第 i 个可变荷载考虑设计使用年限的调整系数，其中 γ_{L_1} 为主导可变荷载 Q_1 考虑设计使用年限的调整系数；

$S_{\mathrm{G}_j\mathrm{k}}$——第 j 个永久荷载标准值 $G_{j\mathrm{k}}$ 计算的荷载效应值；

$S_{\mathrm{Q}_i\mathrm{k}}$——第 i 个可变荷载标准值 $Q_{i\mathrm{k}}$ 计算的荷载效应值，其中 $S_{\mathrm{Q}_1\mathrm{k}}$ 为诸可变荷载效应中起控制作用者；

ψ_{c_i}——第 i 个可变荷载的 Q_1 组合值系数；

m——参与组合的永久荷载数；

n——参与组合的可变荷载数。

2）由永久荷载效应控制的组合：

$$S_d = \sum_{j=1}^{m} \gamma_{G_j} S_{G_j k} + \gamma_{Q_1}\gamma_{L_1} S_{Q_1 k} + \sum_{i=1}^{n} \gamma_{Q_i}\gamma_{L_i}\psi_{c_i} S_{Q_i k}$$

注：①基本组合中的设计值仅适用于荷载与荷载效应为线性的情况。

②当对 S_{Q_1k} 无法明显判断时，轮次以各可变荷载效应为 S_{Q_1k}，选其中最不利的荷载效应组合。

3）基本组合的荷载分项系数，应按下列规定采用：

（1）永久荷载的分项系数应符合下列规定：

①当永久荷载效应对结构不利时，对由可变荷载效应控制的组合应取 1.2，对由永久荷载效应控制的组合应取 1.35；

②当永久荷载效应对结构有利时，不应大于 1.0。

（2）可变荷载的分项系数应符合下列规定：

①对标准值大于 $4kN/m^2$ 的工业房屋楼面结构的活荷载，应取 1.3；

②其他情况，应取 1.4。

（3）对结构的倾覆、滑移或漂浮验算，荷载的分项系数应满足有关的建筑结构设计规范的规定。

4）可变荷载考虑设计使用年限的调整系数 γ_L 应按表 2.3.4.1 采用。

楼面和屋面活荷载考虑设计使用年限的调整系数 γ_L　　　　**表 2.3.4.1**

结构设计使用年限（年）	5	50	100
γ_L	0.9	1.0	1.1

注：1. 当设计使用年限不为表中数值时，调整系数 γ_L 可按线性内插确定；
2. 对于荷载标准值可控制的活荷载，设计使用年限调整系数 γ_L 取 1.0。

5）偶然荷载组合的效应设计值 S_d 可按下列规定采用：

（1）用于承载能力极限状态计算的效应设计值，应按下式进行计算：

$$S_d = \sum_{j=1}^{m} S_{G_j k} + S_{A_d} + \psi_{f_i} S_{Q_1 k} + \sum_{i=2}^{n} \psi_{q_i} S_{Q_i k}$$

式中：S_{A_d}——按偶然荷载标准值 A_d 计算的荷载效应值；

ψ_{f_i}——第 1 个可变荷载的频遇值系数；

ψ_{q_i}——第 i 个可变荷载的准永久值系数。

（2）用于偶然事件发生后受损结构整体稳固性验算的效应设计值，应按下式进行计算：

$$S_d=\sum_{j=1}^{m}S_{G_jk}+\psi_{f_1}S_{Q_1k}+\sum_{i=2}^{n}\psi_{q_i}S_{Q_ik}$$

注：组合中的设计值仅适用于荷载与荷载效应为线性的情况。

（3）对于正常使用极限状态，应根据不同的设计要求，采用荷载的标准组合、频遇组合或准永久组合，并应按下列设计表达式进行设计：

$$S_d\leqslant C$$

式中：C——结构或结构构件达到正常使用要求的规定限值，例如变形、裂缝、振幅、加速度、应力等的限值，应按各有关建筑结构设计规范的规定采用。

（4）荷载标准组合的效应设计值 S_d 应按下式进行计算：

$$S_d=\sum_{j=1}^{m}S_{G_jk}+S_{Q_1k}+\sum_{i=2}^{n}\psi_{c_i}S_{Q_ik}$$

注：组合中的设计值仅适用于荷载与荷载效应为线性的情况。

（5）荷载频遇组合的效应设计值 S_d 应按下式进行计算：

$$S_d=\sum_{j=1}^{m}S_{G_jk}+\psi_{f_1}S_{Q_1k}+\sum_{i=2}^{n}\psi_{c_i}S_{Q_ik}$$

注：组合中的设计值仅适用于荷载与荷载效应为线性的情况。

（6）荷载准永久组合的荷载效应组合的设计值 S_d 应按下式进行计算：

$$S_d=\sum_{j=1}^{m}S_{G_jk}+\sum_{i=1}^{n}\psi_{q_i}S_{Q_ik}$$

注：组合中的设计值仅适用于荷载与荷载效应为线性的情况。

6）结构构件的地震作用效应和其他荷载效应的基本组合，应按下式计算：

$$S=\gamma_G S_{GE}+\gamma_{Eh}S_{Ehk}+\gamma_{Ev}S_{Evk}+\psi_w\gamma_w S_{wk}$$

式中：　S——结构构件内力组合的设计值，包括组合的弯矩、轴向力和剪力设计值；

γ_G——重力荷载分项系数，一般情况应采用 1.2，当重力荷载效应对构件承载能力有利时，不应大于 1.0；

γ_{Eh}、γ_{Ev}——分别为水平、竖向地震作用分项系数，应按表 2.3.4.2 采用；

γ_w——风荷载分项系数，应采用 1.4；

S_{GE}——重力荷载代表值的效应，有吊车时，尚应包括悬吊物重力标准值的效应；

S_{Ehk}——水平地震作用标准值的效应，尚应乘以相应的增大系数或调整系数；

S_{Evk}——竖向地震作用标准值的效应，尚应乘以相应的增大系数或调整系数；

S_{wk}——风荷载标准值的效应；

ψ_w——风荷载组合值系数，一般结构取 0.0，风荷载起控制作用的高层建筑应采用 0.2。

地震作用分项系数　　表 2.3.4.2

地震作用	γ_{Eh}	γ_{Ev}
仅计算水平地震作用	1.3	0.0
仅计算竖向地震作用	0.0	1.3
同时计算水平与竖向地震作用（水平地震为主）	1.3	1.5
同时计算水平与竖向地震作用（竖向地震为主）	0.5	1.3

2.4　结构分析

传统风格建筑结构应进行多遇地震作用下的内力和变形分析，可假定结构与构件处于弹性工作状态，内力和变形分析可采用线性静力方法或线性动力方法。针对不规则且具有明显薄弱部位可能导致地震时严重破坏的传统风格建筑结构，应按现行规范有关规定进行罕遇地震作用下的弹塑性变形分析，可根据结构特点采用静力弹塑性分析或弹塑性时程分析方法。

传统风格建筑结构抗震分析时，应按照楼、屋盖在平面内变形情况确定为刚性、半刚性和柔性的横隔板，再按抗侧力系统的布置确定抗侧力构件间的共同工作并进行各构件间的地震内力分析。当建筑结构质量和侧向刚度分布接近对称且楼、屋盖可视为刚性横隔板时，可采用平面结构模型进行抗震分析。其他情况，应采用空间结构模型进行抗震分析。

利用计算机进行结构抗震分析，应符合下列要求：

（1）计算模型的建立，必要的简化计算与处理，应符合结构的实际工作状况；

（2）计算软件的技术条件应符合有关规范标准的规定，并应阐明其特殊处理的内容和依据；

（3）复杂结构进行多遇地震作用下的内力和变形分析时，应采用不少于两个不同的力学模型，并对其计算结果进行分析比较；

（4）计算结果应经分析判断确认其合理、有效后，方可用于工程设计。

传统风格建筑采用空间结构模型进行抗震分析时，将结构单元转化成符合结构实际工作状况的计算模型需注意以下问题：

（1）大部分传统风格建筑的屋面为坡屋面，输入计算模型要准确输入坡屋面的形状，注意角部的四点不共面的情况；

（2）梭柱后框架柱和框架梁是否可以达到程序默认的刚性连接；

（3）椽板的合理简化；

（4）屋架的正确输入；

（5）计算层的划分与合并；

（6）坡屋面是否适合刚性楼板假定；

（7）老角梁进入计算模型可能引起的扭转问题。

2.5 关键节点设计及构造

传统风格建筑特点由传统建筑关键节点和构件体现，这些节点和构件既具有结构功能又具有装饰功能，它们是传统建筑的重要组成部分。随着科学技术的发展，结构材料和结构体系均发生了变化，如何在传统风格建筑中体现这些关键节点和构件是一个重要的课题，也是保证建筑与结构一致性的重点。在采用钢筋混凝土结构设计传统风格建筑时，基于传统风格建筑关键构件的基本类型及形状、受力特点，计算模型进行了不同程度的简化，根据概念设计对其进行完善。图 2.5.0.1 为某阙楼的立面，图中分别示意出关键节点和构件位置。

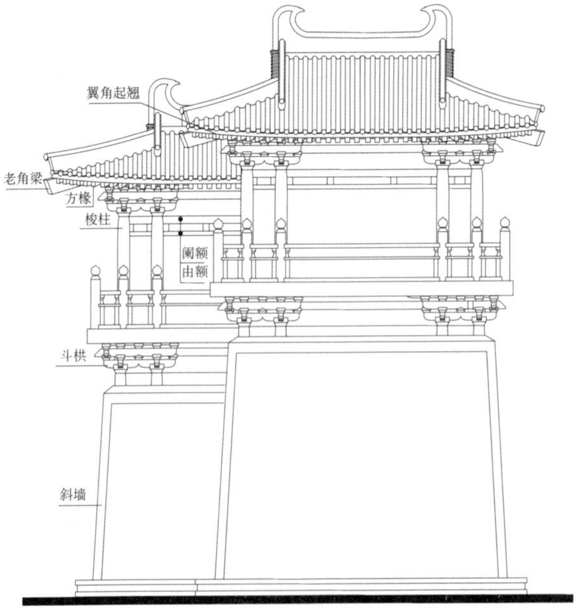

图 2.5.0.1　某阙楼立面

传统风格建筑采用现代材料，其结构构件、节点等外形仍需满足建筑艺术造型要求，这使得传统风格建筑的现代结构构件、节点等尺寸与构造方法受到很大的限制，而目前国内外对传统风格建筑采用现代结构材料处理的相关节点研究仍很欠缺，现有规范也未有相关规定。如何在使用现代建筑材料的基础上,使建筑兼具传统建筑的“形”和“神”，实现建筑师的设想，课题组以建筑原型为基础，对相关节点进行了设计和优化[24~33]。

2.5.1　椽

椽构件一端支承在框架边梁上，一端悬挑，用来支承屋面板，根据截面形状可以分为圆椽和方椽。有时为了让出檐深远、屋面内凹的效果更显著，在底层椽上再设置一层飞檐椽，飞檐椽一般为方椽。椽属于悬挑构件，其根部弯矩较大，第一跨屋面板需要采取加强措施以平衡椽板的悬挑弯矩。椽间距较密且截面尺寸较小，直接在屋面支模现浇混凝土不宜保证质量。为了施工简便，椽可以先预制好放在相应位置并铺设望板作为底模再施工屋面板，椽的纵筋应预留锚固长度方便锚入梁中。具体配筋示意见图 2.5.1.1。

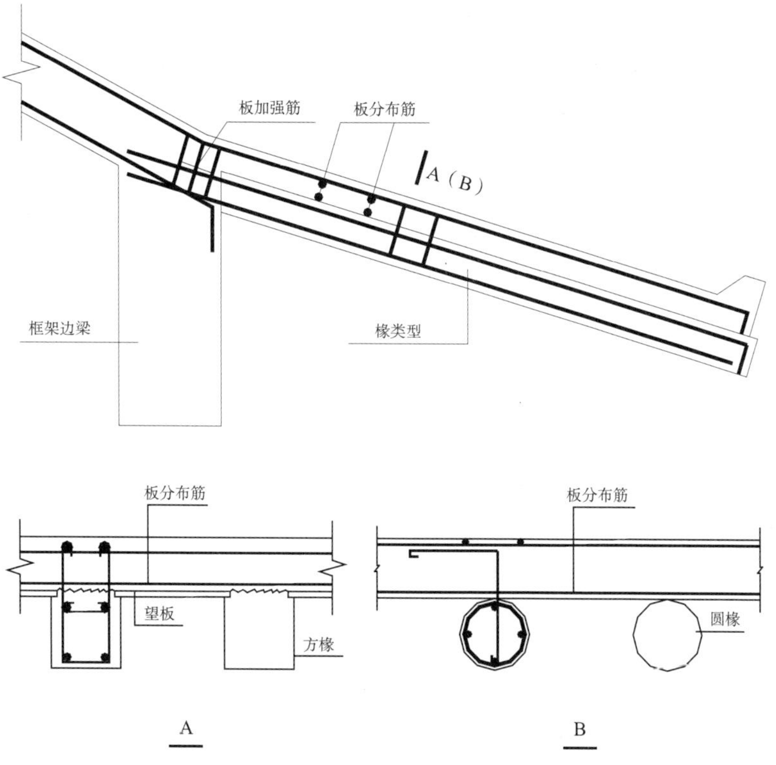

图 2.5.1.1　椽板配筋示意图

1）方椽

预制方椽与后浇的屋面板可按叠合构件设计。施工时需在预制方椽两端设置可靠支撑，施工阶段预制方椽为简支构件；待屋面板混凝土达到设计规定的强度后，方可拆除椽下支撑，此时椽板为悬挑构件，故设计时应根据实际受力情况和《混凝土结构设计规范》中的有关要求对预制方椽及浇注混凝土后的叠合板进行施工阶段和使用阶段的受力计算，设计应取包络设计的结果。结合《混凝土结构设计规范》GB 50010—2010 中 9.5.2 条的有关要求，后浇的屋面板混凝土厚度不应小于 40mm，混凝土强度等级不宜低于 C25。预制方椽表面应做成凹凸差不小于 6mm 的粗糙面，开口箍筋应全部伸入后浇屋面板混凝土中，与屋面板钢筋有可靠拉结，且各肢伸入后浇屋面板的直线长度不宜小于 10d，d 为箍筋直径。

2）圆椽

传统建筑多采用木结构，树木天然生长为圆形，故切割一段木材做成圆椽较为方便。钢筋混凝土圆椽与屋面板的接触面较小，对屋面板的支承作用较小，圆椽的箍筋也不易伸入屋面板中。为了保证安全，设计时不考虑圆椽的叠合作用，但是须保证其与屋面板有可靠的连接。

3）飞檐椽

图 2.5.1.2 给出飞檐方椽与下层椽的连接示意。飞檐椽的设计与下层椽的类型有密切关系，当下层椽是方椽时，飞檐椽的设计较为简便，可以将飞檐椽与下层方椽合并为一个变截面的方椽，设计方法同普通方椽，具体配筋示意图见图 2.5.1.3；当下层椽是圆椽时，圆椽与飞檐椽之间无连接，它们均和屋面板连接，故飞檐椽的纵筋须锚入屋面板中，且须有一定的锚固长度，且箍筋外露，伸入屋面板中，与板钢筋有可靠拉结，在钢筋各肢伸入屋面板的直线长度不足 10d 时，可以向左右弯折，具体配筋示意图见图 2.5.1.4。

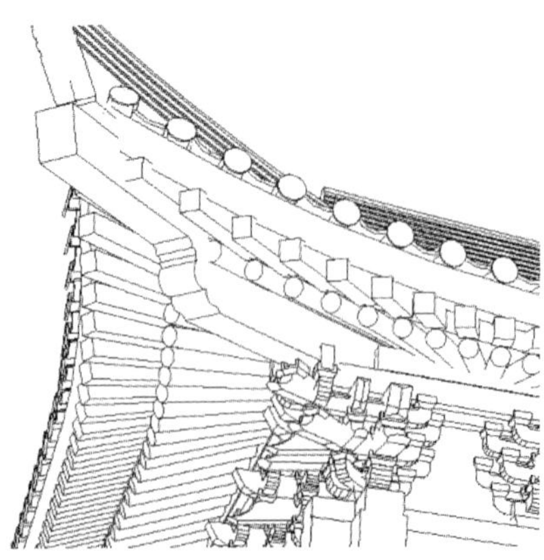

图 2.5.1.2　翼角透视（上层飞檐椽为方椽，下层为圆椽）

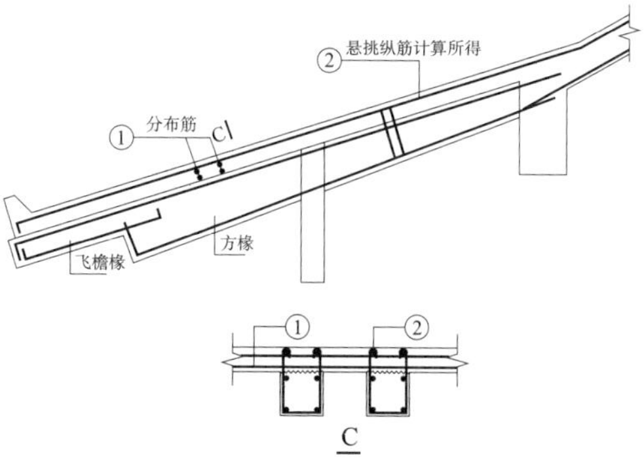

图 2.5.1.3 下层椽为方椽

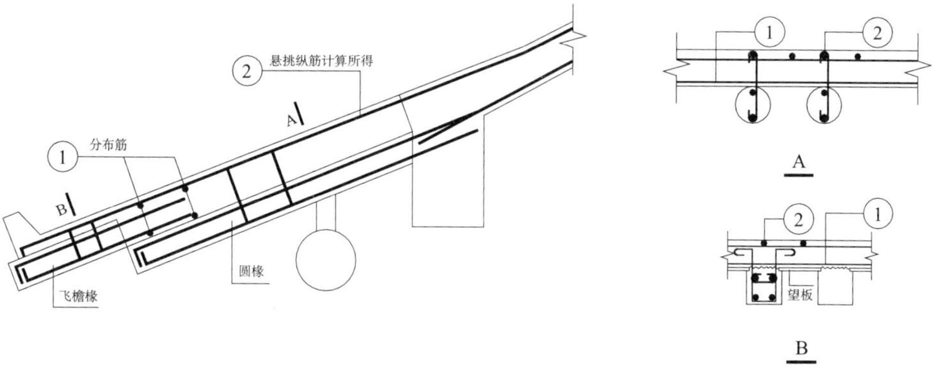

图 2.5.1.4 下层椽为圆椽

2.5.2 角梁

角梁设置在屋面的四角或转角处，与建筑物正面成 45° 角，一般出现在庑殿屋顶、歇山屋顶、攒尖屋顶、盝顶等转角部位。角梁根据处于阳角、阴角的位置可分为阳角梁和阴角梁。对于出檐深远的传统风格建筑的坡屋面，角梁也是悬挑构件，在主体结构中必须有可靠的延伸段以平衡悬挑弯矩。在计算模型中角梁的作用较大，必须准确地在计算模型中体现。在现阶段坡屋面可通过节点高调整基本还原其实际位置。对于角部位置，如计算模型中不设置角梁会造成角部节点不共面，造成楼板缺失，计算结果有误。使用计算程序进行结构整体效应作用分析时，可输入角梁的悬挑端，由于只有挑板，没有收边梁，在数检报告中可能会出现警告性错误，但不影响整体计算结果。在位移输出文件中，角梁悬挑端处节点位移通常过大，不易满足《抗规》和《高规》中的有关规定，但根据《抗规》的条文说明，规范限制的是框架柱、抗震墙的层间位移角限值，故角梁层间位移角可忽略。

1）阳角梁

在传统风格建筑屋面阳角部位，翼角通常有起翘处理，支承椽板的阳角梁也随之起翘。为了减少悬挑构件的自重及与椽截面尺寸的差距，阳角梁在端部要切角，截面从悬挑长度的三分之一处开始逐渐缩小，阳角梁伸出屋面板一定尺寸。通常建筑阳角梁的截面尺寸较小，该处支承的荷载较大，且该位置通常需做出翘处理，结构设计时为了加大阳角梁截面,可依据建筑造型将角梁做上翻处理。图 2.5.2.1 为翼角仰视平面，阳角梁具体配筋示意见图 2.5.2.2。

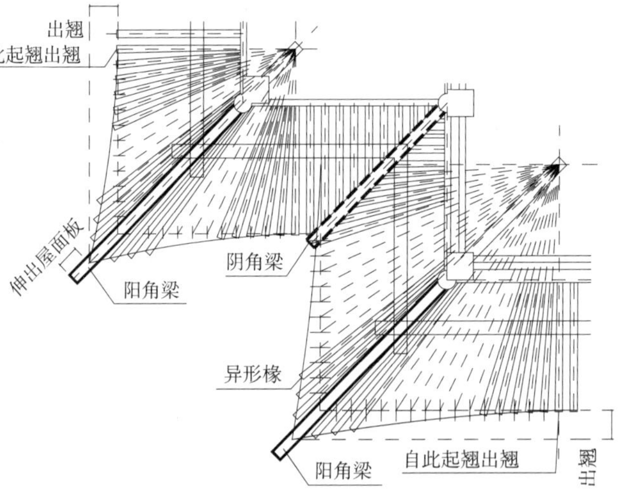

图 2.5.2.1　翼角仰视平面

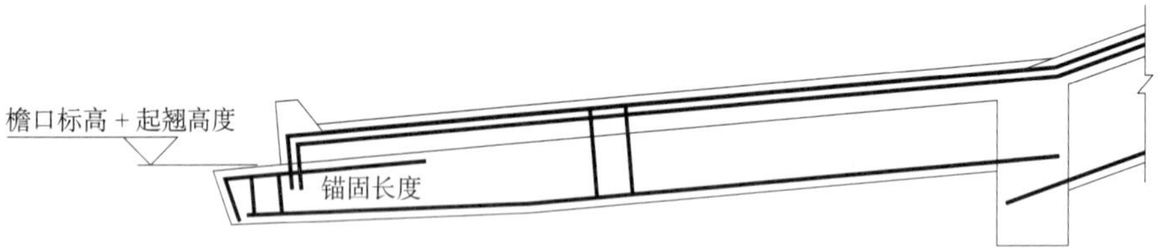

图 2.5.2.2　阳角梁配筋示意

2）阴角梁

阴角梁出现在屋面阴角部位，可按普通的矩形截面的悬挑梁设计。

2.5.3　梭柱

框架柱与屋顶之间设置斗栱时，为了凸显斗栱的构件美，要在阑额顶对柱进行梭柱处理。梭柱是传统风格建筑的重要特点之一，在清代以前梭柱有卷杀，清代以后无卷杀，柱身稍呈锥形。卷杀为柱顶三分之一处截面按照一定的曲线逐渐收缩，在施工时必须根据建施图提供的曲线加工模板，否则柱身曲线易显僵化，不美观。梭柱处理后框架柱上柱截面尺寸较小，与下柱相差非常大，如何避免框架柱上下柱刚度突变、保证承载能力可靠、实现“强柱弱梁”、避免梭柱处成为薄弱部位是结构设计重点。经过多年的工程实践和试验研究，该关键构件节点可采用以下三种设计手法比较安全可靠、经济适用，具体如下：

1）上柱为方钢管混凝土柱

上柱截面尺寸与斗栱尺寸有关，上柱截面尺寸相对于下柱减小较多，且梭柱处无楼板等水平受力构件，如果采用同一种材料，下柱刚度是上柱的几倍甚至数十倍，必然因刚度突变形成薄弱部位，进而造成应力集中。故上柱采用方钢管混凝土柱，钢材的弹性模量为 $20.6 \times 10^4 N/mm^2$，C30 混凝土的弹性模量为 $3 \times 10^4 N/mm^2$，钢材的弹性模量远大于混凝土的弹性模量，最终上下柱的刚度相差不大，保证柱的承载能力和变形能力没有太大的变化。构造上，方钢管短柱需锚入下柱一定长度，在该范围内下柱箍筋间距应加密。根据试验研究，方钢管混凝土上柱与钢筋混凝土下柱之间的连接可靠，未出现从下柱中拔出情况，裂缝先出现在下柱柱身，说明该设计构造方法安全可靠。上柱采用方钢管混凝土柱时，要注意与其他构件的连接问题。与屋顶框架梁有两种连接方式:（1）框架梁里预埋钢板，与方钢管焊接，具体见图 2.5.3.1；（2）加大框架梁宽度，将方钢管锚入梁内，具体见图 2.5.3.2。这两种连接方式会影响整体效应作用分析中的计算模型。第（1）种情况下，梁柱为铰接；第（2）种情况下，梁柱为刚接。

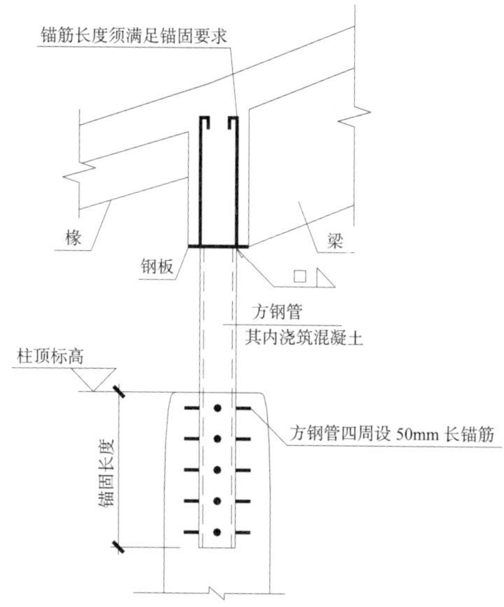

图 2.5.3.1　方钢管柱焊接在梁上

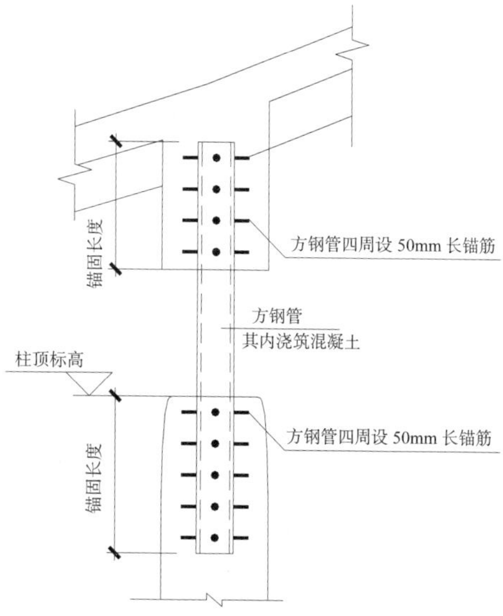

图 2.5.3.2　方钢管柱锚入梁内

2）上柱改为钢筋混凝土墙

有时柱间斗栱组即平身科数量较多，固定斗栱及衬托斗栱都需结构处理恰当，可在该位置设置钢筋混凝土墙，实现承上启下的作用，将屋面荷载传到墙底部的阑额后再传到下柱。此时阑额按转换梁或者转换桁架设计，具体设计方法及构造要求可参考《高规》第 10 章第 2 节的有关内容。某戏楼就是采用这种设计方法，在整体作用效应分析中将阑额、下柱、上墙、框架梁、楼板准确输入计算模型，计算结果无异常，说明该设计方法合理。图 2.5.3.3 为该戏楼的立面，图 2.5.3.4 为外檐节点，可以清晰地

图 2.5.3.3　某戏楼立面

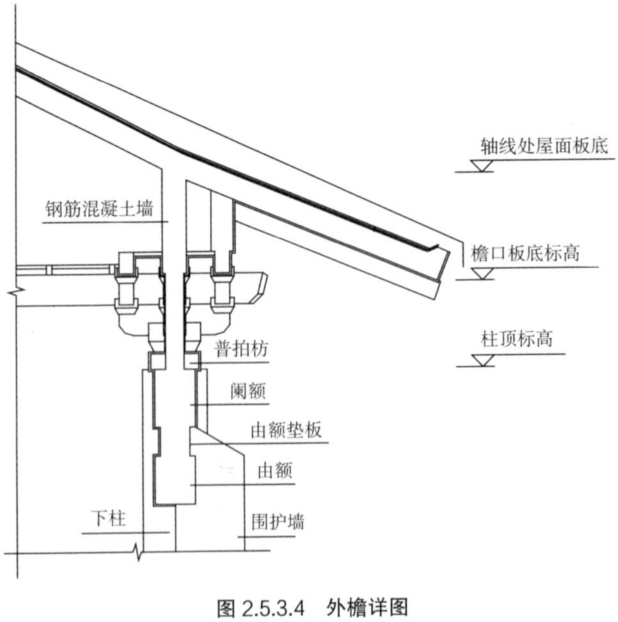

图 2.5.3.4　外檐详图

看出阑额、由额、由额垫板形成了一个工字形格构梁，钢筋混凝土墙支承于阑额上，屋面板又支承于钢筋混凝土墙上。

3）梭柱不作为竖向结构构件

条件允许的情况下，可以设置凸向室内的框架柱或者利用外围护窗间墙设抗震墙，梭柱的圆柱仅为装饰柱，不是竖向结构构件，不承担梁板、屋架的荷重，其刚度不纳入主体结构中。图 2.5.3.5 为某大殿的夹层平面，竖向构件为抗震墙带圆柱，屋面平面中竖向构件仅为抗震墙，圆柱经梭柱处理后完全不承担屋面梁板传来的荷载。

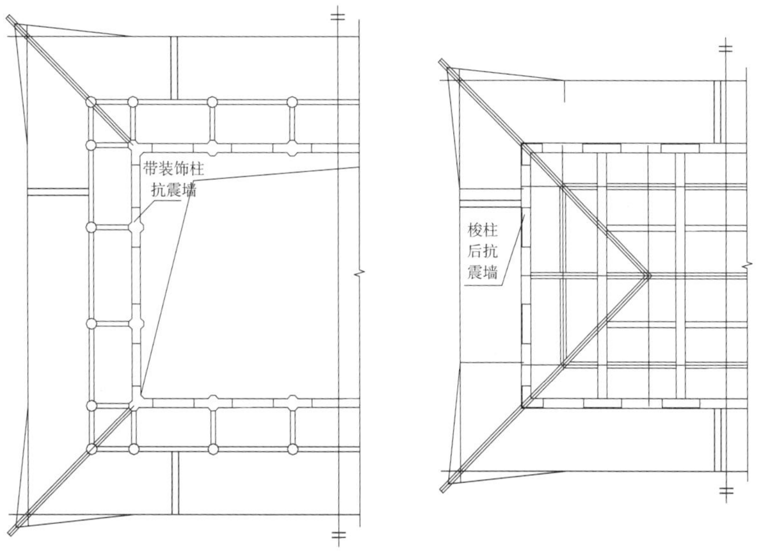

图 2.5.3.5　某大殿夹层结构平面和屋面结构平面

2.5.4　斗栱

为了保护台基和外墙不受雨雪侵蚀且延长建筑物的寿命，传统建筑屋檐出挑较大。为了节省大尺寸木材的使用，减少柱身向外出挑悬臂梁的长度和高度，采用层层出挑、层层垫高的方式。这些垫块、悬臂梁经过艺术加工，成为传统建筑中独一无二的斗栱构件。斗栱根据构件形状及功能分为斗、栱、昂、耍头、枋等小构件。根据位置斗栱可分为转角铺作或角科（角柱上的斗栱）、补间铺作或平身科（柱间斗栱）、柱头铺作或柱头科（其他柱位上的斗栱）。采用钢筋混凝土制作斗栱时，因斗栱构件较多，尺寸较小，施工麻烦，多设计为预制的装饰构件。斗栱的设计原则为承载安全、适应变形、有冗余约束、可靠连接、满足建筑功能以及耐久性要求等。在传统风格建筑中若斗栱为纯粹的装饰构件，虽然其形状比较复杂，但是同一建筑上的斗栱构件是一套标准尺寸，模板可以重复利用，构件预制后采用可靠的固定措施安装在主体结构上。斗栱与主体结构固定措施很多，需选择一种适合施工且满足建筑效果。如大唐芙蓉园紫云楼，在主体结构相应部位设置钢套筒，预制斗栱时尾部预埋钢板，后期焊接在钢筒上，施工非常迅速、简单，避免了施工开始就要预制斗栱、浇注墙柱混凝土时斗栱必须就位，确保工程后期工期。斗栱安装时预制构件底部应坐满砂浆，上下层斗栱中凡需设置锚筋的构件，应在与之相连结的构件上预留孔洞，安装就位后用环氧树脂砂浆填孔捣实，斗栱配筋示意见图 2.5.4.1、图 2.5.4.2。

若斗栱为装饰构件，也可以用采用轻骨料混凝土、玻璃纤维增强混凝土（GRC）、轻钢材料甚至木材预制，施工及维护都比较简便。

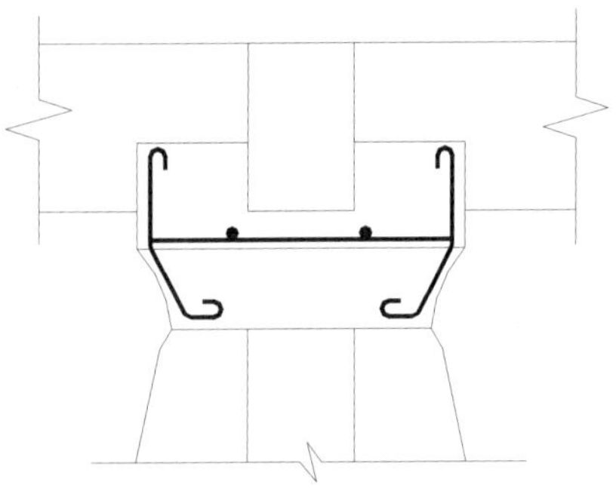

图 2.5.4.1　栌斗配筋示意

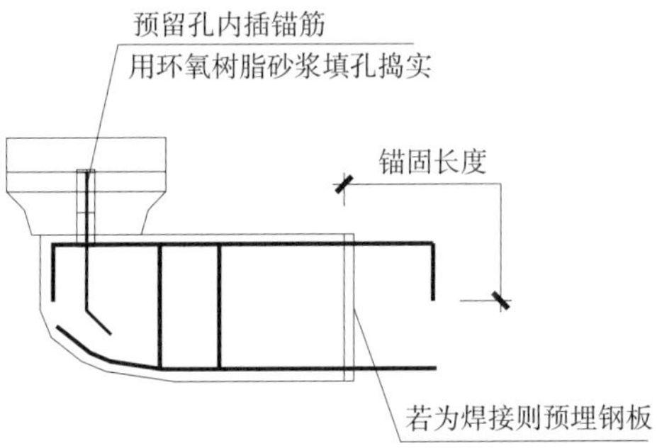

图 2.5.4.2　栱配筋示意

2.5.5 阑额

梭柱处理后柱端截面削弱，为了增加结构的整体性兼作门窗的过梁，传统建筑通常需设置阑额。当房屋开间较大，阑额尺寸较小不满足受力要求时，可以再设置由额。由额和阑额之间可以设置立柱或者立板形式的由额垫板。阑额、由额、由额垫板形成了一个小桁架或者工字形格构梁，可以进一步加强结构的整体性，提高结构的安全储备。钢筋混凝土阑额、由额的设计宜考虑抗震设计，纵筋需锚入柱内，箍筋间距适当加密。但是阑额、由额及由额垫板不宜设计得过强，以免对框架柱造成不利影响，在地震作用下这部分可以出现裂缝甚至小破坏，这样可以耗能从而保证框架柱的安全。图 2.5.5.1 中由额垫板为小柱，阑额、由额、由额垫板形成了一榀桁架。

2.5.6 斜墙

在古代，为了体现单体建筑的巍峨雄伟，台基设置通常较高，从立面看外侧墙倾斜设置，内侧墙垂直设置，且墙体从上到下是变厚度处理，这符合当时的材料性能及施工工艺。在现代结构设计中，斜墙可以采用承重、围护或者装饰处理，具体采用何

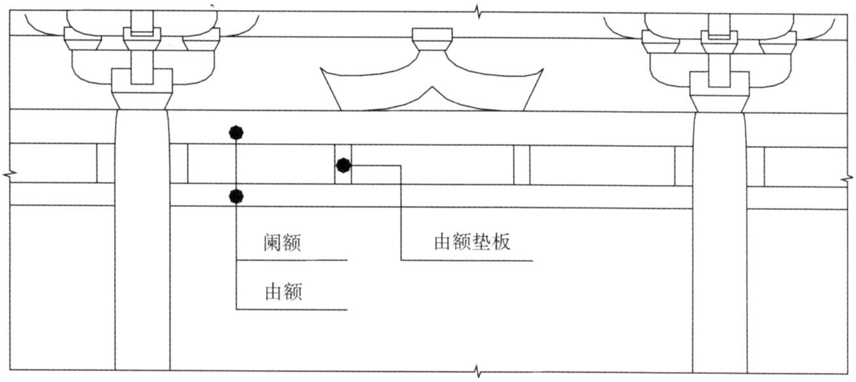

图 2.5.5.1　某大殿的局部立面

种方法，需根据结构体系及施工能力、造价等全盘考虑，其选择原则是受力明确、施工简便、造价便宜。

1）承重斜墙

斜墙可以做成钢筋混凝土抗震墙，结构体系为抗震墙结构或框架 - 抗震墙结构，受力明确，传力直接，增加结构的刚度，提高建筑物的抗震设防能力，同时施工简便。如西安大唐西市二格金市广场的阙楼，功能为观景建筑，将斜墙设计成钢筋混凝土抗震墙，结构下部为抗震墙结构，抗震能力强，内部空间大，顶层为框架结构。

从图 2.5.6.1、图 2.5.6.2 中可以看出，该阙楼承重的钢筋混凝土抗震墙从室外地面开始有一定的内倾斜坡度。

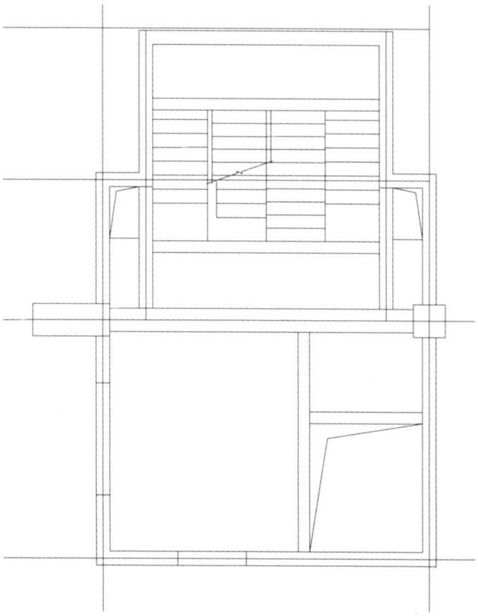

图 2.5.6.1　阙楼一层结构平面

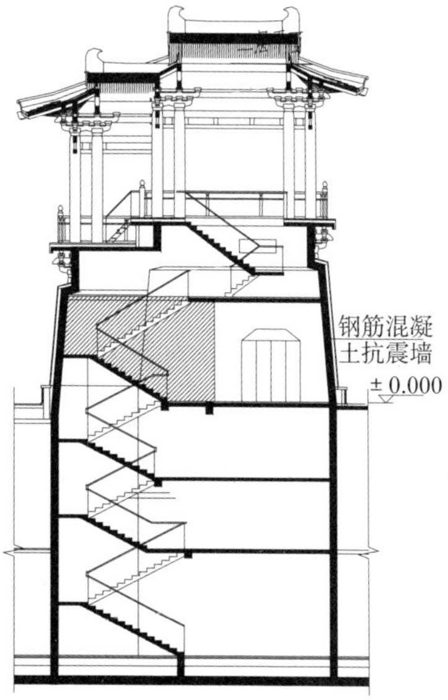

图 2.5.6.2　阙楼剖面

2）围护斜墙

斜墙也可以待主体结构施工完成后，采用轻质墙板或者后浇钢筋混凝土斜墙板建造，并通过可靠的连接措施与主体结构连接。轻质墙板可以采用预埋件固定在上下层梁上；后浇钢筋混凝土斜墙板与主体结构可采用柔性连接，主体结构不考虑该墙的刚度，该墙为自承重墙体。轻质墙板施工简单，且对主体结构刚度影响较小，但造价较高。后浇钢筋混凝土斜墙板施工程序多，造价低廉，适用于干挂石材、外砌块石或青砖。图 2.5.6.3 为后浇钢筋混凝土斜墙板与主体结构的连接节点示意。

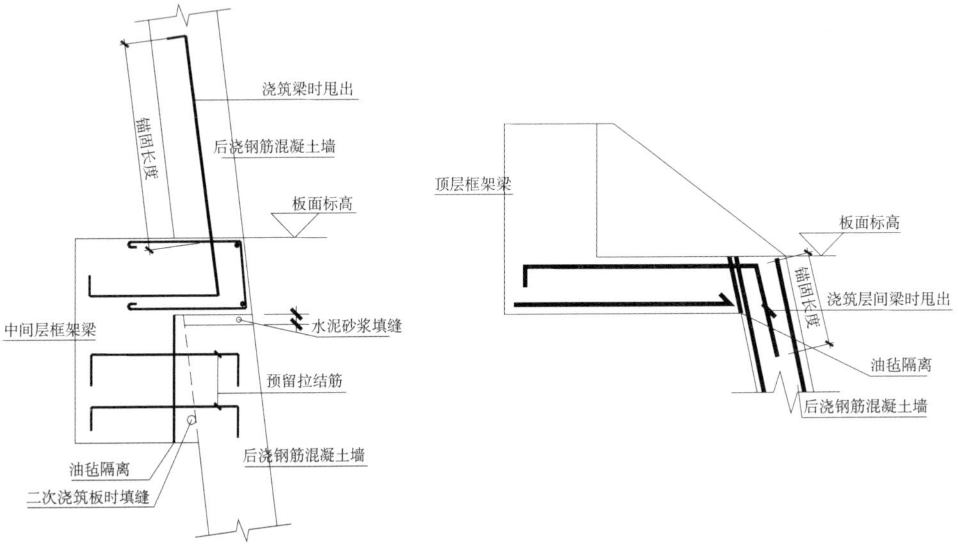

图 2.5.6.3　后浇钢筋混凝土墙与主体结构的连接示意

3）装饰斜墙

装饰斜墙内侧设置垂直墙，通过龙骨外挂斜面装饰板材，以满足建筑外立面设计要求。该方法需采用较大截面的龙骨，造价较高，室内空间较小。优点是主体结构施工简单，受力明确。

结构工程师对传统风格建筑关键构件设计应以“力学原理”为准，通过概念设计满足规范要求，充分考虑各构件的施工顺序及工艺，避免这些关键构件成为薄弱部位，降低因这些关键构件设置问题而引起主体结构的安全问题的概率，进而设计出美观、安全、适用、经济的传统风格建筑。

2.5.7　退柱

三点确定一个平面，三角形是一个几何稳定体。楼阁塔建筑高度较高，逐层收分十分美观，上小下大也符合受力需求。但是，这种体型下易造成结构的竖向构件不连续，尤其是外围柱。如何解决竖向构件——柱的不连续并保证结构的安全可靠呢？可以采用搭接柱和梁抬柱两种设计方法。下面通过两个工程实例来具体说明这两种设计方法。

1）搭接柱

搭接柱是利用建筑每层收分的尺寸较小，上柱和下柱平面位置相差较小，小于一个柱径。利用局部加强节点将上下柱搭接成一个竖向构件，保证竖向构件的传力直接明确。具体设计见本书第 3 章工程实例中的上都阁楼结构设计。

2）梁抬柱

建筑每层收分较大，上层柱与下层柱平面位置相差较大，超过一个柱径，上下柱形成不了搭接关系，采用转换梁抬起上柱俗称“梁抬柱”的办法。洛阳桥南广场的东西阁是一个逐层收分的观景楼阁，内部空间通高，没有楼板约束，我们采用“梁抬柱”的办法实现立面需求。转换梁按《高规》第 10 章第 2 节的有关内容设计，因内部通高，楼板加厚且采用双层双向配筋。通过阁楼立面（图 2.5.7.1）、阁楼剖面（图 2.5.7.2）可以知道，该项目上下层柱竖向不连续，阁楼三层结构平面（图 2.5.7.3）表示了采用转换梁时的结构平面布置。

图 2.5.7.1　阁楼立面

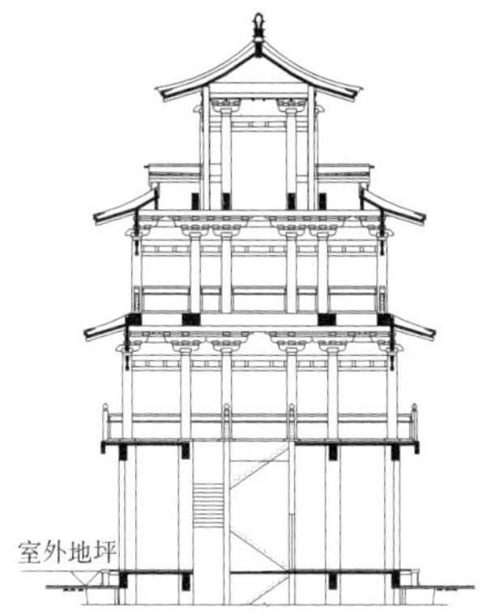

图 2.5.7.2　阁楼剖面

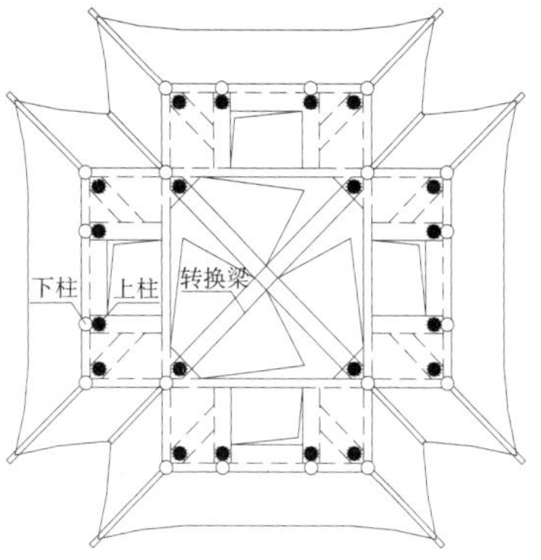

图 2.5.7.3　阁楼三层梁抬柱

2.5.8　月梁

宋《营造法式》中，“造月梁之制：明栿，其广四十二分。梁首谓出跳者。不以大小从，下高二十一分。其上余材，自科里平之上，随其高匀分作六分；其上以六瓣卷杀，每瓣长十分。其梁下当中顱六分。自科心下量三十八分为斜项。斜项外，其下起顱，以六瓣卷杀，每瓣长十分；第六瓣尽处下顱五分。梁尾谓入柱者。上背下顱，皆以五瓣卷杀。余并同梁首之制。梁底面厚二十五分。其项入枓口处。厚十分。枓口外两间各以四瓣卷杀，每瓣长十分”。梁思成先生所著《图像中国建筑史》中，“月梁梁首以六瓣卷杀,依跳数留斜项,梁底顱起”。梁先生在《清式营造则例》中介绍“月梁-卷棚式梁架最上一层梁，亦称顶梁”。本书讨论的是第一种月梁，梁端截面有切削和斜项。月梁多用于“露明罩”的传统风格建筑中。因月梁梁端截面变化，与柱连接减弱，不满足“强节点弱构件”的概念设计，月梁宜按简支梁设计。施工时变化处须按照建施图相应详图精心制作模板，否则，该曲线僵硬不美观。图 2.5.8.1 为月梁示意。

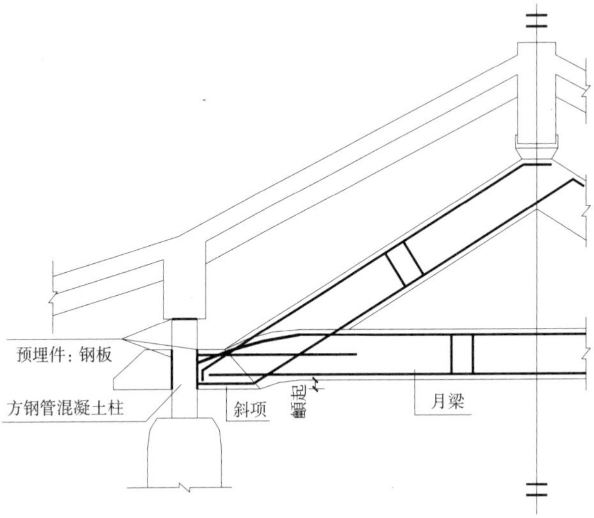

图 2.5.8.1 洛阳桥南广场廊月梁示意

2.5.9 檐梁

在宋《营造法式》中叫橑檐枋；在《清工部工程做法》中叫挑檐枋，其上还设置了圆形截面的挑檐桁；现在统称檐梁。在古代，屋面出檐深远，设置支承在斗栱上的檐梁可以减少屋面板的悬挑长度，属于结构构件。但在现代结构设计中，斗栱大都为装饰构件，檐梁的结构功能减弱，但其与屋面板同时施工，檐梁钢筋锚入屋面板内。预制椽遇檐梁可不断开。但是有以下两种情况须注意：

1）檐梁、屋面板施工前，斗栱已经安装就位并用预留钢筋锚入框架柱或者钢筋混凝土抗震墙，此时檐梁为简支在斗栱上的简支构件，具体见图 2.5.9.1；

2）待檐梁、屋面板施工后，才安装斗栱，斗栱通过钢板焊接在主体结构上，此时檐梁悬挂于屋面板，具体见图 2.5.9.2。

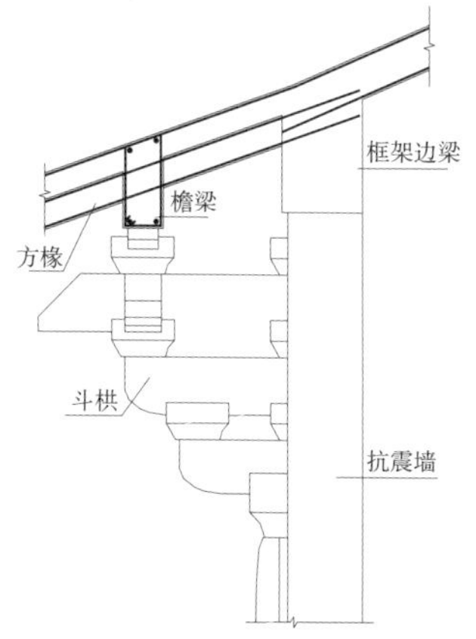

图 2.5.9.1 某大殿檐梁屋面板配筋

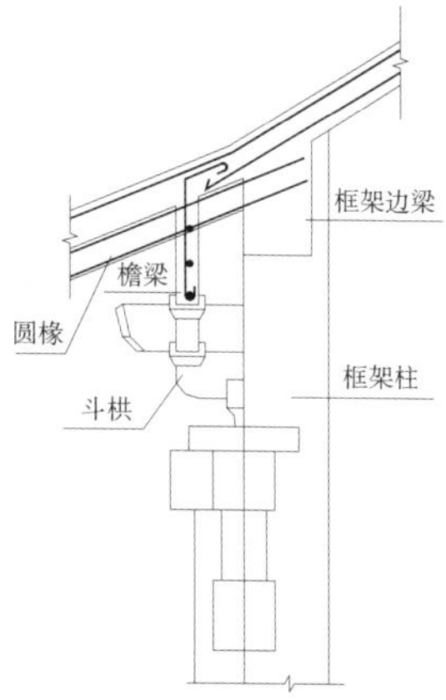

图 2.5.9.2 某山门檐梁屋面板配筋

2.5.10 小结

结构工程师对传统风格建筑关键构件设计应以“力学原理”为准，通过概念设计满足规范要求，充分考虑各构件的施工顺序及施工工艺，避免这些关键构件成为薄弱部位，降低因这些关键构件的问题而引起主体结构的安全问题的概率，进而设计出美观、安全、适用、经济的传统风格建筑。

2.6 预制装配式技术在传统风格建筑中的应用

2.6.1 引言

传统风格建筑在吸收传统古建筑风格的基础上，运用现代建筑材料特性和技术手段，传承与创造出具有民族风格与地域特色的新型建筑物。近些年，在城市发展和建设中，为了更能体现城市的文化底蕴与特点，人们愈加重视当地传统文化[34~37]。

与传统建造方式相比，预制装配式结构体系易实现大规模工业化生产，更易满足人们对建筑结构产品在数量和质量方面的要求，具有制作与安装工业化程度高、制作精度高、施工周期短等众多优点，同时采用装配式施工方式能最大程度减少施工现场的占用面积和建造过程中产生的建筑垃圾，符合可持续发展的战略[38~42]。

要推动装配式建筑的发展，需不断开发新材料，完善相应的设计方法，进行相关施工技术革新。目前，对传统风格建筑的相关研究较少，尤其是预制装配式技术在传统风格建筑的应用尚未见相关研究。本节在工程设计和施工实践的基础上，对预制装配式技术在传统风格建筑中的应用进行研究，归纳总结传统风格建筑关键节点及关键构件的装配式节点设计和构造。

2.6.2 古建筑的材料及结构特征

中国传统古建筑通常以木材为主要建筑材料，并辅之砖、石等材料。由立柱和横梁组成古建筑的木构架结构，其斗栱、檩椽等构件既有结构属性又有装饰作用，从而使建筑在形式与空间上特色鲜明。传统建筑在柱顶、屋檐等部位构件繁多且连接复杂（图 2.6.2.1），但建筑构件截面形式较为统一，具有模数化特点。加之木材源于自然，便于加工，本身就具有装配化优势。通过对木材进行切削等加工易于形成木构架结构的各组件，如柱、梁、椽、斗栱等。施工中通过榫卯节点实现对各构件装配式连接，建成的建筑飞檐翼角舒展优美、斗栱美轮美奂，充分体现出中国建筑艺术的感染力。

（a）

（b）

图 2.6.2.1 古建筑木屋檐

作为古建筑的骨架，木材充分发挥了其质轻、强度大、弹性和韧性比较好、抗冲击性强、导热性小、易于加工、外观好、干燥条件下耐久性好等优点。中国传统木构建筑由于材料和施工的特点，本身就具有预制装配式特性。但同时木材作为建筑材料，其自身仍有以下不足：如木材在防腐、防火、防虫蛀、耐久性等方面存在缺陷，且使用木材进行大规模建造已不符合环境保护和可持续发展的要求。如何利用现代材料，使中国传统建筑文化得到继承和发展，促进其可持续发展已经成为工程界思考的问题。

2.6.3 材料及结构形式演变

传统风格建筑是以现代材料（如钢筋混凝土、钢材）为主导，依据古建筑形制，确保建筑外观能较为准确地体现古建筑的主要特征。其在传统营造法则的基础上，与现代施工、材料技术结合，使建筑既具有传统建筑风格，又具有现代化功能，符合地域文化特色。

混凝土材料应用于传统风格建筑结构，具有可塑性、整体性、耐久性好等优点，同时易于就地取材。钢材应用于传统风格建筑结构同混凝土材料比较，具有材性均匀、力学指标好、易于工厂化加工、节能效果好、建筑总重轻、施工速度快、环保效果好等优点，符合产业化和可持续发展的要求。

通过材料和结构的创新，传统风格建筑得到了一定的应用和发展，但仍存在以下问题急需解决：

1）钢筋混凝土结构的传统风格建筑在施工中存在钢筋混凝土现场浇筑支模量大，模板制作和钢筋绑扎困难，施工质量不易控制等弊端。

2）钢结构在传统风格建筑中应用较少，构件、节点等设计和加工经验欠缺，设计、加工及施工等技术需进一步总结和完善。

针对上述问题，课题组进行了传统风格建筑装配化设计和施工的探索，分别对预制装配式技术在钢筋混凝土结构和钢结构传统风格建筑中的应用进行归纳和总结。

2.6.4 预制装配式技术在传统风格建筑中的应用

预制装配式技术使大量的传统建筑构件（梁、柱、板，斗栱、椽等）由车间生产加工完成，使原始现浇作业或现场作业大大减少。大力发展预制装配式结构，符合我国目前积极倡导的建筑工业化和产业化的基本趋势，有利于实现低碳、绿色、环保、节能的建筑目标。

1）钢筋混凝土结构传统风格建筑

钢筋混凝土材料具有防虫、防火、防腐、抗震等优点，建筑结构后期维护费用低，同时钢筋混凝土构件通过模板浇筑成型，具有良好的可塑性，适合不同形状的构件，因此成为替代木构件的首选材料。传统木构件通过榫卯结构连接梁柱；钢筋混凝土结构通过支模、绑钢筋、浇筑混凝土的施工方法成型。

在传统风格建筑的应用上，现浇钢筋混凝土结构与木结构相比，其施工工序复杂、施工周期长、质量控制难度大，特别是建筑檐口部位的斗、栱、升、耍头等造型复杂，施工工艺繁琐。

提到古建筑不得不提到其中的标志性构件“斗栱”。斗栱是中国古建筑中最具特色、构造和受力特性最复杂的一组构件。斗栱如同独特的托架，联结柱、梁、枋，满足建筑梁柱承托功能的需要，将屋檐的荷载经斗栱传递到立柱，再由立柱传至基础，从而起着承上启下，传递荷载的作用。斗栱具有“结构和装饰”的二重性，即斗栱具有力学功能和美学功能，是中国传统建筑显著特征之一。

斗栱由斗、栱、升、昂、翘 5 种基本构件组成，这些独立构件层层叠加、相互组合成为坚固且美观的受力构件。设计时依据斗栱各部位（斗、栱、升、昂、翘）的尺寸和连接关系对其拆分（图 2.6.4.1），采用预留后浇孔、钢筋预留或钢板预埋等方式实现斗栱各部件场外批量化生产。

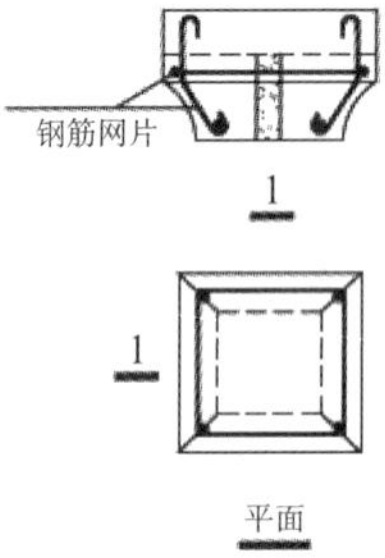

（a）预制升或斗

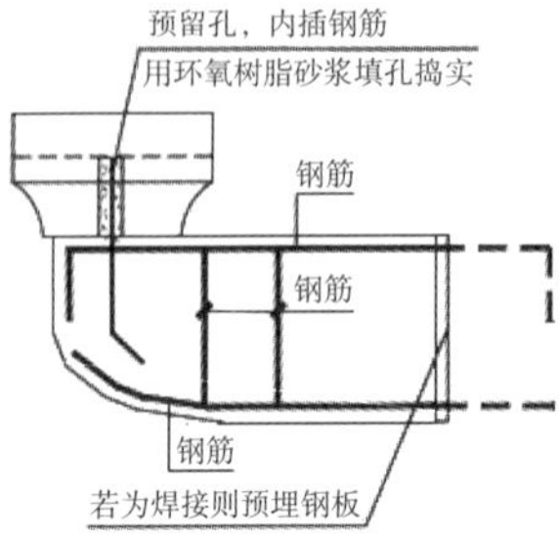

（b）预制栱与斗装配

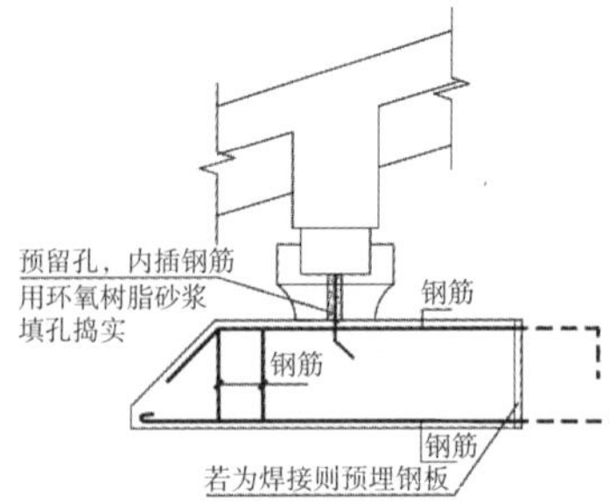

（c）预制斗栱与檐口构件装配设计及构造

图2.6.4.1　钢筋混凝土斗栱装配化设计

斗栱系统在安装前先进行预装配，确认无误后在现场根据设计标高进行装配连接（图 2.6.4.2），将斗栱与主体结构柱通过锚固钢筋进行节点整浇或采用斗栱后置倒挂安装技术进行连接，即斗栱构件通过预埋钢板与柱可靠焊接，简化了施工工艺，降低了施工难度，缩短了工期。

（a）斗栱预制

（b）斗栱预装配

（c）现场装配斗栱

（d）斗栱安装成型

图 2.6.4.2　钢筋混凝土斗栱装配化施工

钢筋混凝土斗栱装配式设计和施工，解决了现场支模、钢筋绑扎、混凝土浇筑等困难，便于工厂化制作，施工工艺简单，施工精度、质量高。

在混凝土结构檐口设计时，将檐椽设计为预制构件，使其局部箍筋外露，等到椽构件混凝土达到设计要求的强度后，现场施工时将预制椽按照设计标高支撑就位，椽距之间在椽顶面设置水泥压力板作底模，绑扎屋面檐板钢筋，并将椽的预留箍筋与挑檐板钢筋绑扎连接（图 2.6.4.3）。这样施工简便，缩短了工期，且施工质量易于保证。

（a）绑筋、支模

（b）浇筑、养护

（c）成型、脱模

（d）定位、安装

图 2.6.4.3　钢筋混凝土椽装配化设计及施工

对于廊柱也可采用离心法生产预制混凝土圆管柱，其工艺流程为：钢筋笼准备→模板准备→混凝土准备→离心法制作钢筋混凝土圆管柱→养护、拆模、堆放。预制廊柱现场施工时基础可采用杯形基础。

2）钢结构传统风格建筑

钢结构传统风格建筑不同于木结构的构成逻辑，其内部连接可采用栓接或焊接，且栓接相对于焊接来说，无疑具有更大的优势，栓接建成后可以拆散择地重新装配。同时，构造上也可以有选择性处理，如在木结构体系中原本离散的构件，在钢结构中可以组合，使原本复杂的多构件连接节点被一个经整合后的标准化构件替代，如斗栱、檩椽等，大大加快了工程施工，且质量易于保证。

与钢筋混凝土结构建造方式相比，钢结构体系容易实现大规模工业化生产，装配式钢结构更容易满足人们对建筑结构产品在数量和质量方面的要求，具有材料强度高、结构自重轻、抗震性能优越、制作与安装工业化程度高、施工周期短等众多优点，同时采用装配式施工方式能最大程度减少施工现场的占用面积和建造过程中产生的建筑垃圾。钢构件间可采用螺栓、铆接、焊接等连接方式，不仅可以节约施工时间，且施工不受季节影响，同时可增大建筑使用面积，节能效果好，抗震性能好，可避免钢筋混凝土湿作业施工造成的环境污染和噪声污染，便于拆卸回收和循环利用。

对于钢结构斗栱，设计时依据建筑形制，对各构件进行零件拆分。斗栱各部件经过数控裁剪、折弯、焊接、打磨等工序，由工厂加工成所需尺寸和形状，最后结合防腐要求及传统风格建筑特征要求进行底漆和面漆喷涂。钢结构斗栱车间及工地预制装配化过程如图 2.6.4.4 所示。

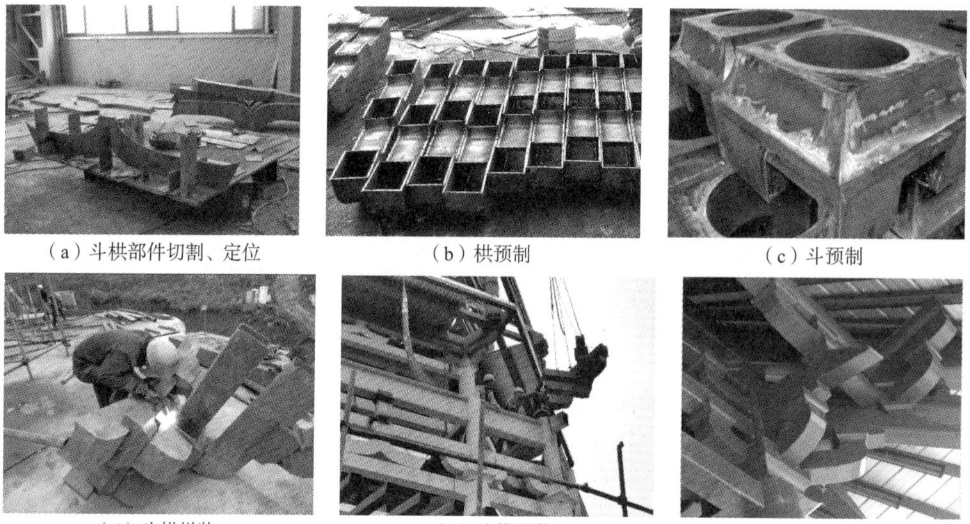

（a）斗栱部件切割、定位　（b）栱预制　（c）斗预制

（d）斗栱拼装　（e）斗栱吊装　（f）斗栱成型

图 2.6.4.4　斗栱装配化设计及施工

对于钢结构梁、柱等构件，设计中优先选用国家标准型材，如 H 型钢，矩形或圆形钢管等，减少工厂或工地加工量。通过构件间螺栓、铆接、焊接等节点设计和相关构件集成化设计，实现梁、柱及集成化构件工厂预制，现场装配化（图 2.6.4.5）。

钢结构的传统风格建筑结构檐口檐椽尺度及间距需满足建筑造型及风格要求，若仍延续以往设计做法，会导致要么施工繁琐，工程质量不易保证，要么檐口构件自重较大，结构材料性能未充分发挥。鉴于上述考虑，在钢结构传统建筑檐口设计时，首先采用型钢椽，构件易于采购和加工。同时在布置时，采用“虚实结合”的方法（图

2.6.4.6），即采用受力椽和装饰椽间隔布置的方法，通过定位檩条连接固定。该方法既满足建筑椽檩规格、间距要求，又可避免檐口处构件自重过大、材料性能未充分发挥等问题，使檐口构件既符合了建筑模数要求，又考虑构件受力性能。该方法施工便捷，节约材料。

（a）梁、柱预制件　（b）梁、柱吊装

（c）集成构件吊装　（d）主体结构成型

图 2.6.4.5　梁、柱装配化设计及施工

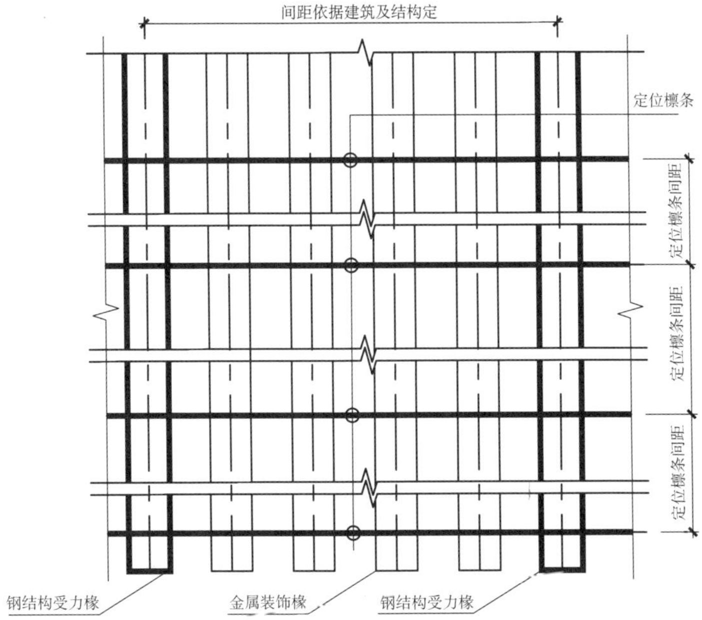

（a）椽、檩平面布置

图 2.6.4.6　钢结构预制椽檐口构造处理（一）

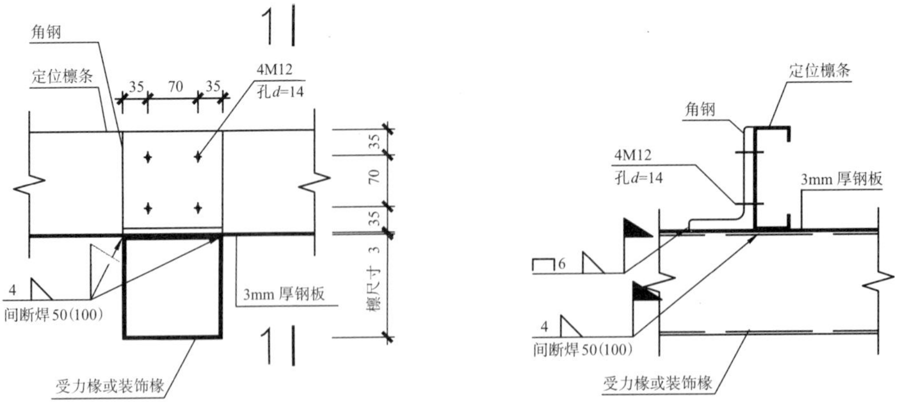

（b）椽与檩连接节点　　（c）1-1

图 2.6.4.6　钢结构预制椽檐口构造处理（二）

建筑屋面是建筑中的关键部位，该部位施工质量直接关系到建筑的外部特征和内在质量。设计和施工中采用新型屋面金属瓦（如铜瓦、铝镁锰合金瓦等）施工技术较传统安装工艺更均匀、美观，安装也更简便、快捷。

2.6.5　小结

传统风格建筑在保持古建筑外形不变的前提下，采用工厂加工、工地拼装等技术措施，可以达到并满足建筑的艺术效果。预制装配式技术在传统风格建筑中的应用，解决了现代早期现浇施工方法中的诸多缺陷，缩短了施工工期，可使项目施工操作更方便，结构构造更安全合理，大大减少了施工现场的作业量，有效降低了劳动强度，便于机械化施工。通过对传统风格建筑中柱、梁、斗栱、椽等典型构件的预制装配化设计和施工，增加了设计和施工的灵活性和多样性，使装配式建筑不仅能够成批建造，而且样式丰富。

第3章

典型工程实例

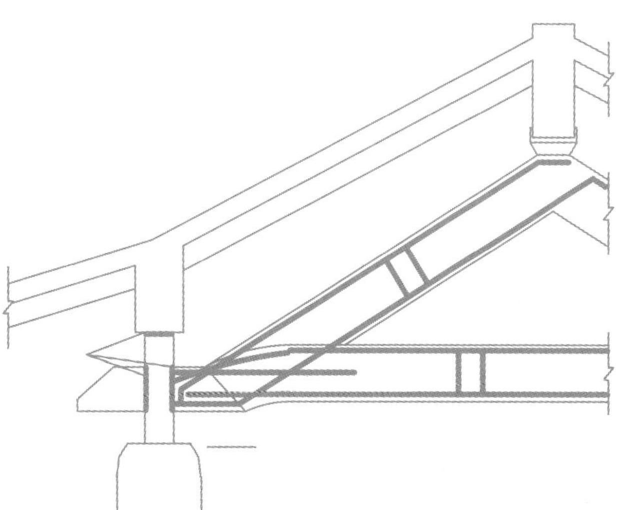

中国具有悠久的历史文化，别具一格的古建筑是华夏文明的直接体现，其既凝聚了我国古代的科技和艺术成果，又包涵着我们宝贵的民族文化，然而历经各种天灾和战乱，能保存至今的古建筑极少。近年来，随着旅游业的快速发展和文化全球化的深入，集现代科技和古代文化于一身的传统风格建筑应运而生，传统风格建筑结构现阶段主要以钢筋混凝土结构和钢结构为主。

传统建筑按功能分类，可分为轩、榭、亭、廊、阙、殿门、塔、楼阁等，其中宫殿、陵寝、城墙、苑囿、坛庙、王府、衙署等建筑服务于帝王和各级统治者；楼阁、戏台等公共性建筑服务于民间；文庙、武庙等大殿为纪念或祭祀性建筑。

3.1 轩榭亭

《说文》中："亭，民所安定也。亭有楼，从高省，从丁声也。"《释名》中："亭，停也，人所停集也。"《尔雅》中："无室曰榭。"又："观四方而高曰台，有木曰榭。"

亭，在古时候主要是供行人休息的地方，通常在传统园林建筑规划设计中必不可少，其具有自身的建筑艺术价值，在园景中往往是个"亮点"，起到画龙点睛的作用，和廊、台榭等组合形成空间变化，而且形式多样，具有较高的景观价值和文化价值。

轩和榭，一般为水边或半山高而敞的小型建筑，像亭一样，属于点缀性的建筑，其可供游人聚会、歇息，既是"引景"之物，也作为赏景之用。

亭、轩、榭多为独立单体，也有组合体，但屋面形式多样。由于功能单一，相对结构单元明确，在传统建筑现代结构设计中以钢筋混凝土结构为主导。

3.1.1 亭建筑特点

亭，建筑造型是中国传统建筑形式的集成，形式多样。亭的平面形式有方、长方、五角、六角、八角、圆等形式（图 3.1.1.1）。从立面来看还有重檐和多层亭。亭顶除攒尖以外，歇山顶也相当普遍。亭身多为透空，也可安装窗棂。亭台基部分、座椅、栏杆等装饰也是构成亭建筑的重要组成。

在园林规划或建筑单体设计中，单体式、透空的方形或圆形亭最为普遍。它体型简单，造型优美，施工也相对容易。从材料上来说，由于木材局限性，其主导的亭建筑已经很少；同样钢结构亭建筑也很少设计，虽然加工和施工较方便，但后期维护是制约因素；为此体型较大或较高的亭建筑以钢筋混凝土结构为主导，包括斗栱等非结构构件。

（a）重檐六角亭

（b）重檐方亭

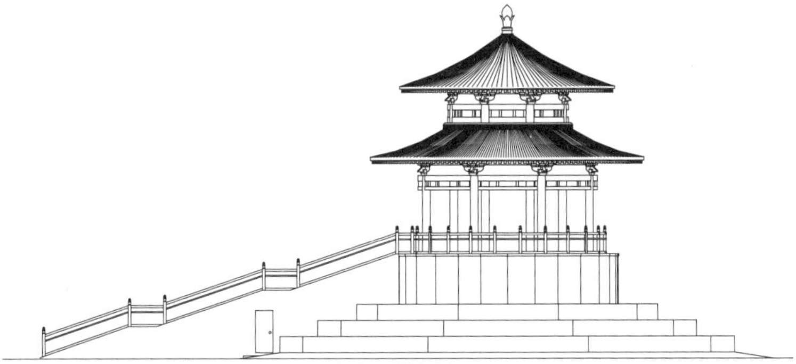

（c）重檐圆亭

（d）方亭

图 3.1.1.1　亭建筑

3.1.2　轩榭建筑特点

轩、榭从建筑造型来讲，与楼阁没有严格区分，主要和整体布局、规划有关。轩、榭类建筑和楼阁建筑类似，形式也多样，只是体量小巧而已，其主要建筑特点就是下部台基部分设在水边或水上（图 3.1.2.1）。通常其平台是一大亮点，周边设有栏杆或座椅供人们休息或赏景。

（a）

（b）

图 3.1.2.1 轩榭建筑

3.1.3 轩榭亭建筑结构设计

1）结构方案确定

（1）对于空而透亭建筑、轩榭类建筑，一般都要求所有结构和非结构构件外露，以便展示传统符号的美感。

（2）坡屋面屋顶部分，对建筑形式来说，有单檐和重檐，平面形式以矩形和圆形居多，或者为组合平面。由于构件外露，屋顶椽板悬挑大小和其主要水平承重构件通常由建筑确定其形式和断面，结构工程师来核算其合理性。一般情况，建筑外形及装饰部分应符合传统建筑制式要求，室内部分按古建筑木结构抬梁式布置，对现代建筑材料钢筋混凝土结构来说易满足受力要求。

（3）柱网及布置由建筑师根据形制确定，通常可以满足结构体系要求，特殊类和复杂类型需要和结构工程师沟通共同确定合理的结构方案。圆柱断面大小、柱顶高度、收分样式在建筑形式确定后也会确定。此类建筑一般柱顶栌斗下会设置阑额梁，从而形成框架结构体系。由于柱收分会影响斗栱，一般只能将栌斗核心区进行梭柱处理，按刚性节点设计，支撑整个屋盖体系。

（4）对于封闭或有窗棂类建筑，通常利用建筑窗间墙在内外侧设装饰半圆柱来保证建筑外形，窗间墙或半圆柱间设置方柱作为竖向承重构件，由于不影响斗栱系统，柱可以向上与屋盖水平梁刚性连接，形成刚度较大的框架结构或带短肢墙的框架结构。

（5）当为多层或重檐风格建筑时，外侧柱不应与混凝土梁采用铰接构造，而是收分后柱直接向上与水平梁刚接连接，且需满足框架对节点要求；另一个方案是在混凝土梁内设置钢骨与钢柱刚接，按钢结构框架节点设计。

（6）室内有吊顶时，支撑屋盖水平构件不受建筑制约，可以采用传力更直接、布置简洁、更合理的屋架方案，室内板下椽也可以不用设置。当室内不吊顶，外露椽子也可采用木制或其他轻型材质的装饰处理来实现。

2）结构计算分析

（1）对于钢筋混凝土坡屋面的空透建筑，一般情况下，宜考虑其屋盖纵横向弹性变形，可按多质点空间结构分析，质点宜设在阑额梁与柱交点、柱变断面处及有集中荷载处。计算分析时可根据屋盖与柱连接节点的强弱情况确定分析模型。对上下变截面、变材质柱可按实际情况建模分析，也可按刚度等效的办法分析。当柱子与屋架或屋面梁刚性连接时，可采取框架结构设计，不能形成框架结构宜按排架结构进行设计。

（2）抗震变形验算时，对一般空透的轩榭亭类建筑结构，易满足框架结构弹性水平位移要求；当不能满足时，在没有条件增强其抗侧刚度时也可以适当放松，因这类建筑使用人员稀少，地震损坏不会引起次生灾害，当不能满足设防烈度要求抗震措施时，允许适当降低，但地震作用计算必须满足设防要求。

3）设计要点

（1）一般轩榭亭类建筑柱顶与屋盖距离较远，有多重斗栱。由于收分后柱断面较大，柱上升会“吃掉”柱顶斗栱，影响建筑美观，通常需要设短柱过渡，其断面大小为柱顶栌斗核心区尺寸，此时混凝土断面不易满足刚性节点要求和构造措施，且施工难度大，不能保证工程质量。综合分析后在立柱收分后，直接在柱顶设置过渡钢管混凝土短柱，将其插入混凝土柱内，满足搭接锚固；或者可以直接伸到基础，这样构成下柱为钢骨柱，上柱为钢管混凝土柱的整体结构竖向构件。

（2）屋盖系统除了满足建筑外形要求外还需有足够的刚度，必须保证自身整体稳定，其支承在钢管柱上，从而不会产生过大的变形或引起水平推力。特别在檐口悬挑过大时，应保证悬挑内外平衡，避免对支承梁产生过大的扭矩，如果檐口内侧不设椽子，必须加大内侧屋面板厚度或加大其刚度。在翼角部位，往往悬挑较大，布置椽板时，不应将主要荷载全部转移在老角梁上，屋面板应按悬挑构件设计，只是构造上采取加强措施，保证屋面板与老角梁可靠连接。

（3）小断面钢管短柱与屋面纵横梁连接时，一般在钢柱顶设置盖板，同时加设锚筋与混凝土梁半刚性连接，如果条件允许也可将钢柱伸入到上梁中来保证刚性连接。计算分析时，应采用铰接模型或刚接模型分别计算，进行包络设计。构造上建议外侧带檐口的立柱采用螺旋箍筋且应全高加密设置。

（4）斗栱系统和椽子一般采用预制构件，椽子和现浇板组成叠合梁板。完整斗栱构件同样采用预制，可以是实心，也可以是空心；材料可采用普通混凝土或轻骨料混凝土材质，也可采用木材或者其他轻质材料。在预制斗栱端头设置铁件，施工现场焊接在钢管柱上，施工简便。

（5）如果轩榭类建筑平台位于水上，则对地基处理和平台基础设计有较高要求，应结合地基情况采取安全合理的措施，避免出现地基不均匀沉降而影响建筑安全。

3.1.4 工程实例一：中国佛学院教育学院茶榭结构设计

1）工程概况

中国佛学院教育学院茶榭建设地点位于普陀山，设计时间为 2005 年。茶榭位于教育学院的东区东湖的北端，一侧临水，四面开敞，是观景乘凉之处。茶榭一层凌空水面，东西方向长 16.08m，南北方向长 10.28m，平面形状是规则的矩形，屋顶是歇山屋顶，具体建筑造型见图 3.1.4.1。

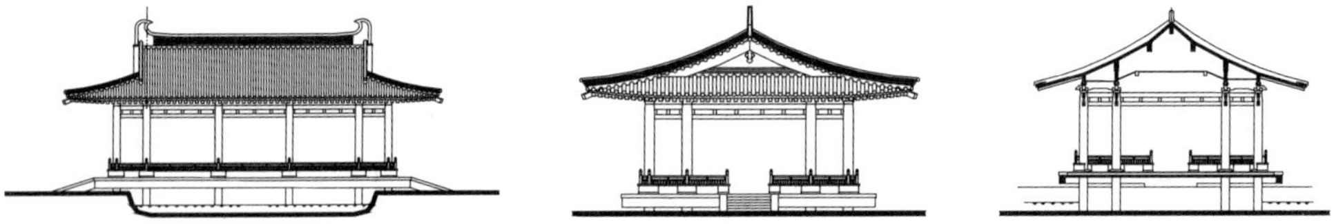

（a）南立面　　（b）西立面　　（c）剖面

图 3.1.4.1　建筑立面、剖面

2）结构设计

本项目采用框架结构，框架抗震等级为三级。工程的设计基准期为 50 年，结构安全等级为二级，抗震设防烈度 7 度，设计基本地震加速度为 0.1g，设计地震分组为第一组，场地类别为Ⅲ类，场地特征周期为 0.45s，抗震设防类别为丙类。50 年一遇基本风压取 ω_0=0.85kN/m^2，地面粗糙度为 A 类，结构体型系数、风压高度变化系数、风振系数等均按照规范取值。50 年一遇基本雪压为 0.50kN/m^2。

该项目一层平台处设钢筋混凝土现浇梁板，两侧连接河岸的台阶也设计为现浇钢筋混凝土结构。为方便施工，一层以下框架柱为方柱，一层以上为圆柱，在阑额顶圆柱收分，收分后上柱为方钢管混凝土柱，上柱焊接预埋件与框架梁连接，设计计算时节点模拟为铰接，具体结构布置示意见图 3.1.4.2。

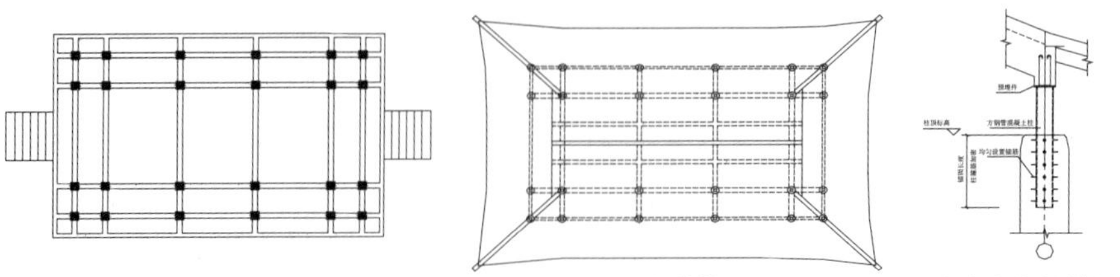

（a）一层结构平面　　（b）屋面结构平面　　（c）框架柱详图

图 3.1.4.2　结构平面及详图

3.1.5　工程实例二：曲江池遗址公园俯莲亭结构设计

1）工程概况

曲江池遗址公园俯莲亭建设地点位于西安市，设计时间为2007年。俯莲亭高出室外地面甚多，可以轻松眺望远处。建筑平面为正方形，边长为4.9m，屋顶是攒尖屋顶，具体建筑造型见图3.1.5.1。

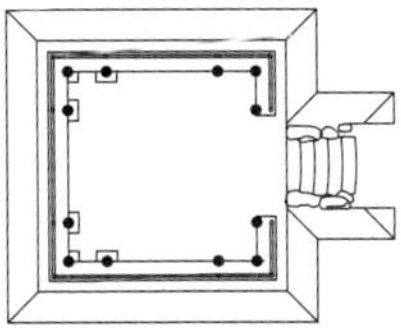

（a）一层平面

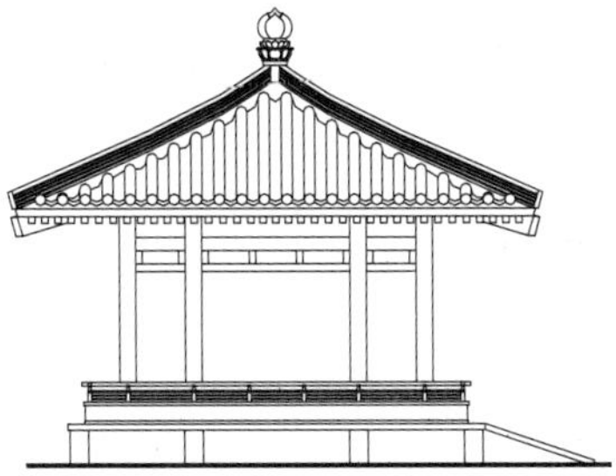

（b）立面

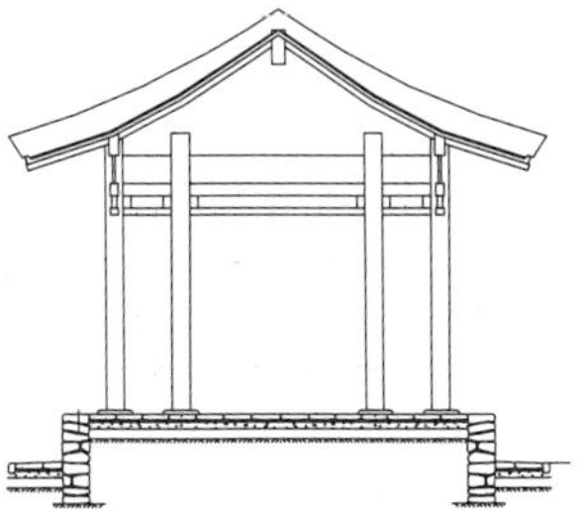

（c）剖面

图3.1.5.1　建筑平面、立面、剖面

2）结构设计

本项目采用框架结构，框架抗震等级为二级。工程的设计基准期为50年，结构安全等级为二级，抗震设防烈度8度，设计基本地震加速度为0.2g，设计地震分组为第一组，场地类别为Ⅲ类，场地特征周期为0.45s，抗震设防类别为丙类。50年一遇基本风压取ω_0=0.35 kN/m^2，地面粗糙度为B类，结构体型系数、风压高度变化系数、风振系数等均按照规范取值。50年一遇基本雪压为0.25kN/m^2。

本项目的特点：屋角没有起翘；整个建筑无斗栱；框架柱没有收分；边柱收于框架边梁，没有直通至屋面；屋面未设上弦梁，仅设置了攒尖屋顶及椽；椽支承于老角梁和框架边梁，故椽长短不一。椽、屋面板、老角梁和框架边梁形成了一个整体，相当于一个盖子固定在四个角柱上，具体屋面结构平面示意见图3.1.5.2。

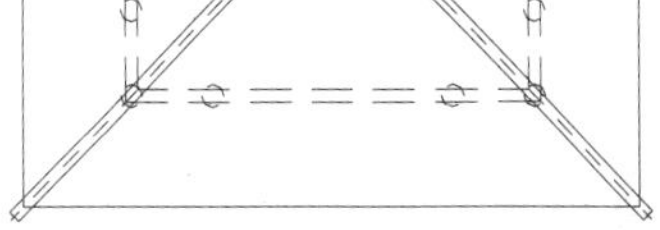

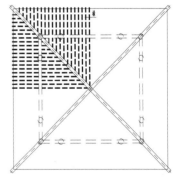

图3.1.5.2　屋面结构平面

3.1.6　工程实例三：曲江池遗址公园藕香榭结构设计

1）工程概况

曲江池遗址公园藕香榭建设地点位于西安市，设计时间为2007年。藕香榭架空于曲江池（俗称“南湖”）上，环境怡然，可以让人忘却俗世之扰。建筑平面为矩形，东西方向边长为 24m，南北方向长为 16m，屋顶是悬山屋顶。本项目是一个尺度较大的水榭，具体建筑布置见图 3.1.6.1。

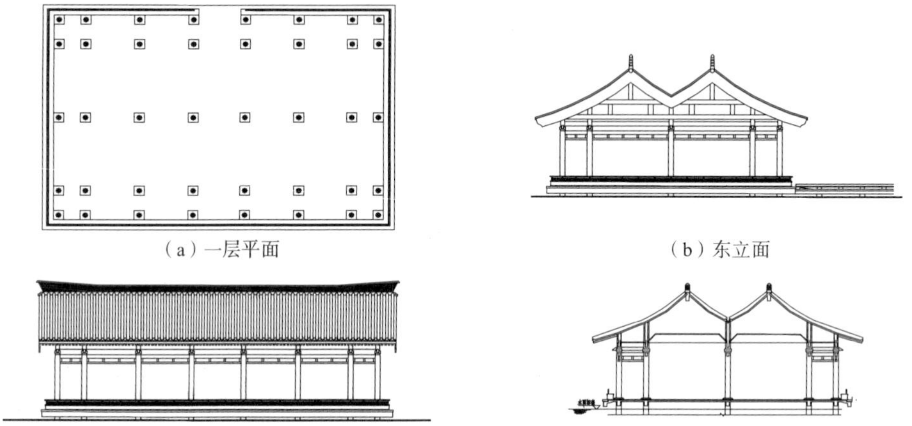

（a）一层平面　（b）东立面

（c）南立面　（d）剖面

图 3.1.6.1　建筑平面、立面、剖面

2）结构设计

本项目采用框架结构，框架抗震等级为二级。工程的设计基准期为 50 年，结构安全等级为二级，抗震设防烈度 8 度，设计基本地震加速度为 0.2g，设计地震分组为第一组，场地类别为Ⅲ类，场地特征周期为 0.45s，抗震设防类别为丙类。50 年一遇基本风压取 ω_0=0.35kN/m^2，地面粗糙度为 B 类，结构体型系数、风压高度变化系数、风振系数等均按照规范取值。50 年一遇基本雪压为 0. 25kN/m^2。

本项目的特点：一层设现浇钢筋混凝土梁板，框架柱有收分，但收分后的上柱截面尺寸较大，故设钢筋混凝土上柱；每个开间设屋架；尽间开间较小，但悬山出挑较多，结合建筑造型，尽端屋架设双层下弦梁，具体结构布置示意见图 3.1.6.2，建成实景见图 3.1.6.3。

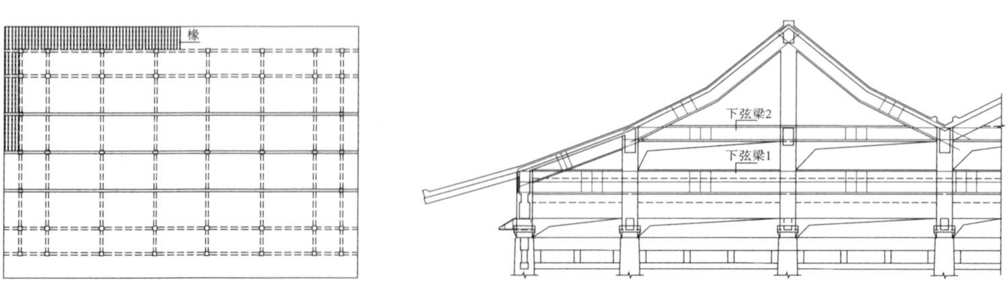

（a）屋面结构平面　（b）尽端屋架详图

图 3.1.6.2　结构平面及详图

图 3.1.6.3　建成实景

3.1.7　工程实例四：曲江池遗址公园祈雨亭结构设计

1）工程概况

曲江池遗址公园祈雨亭建设地点位于西安市，设计时间为 2007 年。平面为正八边形，屋顶是重檐攒尖屋顶，下檐边长为 4m，上檐边长为 2.757m。祈雨亭的出现打破全部绿植的单一环境，增加了亮点，具体建筑造型见图 3.1.7.1。

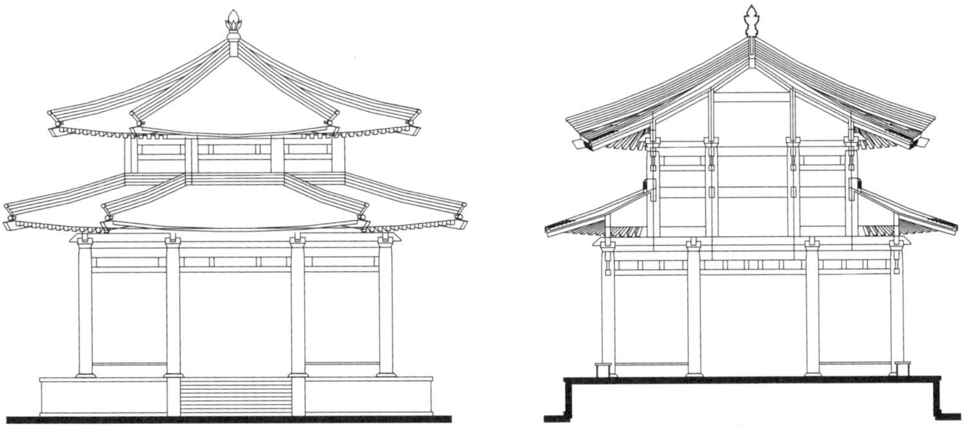

（a）南立面　　（b）剖面

图 3.1.7.1　建筑立面、剖面

2）结构设计

本项目采用框架结构，框架抗震等级为二级。工程的设计基准期为 50 年，结构安全等级为二级，抗震设防烈度 8 度，设计基本地震加速度为 $0.2g$，设计地震分组为第一组，场地类别为Ⅲ类，场地特征周期为 0.45s，抗震设防类别为丙类。50 年一遇基本风压取 ω_0=0.35 kN/m^2，地面粗糙度为 B 类，结构体型系数、风压高度变化系数、风振系数等均按照规范取值。50 年一遇基本雪压为 0. 25kN/m^2。

本项目的特点：屋顶为重檐攒尖屋顶，框架柱有收分，但收分后的上柱截面尺寸较大，故设钢筋混凝土上柱，屋角有起翘。为了加强整体性，在屋顶宝顶附近再设一圈环梁，具体结构布置示意见图 3.1.7.2，建成实景见图 3.1.7.3。

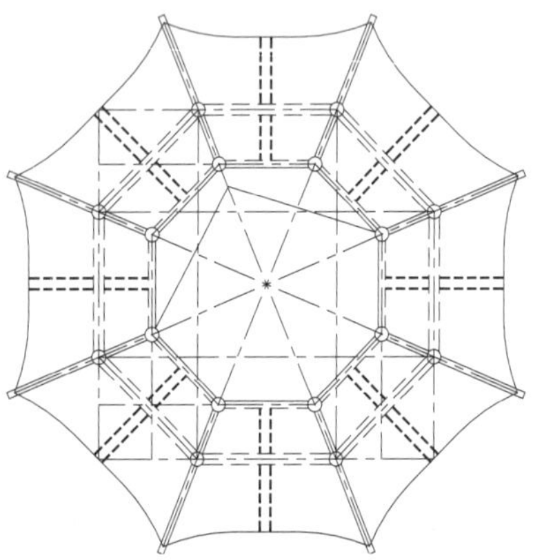
（a）重檐下层结构平面

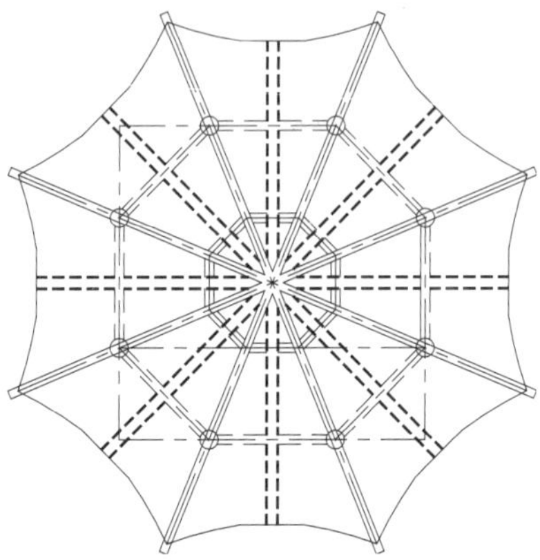
（b）屋面结构平面

图 3.1.7.2　结构平面

图 3.1.7.3　建成实景

3.1.8　工程实例五：大唐芙蓉园牡丹亭及曲水亭结构设计

1）工程概况

大唐芙蓉园牡丹亭及曲水亭建设地点位于西安市，设计时间为 2003 年。牡丹亭建筑平面形状为圆形，屋顶为重檐攒尖，重檐下层直径为 9m，上层直径 6m，建于山坡上。曲水亭平面形状为正方形，边长为 4.8m，屋顶是攒尖屋顶，架空于水面上，在御宴宫长廊的尽端。牡丹亭有一层地下室，地面上一层；曲水亭为地面上一层，具体建筑造型见图 3.1.8.1。

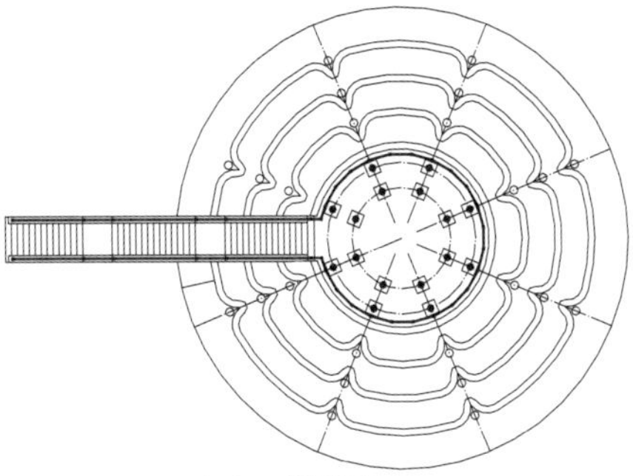

（a）一层平面

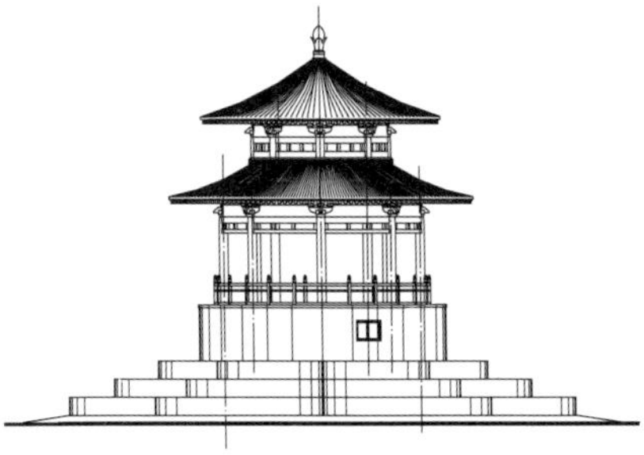

（b）东立面

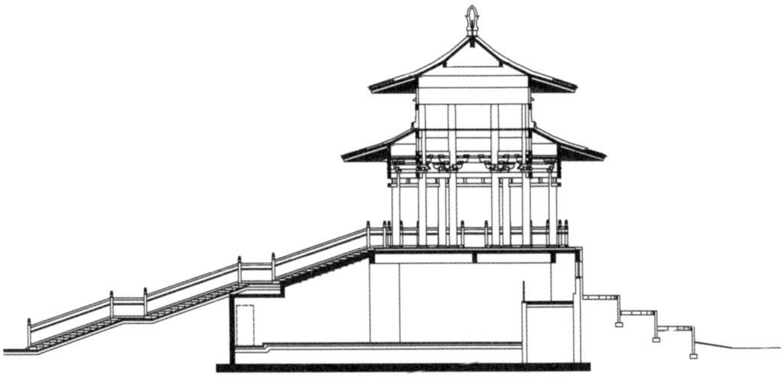

（c）剖面

图 3.1.8.1　牡丹亭平面、立面、剖面

2）结构设计

本项目采用框架结构，框架抗震等级为二级。工程的设计基准期为 50 年，结构安全等级为二级，抗震设防烈度 8 度，设计基本地震加速度为 0.2g，设计地震分组为第一组，场地类别为Ⅲ类，场地特征周期为 0.45s，抗震设防类别为丙类。50 年一遇基本风压取 ω_0=0.35 kN/m^2，地面粗糙度为 B 类，结构体型系数、风压高度变化系数、风振系数等均按照规范取值。50 年一遇基本雪压为 0. 25kN/m^2。

本项目的特点：屋顶为攒尖屋顶，屋角有起翘。框架柱有收分，根据建筑造型不同，采用了不同的设计方法。牡丹亭外围柱收分后的上柱为型钢混凝土柱，角钢锚入下柱及上框架梁；内圈柱收分后上柱截面尺寸较大，用钢筋混凝土柱设计。曲水亭收分后的上柱为钢筋混凝土深梁。牡丹亭仅在边柱上设梁，为了保证老角梁的钢筋在宝顶处的锚固，局部加厚屋面板，具体结构布置示意见图 3.1.8.2、图 3.1.8.3。

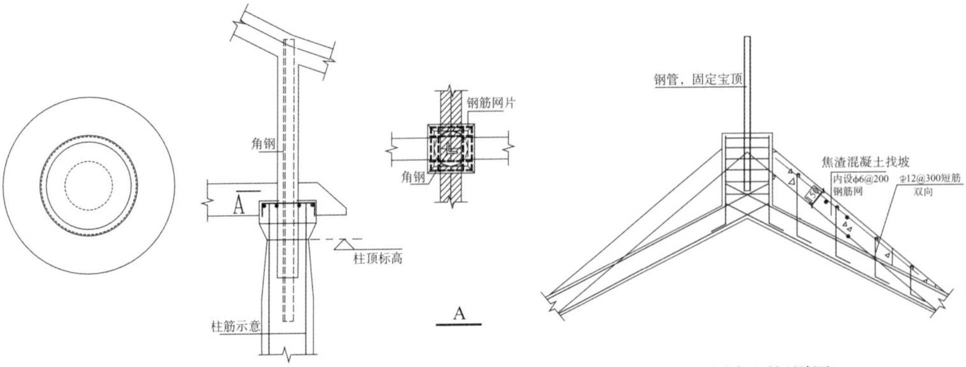

（a）屋面结构平面　（b）外围柱收分详图　（c）宝顶处加厚板详图

图 3.1.8.2　牡丹亭结构平面及详图

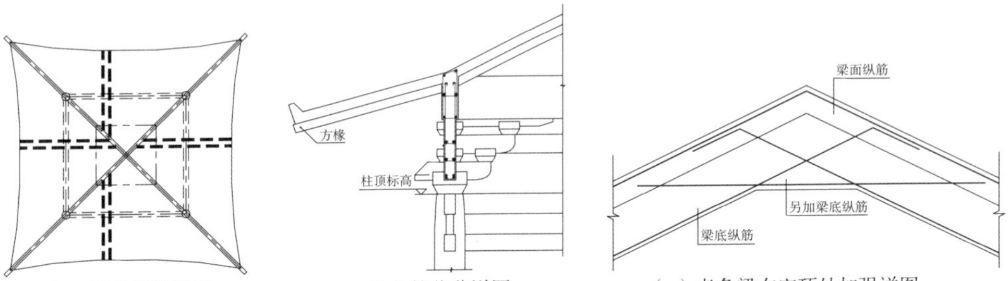

（a）屋面结构平面　（b）柱收分详图　（c）老角梁在宝顶处加强详图

图 3.1.8.3　曲水亭结构平面及详图

3.1.9　工程实例六：龙门景区前区一期工程碑亭结构设计

1）工程概况

龙门景区前区一期工程碑亭建设地点位于洛阳市，设计时间为 2014 年。建筑平面为正方形，屋顶是重檐盝顶屋顶。底层边长为 18.4m。地下一层，地上一层，局部有两层夹层。建筑主要功能为石碑展示，中间设玻璃平顶。屋面高度为 17.33m，具体建筑布置见图 3.1.9.1。

2）结构设计

本项目采用框架结构，框架抗震等级为三级。工程的设计基准期为 50 年，结构安全等级为二级，抗震设防烈度 7 度，设计基本地震加速度为 0.1g，设计地震分组为第二组，场地类别Ⅱ类，场地特征周期为 0.40s，抗震设防类别为丙类。50 年一遇基本风压取 ω_0=0.40kN/m^2，地面粗糙度为 B 类，结构体型系数、风压高度变化系数、风振系数等均按照规范取值。50 年一遇基本雪压为 0. 35kN/m^2。

本项目的特点：屋顶为重檐盝顶屋顶，框架柱无收分，屋角无起翘。基座斜墙采

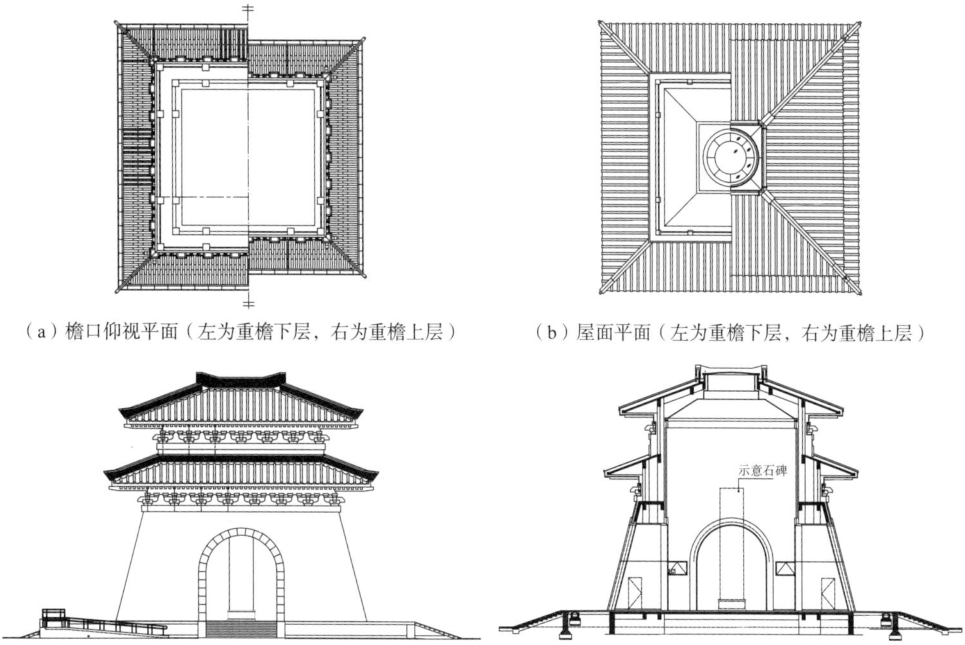

（a）檐口仰视平面（左为重檐下层，右为重檐上层）（b）屋面平面（左为重檐下层，右为重檐上层）

（c）南立面（d）剖面

图 3.1.9.1 建筑平面、立面、剖面

用后浇钢筋混凝土斜墙板设计，与主体结构采用柔性连接，具体结构布置示意见图3.1.9.2。

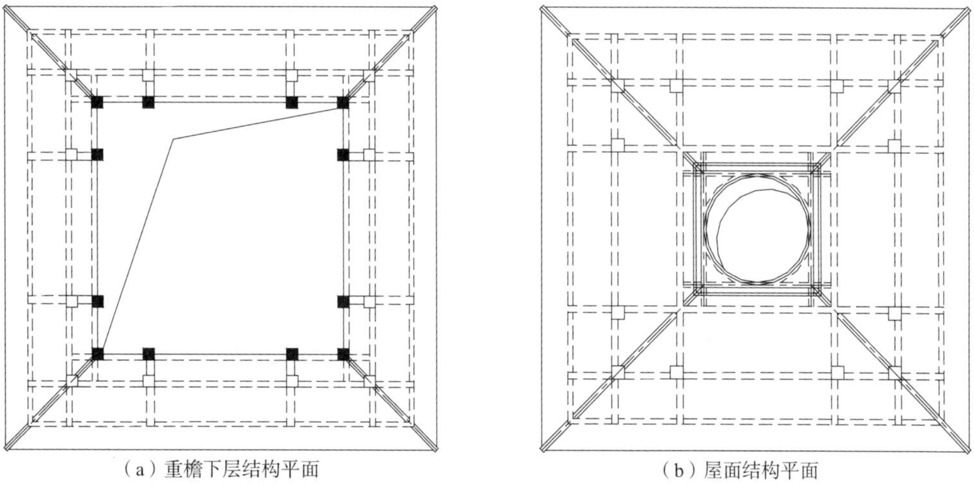

（a）重檐下层结构平面（b）屋面结构平面

图 3.1.9.2 结构平面

3.1.10 工程实例七：曲阜古泮池遗址公园六角亭结构设计

1）工程概况

曲阜古泮池遗址公园六角亭建设地点位于曲阜市，设计时间为 2014 年。建筑平面为正六边形，每边长为 4.2m。屋顶是攒尖顶。地面架空在水面上。建筑主要功能为休憩、观景、亲水、游玩，具体建筑布置见图 3.1.10.1。

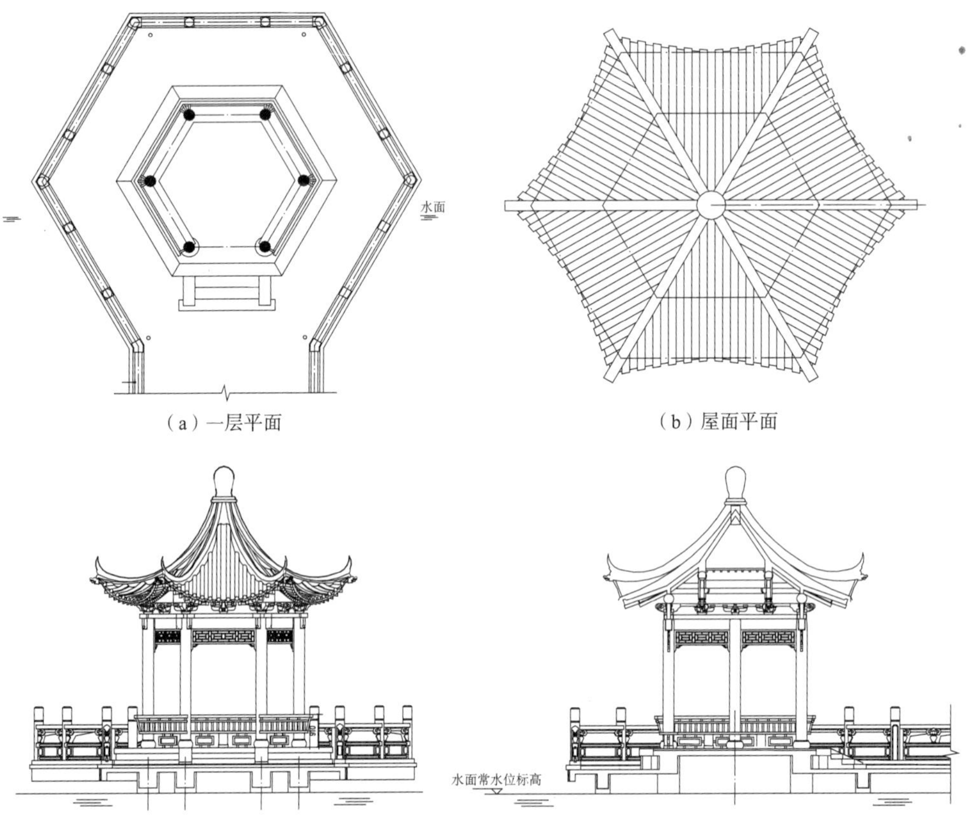

（a）一层平面　（b）屋面平面　（c）剖立面　（d）剖面

图 3.1.10.1　建筑平面、剖立面、剖面

2）结构设计

本项目采用框架结构，框架抗震等级为四级。工程的设计基准期为 50 年，结构安全等级为二级，抗震设防烈度 6 度，设计基本地震加速度为 0.05g，设计地震分组为第二组，场地类别Ⅲ类，场地特征周期为 0.55s，抗震设防类别为丙类。50 年一遇基本风压取 ω_0=0.40 kN/m^2，地面粗糙度为 B 类，结构体型系数、风压高度变化系数、风振系数等均按照规范取值。50 年一遇基本雪压为 0. 35kN/m^2。

本项目的特点：一层设现浇钢筋混凝土梁板；屋顶为攒尖屋顶，框架柱有收分，收分后与阑额、普拍枋组合采用钢筋混凝土深梁设计，屋角有起翘，屋面有飞檐椽方椽，具体结构布置示意见图 3.1.10.2。

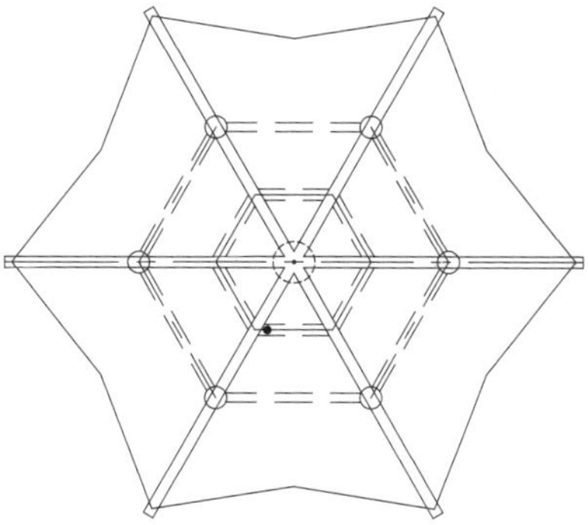

（a）屋面结构平面

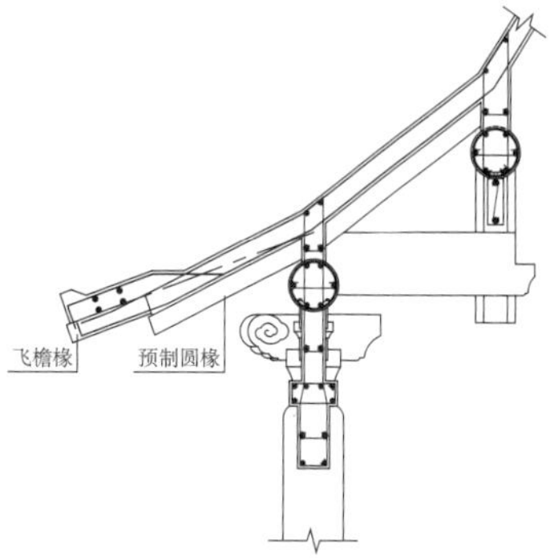

（b）柱收分后详图

图 3.1.10.2　结构平面及详图

3.2　廊

3.2.1　廊的建筑特点

廊（图 3.2.1.1），在古建筑当中，通常是指屋檐下的过道、房屋外通道或独立有顶的通道，包括回廊和游廊，其具有遮阳、防雨、小憩等功能。廊子也是现代传统园林式建筑的重要组成部分，在建筑规划布局当中显得非常重要。它是构成建筑整体外观特点和划分空间格局的重要手段，利用回廊或游廊对庭院空间巧妙处理，以便增加意境和引导游人观赏。在传统风格建筑设计当中，廊按横剖面划分通常可分为：双面空廊、单面空廊、双层廊、复廊等，其中以双面空廊最为普遍。

（a）双面空廊

（b）单面空廊

图 3.2.1.1　廊建筑（一）

（c）曲廊

（d）八边形廊

图 3.2.1.1　廊建筑（二）

双面空廊屋顶通常采用双排柱支撑，从立面来看无墙、无窗、廊身通透。建筑平面布置有圆弧形、一字形、折线形等多种形式。廊子纵向长度往往较长，有时通过亭子过渡，继续延伸，转折。

双面空廊的特点除了屋面符合传统建筑坡屋面基本特征外，另一个最大特点是所有建筑或结构构件露明，结构构件除了需满足受力要求外，其外形还须符合传统建筑尺度要求。柱顶横向为抬梁式结构，现在通常处理为屋架或桁架，其造型应符合建筑要求。斗栱一般仅柱头设置，不参与受力，另外仅纵向在柱顶设置一道阑额梁。椽子在廊道顶部屋面下按一定间距均露明设置并收于屋脊梁。

双面空廊或者暗廊有时也不一定所有构件外露，除了外檐口部分外，内侧顶上部分也设计吊顶，这样屋面板下就不需放置椽子，由建筑通过装饰完成。

3.2.2　廊建筑结构设计要点

双面空廊屋顶为两坡屋面，通过屋架或横梁支撑于两端立柱，沿纵向基本等间距柱网延伸，结构形式较为简单，只是在平面布局或立面高低上存在变化。

1）平面单元划分

一般空廊尺度较长，平面过于狭长，同时平面布局变化较多，且属于外露结构。虽然构件断面较小，但高度一般较低，故有一定刚度。设计时，结构单元尺寸不宜过长，应力求平面简单、规则，从而符合抗震基本要求。同时，结构设计时应考虑温度应力和混凝土收缩对结构的影响。结合建筑平面划分为若干个独立的结构单元，不宜与亭子直接连接，高低廊子交界处也宜分缝断开，应根据廊子平面尺寸及形式划分合理的结构单元。

2）计算分析

（1）对于钢筋混凝土屋面空廊，一般情况下，宜计其屋盖纵横向弹性变形，可按多质点空间结构分析；计算分析时可根据屋盖与柱连接情况确定分析模型。当柱子收分后与屋架或屋面梁连接，可采取柱顶按铰接设计，计算分析可以按平面排架建立模型。大部分廊建筑横向按排架，纵向可按框架设计；少部分封闭廊，若柱与屋面梁架刚性连接时，可按框架结构进行设计。

（2）抗震变形验算时，对一般建筑样式廊结构，可以满足框架结构弹性水平位移要求；当不能满足时，可适当放松并按单层排架结构控制弹塑性位移角限值。

3）设计要点

（1）屋盖与收分柱或钢管混凝土短柱应采取可靠的连接措施；廊柱上下柱处搭接节点须传力可靠，构造合理且便于施工。一般廊柱柱顶与屋盖距离较近，不需要设短柱过渡，收分后柱向上与屋盖梁连接，其断面基本满足梁柱刚性节点要求。对于封闭廊道，廊内一般不设斗栱系统，仅在外侧设置，此时柱可以与屋盖连接，外侧露明圆柱部分仅起装饰作用，满足建筑造型要求。

（2）廊子通常比较长，构件数量较大，外形复杂，若采用现浇结构对模板需求量大，构件尺度小引起误差不宜控制，且施工速度也缓慢。为此，除了常规椽子、斗栱、阑额预制外，其他如立柱、横梁甚至独立杯口基础也常常采用预制构件，其质量易于保证。同时构件现场进行装配，既绿色环保，又能保证工程质量和进度。

3.2.3 工程实例一：曲江池遗址公园荷廊结构设计

1）工程概况

曲江池遗址公园荷廊建设地点位于西安市，设计时间为2007年。荷廊在曲江池（即曲江南湖）架空设置，是一个亲水建筑，荷廊供游人游玩休憩。按廊的分类，属于双面空廊，为硬山屋顶，平面形状为正八边形，与通往湖岸的曲廊间设置抗震缝。曲廊没有屋顶。荷廊跨度为4m，每边长11.6m；曲廊跨度为4.5m，长15.9m，具体建筑平、立和剖面如图3.2.3.1所示。

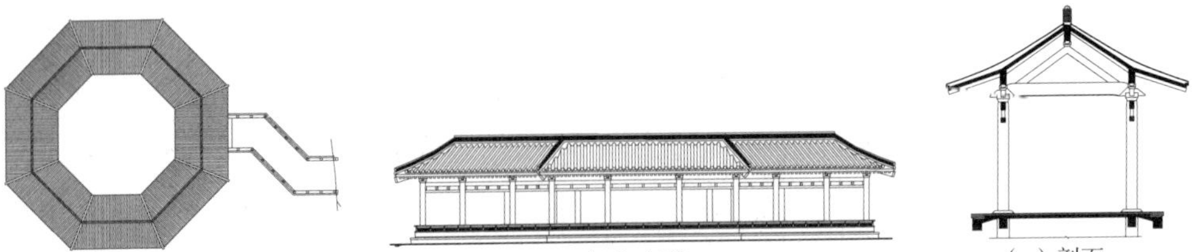

（a）屋面平面　（b）立面　（c）剖面

图 3.2.3.1　建筑平、立、剖面

2）结构设计

本项目采用框架结构，框架的抗震等级为二级。工程的设计基准期为 50 年，结构安全等级为二级，抗震设防烈度 8 度，设计基本地震加速度为 0.2g，设计地震分组为第一组，场地类别为Ⅲ类，场地特征周期为 0.45s，抗震设防类别为丙类。50 年一遇基本风压取 ω_0=0.35kN/m^2，地面粗糙度为 B 类，结构体型系数、风压高度变化系数、风振系数等均按照规范取值。50 年一遇基本雪压为 0.25kN/m^2。

结构设计时，因荷廊基础在水下，本工程基础采用钢筋混凝土钻孔灌注桩承台基础。该项目廊柱有收分，收分后上柱采用方钢管混凝土柱。为保证梁柱刚接，采用小截面的方钢管锚入框架边梁内。同时在屋面转角处设置屋架，屋面结构平面及框架柱详图见图 3.2.3.2。

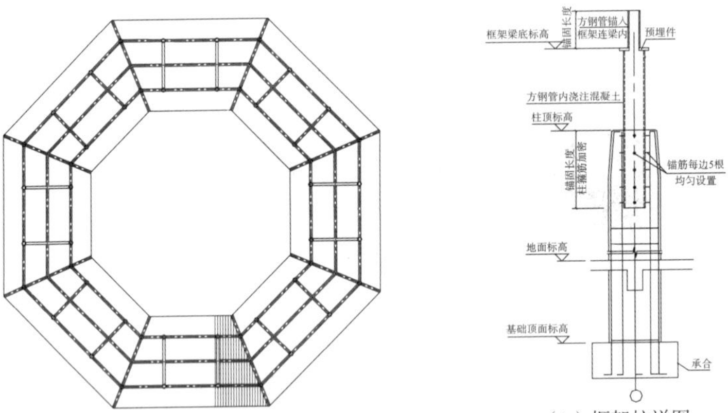

（a）屋面结构平面　（b）框架柱详图

图 3.2.3.2　结构平面、框架柱详图

3.2.4　工程实例二：中国佛学院教育学院礼佛区角亭回廊结构设计

1）工程概况

中国佛学院教育学院礼佛区角亭回廊建设地点位于普陀山，设计时间为 2005 年。

回廊一侧临八功德水，连接山门和法堂，在回廊的角部设有角亭，在通往经藏和钟楼的地方设有水榭。按廊的分类，属于单面空廊，为硬山屋顶，平面形状为矩形，廊与角亭、水榭用抗震缝分开。回廊跨度为 3.3m，为了增加趣味性和场地排水需要，回廊地面和屋顶高低错落有层次，具体建筑平、立和剖面如图 3.2.4.1 所示。

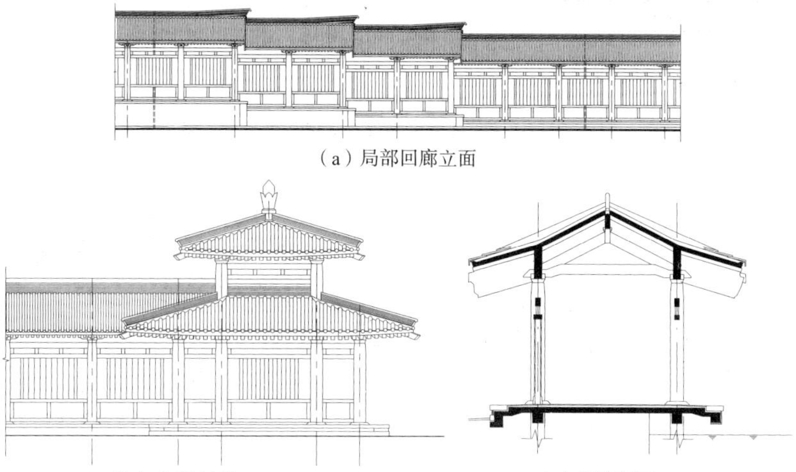

（a）局部回廊立面

（b）角亭立面

（c）回廊剖面

图 3.2.4.1 建筑平、立、剖面

2）结构设计

本项目采用框架结构，框架抗震等级为三级。工程的设计基准期为 50 年，结构安全等级为二级，抗震设防烈度 7 度，设计基本地震加速度为 0.1g，设计地震分组为第一组，场地类别为Ⅲ类，场地特征周期为 0.45s，抗震设防类别为丙类。50 年一遇基本风压取 ω_0=0.85kN/m^2，地面粗糙度为 A 类，结构体型系数、风压高度变化系数、风振系数等均按照规范取值。50 年一遇基本雪压为 0.50kN/m^2。

该项目廊柱有收分，收分后上柱为方钢管混凝土柱，上柱焊接预埋件与框架梁连接，该节点设计计算时采用铰接模拟，并在高低屋面变化处设置屋架，屋面结构平面、框架柱及屋架详图如图 3.2.4.2 所示。

3.2.5 工程实例三：曲阜古泮池遗址公园诗廊结构设计

1）工程概况

曲阜古泮池遗址公园诗廊建设地点位于曲阜市，设计时间为 2014 年。诗廊蜿蜒曲折，连接各处，高度一致。按廊的分类，属于单面空廊，为卷棚屋顶。诗廊跨度为 2.4m，尺度较小，具体建筑立、剖面如图 3.2.5.1 所示。

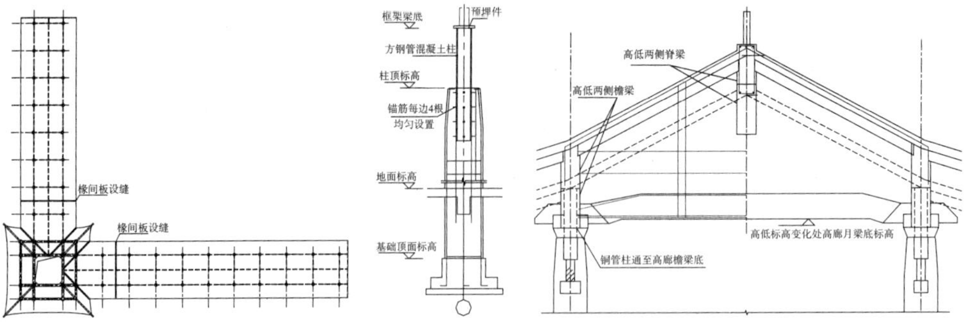

（a）回廊角亭屋面结构平面　（b）框架柱详图　（c）高低屋面处屋架详图

图 3.2.4.2　结构平面、框架柱及高低屋面处屋架详图

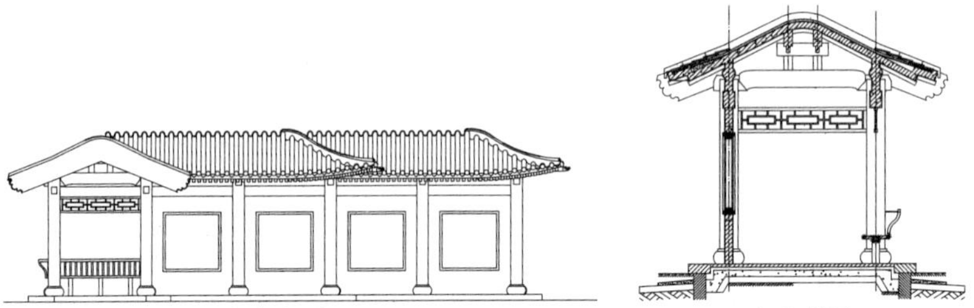

（a）立面　（b）剖面

图 3.2.5.1　建筑立面、剖面

2）结构设计

本项目采用框架结构，框架抗震等级为四级。工程的设计基准期为 50 年，结构安全等级为二级，抗震设防烈度 6 度，设计基本地震加速度为 0.05g，设计地震分组为第二组，场地类别为Ⅲ类，场地特征周期为 0.55s，抗震设防类别为丙类。50 年一遇基本风压取 ω_0=0.40kN/m^2，地面粗糙度为 B 类，结构体型系数、风压高度变化系数、风振系数等均按照规范取值。50 年一遇基本雪压为 0.35kN/m^2。

该项目廊柱有收分，收分后上柱变为钢筋混凝土墙，悬挑屋面处有方形飞檐椽。屋面结构平面、屋架详图如图 3.2.5.2 所示。

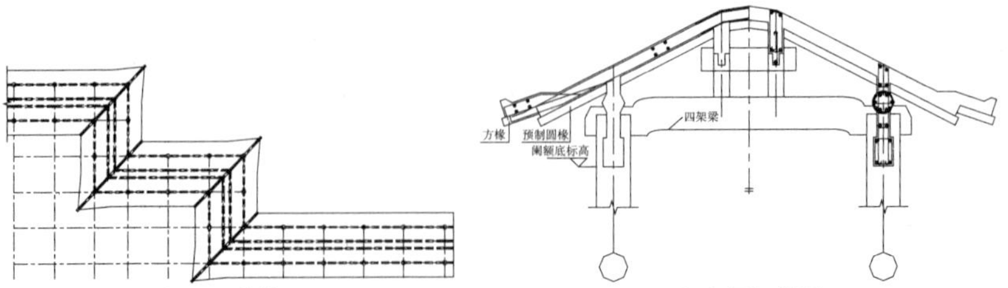

（a）局部屋面结构平面　（b）屋架详图

图 3.2.5.2　结构平面及详图

3.3 阙

3.3.1 阙的主要特点

《说文》中:“阙,门观也。”《释名》中:“阙,在门两旁,中央阙然为道也。馆,观也,于上观望也。”唐代大明宫含元殿为三重子母阙，明清已不再有子母阙。

阙，是建在高台上的建筑，是中国古建筑中一种特殊的类型，是中国古代城门、宫殿或者陵园的一种标志性建筑。在现代传统建筑布局当中，往往作为出入口的标志被广泛采用，一般有台基、阙身、阙顶三部分。

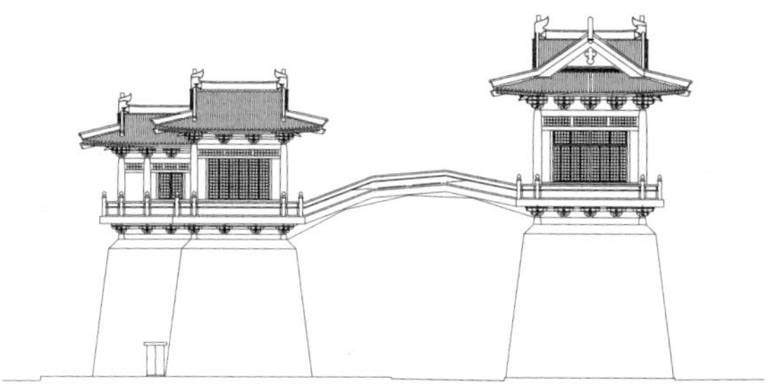

（a）开封双阙建筑（左为歇山二出阙，右为十字脊单阙）

（b）元上都歇山三出阙

图 3.3.1.1 阙建筑

阙有单阙、二出阙、三出阙（图 3.3.1.1）之分。在古代结构多为木结构，楼基和墩台均系夯筑，外用砖或石材包砌。现代传统风格建筑一般台基部分采用钢筋混凝土结构，上部为木结构、钢结构或钢筋混凝土结构。

阙的建筑结构从上到下可以分为阙顶、阙身、台基三个部分。“阙顶”即坡屋顶部分，以重檐庑殿顶最多；“阙身”相当于房屋，由立柱、横梁、斗栱、阑额、栏杆等装饰性构件组成；“台基”部分就是代表古建筑的夯土高台，台基墙面为斜面。在传统风格建筑中，一般做成空心台基，其空间可以利用并成为登阙的通道。

3.3.2 结构设计要点

随着现代建筑材料和建筑技术的发展，阙结构形式也发生了变化，不论何种建筑形式，设计变得更加易于实现，建筑师的想法也会得到充分体现。

阙台基部分由于结构形式变化可使结构构件断面很小，也为建筑赋予一定新的功能和空间。根据阙的形式、功能、尺度等不同，上部阙身和阙顶结构形式多为钢筋混凝土结构，有时建筑构件尺度过小，结构不易实现或施工非常艰难，常常也用木结构实现。

1）台基

阙台基部分外墙面为斜面，有一定坡度，为此采用钢筋混凝土斜墙围合成筒体，整体刚度好且一次可浇筑完成。若采用梁柱结构，可采用砌体填充，但需要保证平面外稳定，其施工难度大且存在安全隐患；也可采用预制或后浇外斜墙板，施工工序多而且构造复杂。目前设计中较多采用剪力墙方案是比较合理的。

在阙台基顶面形成转换楼层，采用梁板或厚板转换，为上部结构形成支承平台，平台外悬挑下斗栱系列采用预制并吊挂在平台下。

2）阙身

阙身对于结构来说，其主要构件就是立柱，即承重构件。其他大部分为建筑装饰构件，需配合建筑将该构件可靠地连接于主体上。

若立柱采用木结构，按传统建筑尺寸要求其受力性能完全满足承重要求，与平台连接一般固定在石质柱础上，当柱础高度不足时，立柱穿过柱础固定在平台上，通常做法是下部埋件焊接钢销锚入木柱中。

钢筋混凝土立柱尺寸一般在建筑要求的基础上，满足结构设计要求。当立柱按收分后断面向上与屋架刚性连接时可按框架结构设计；当要求柱收分后转换成方形芯柱与屋架连接时，可按铰接排架进行设计。

3）阙顶

阙顶部分结构较为复杂，特别是二出阙、三出阙，由于屋面部分相互咬合，且外形尺度都不大，所以采用混凝土结构设计及施工都有一定难度。木结构相对来说制作容易，但对木材材质要求较高。若构件尺寸太小时，常常采用木结构。

阙顶屋面一般采用瓦当面层，构造层较厚，荷载也较大，下部采用预制椽子与现浇板形成叠合肋板。当椽与屋架均外露，其外形需符合建筑形制要求，由于椽子数量较大且断面较小，一般均采用预制，其余构件可按建筑制式采用现浇。

3.3.3 计算分析

阙建筑不同于一般建筑，分析时应根据结构实际情况建立模型，可选择空间杆系、空间杆墙元或薄壁杆系等有限元计算模型进行分析。

阙建筑特点决定了其体型竖向不均匀，竖向有较大收分，结构侧向刚度有突变，相对来说上部结构空旷一些，除宜进行弹性时程分析或弹塑性时程分析外需要采取有效措施对转换层处竖向构件进行加强。上部采用框架结构时，对坡屋面宜考虑楼板变形或者对无限刚楼板假定计算结果适当调整。

3.3.4　工程实例一：世博会大明宫馆结构设计与分析

1）工程概况

世博会大明宫馆是2010年上海世博会入选的唯一大遗址保护案例，也是仅有的一座宫殿式建筑案例。该建筑是一座盛唐风格宫殿（图3.3.4.1），设计创意源于唐代李华《含元殿赋》中："左翔鸾而右栖凤，翘两阙而为翼"。它复原展示了1300年前的大明宫含元殿栖凤阁，其设计以唐代阙楼建筑艺术的代表"三出阙"形式为设计思路，以唐栖凤阁1∶1比例复原实体，外形古朴雄浑，具有深厚的历史文化魅力和底蕴。

大明宫馆世博会期间位于世博园最佳实践区，占地约960m^2，是一座二层钢木建筑，建筑面积约763m^2，主体高度约17m，由中国工程院院士张锦秋担纲设计。大明宫馆落户世博会是对发展和保护历史文化遗存工作的一次完美展示，体现了古代文明与现代文明的交融。

图3.3.4.1　建筑效果

2）建筑特点和使用要求

2010年上海世博会大明宫馆建筑立面、平面及剖面如图3.3.4.2～图3.3.4.4所示。从平面功能布置看，该项目一层功能为展厅，二层功能为观景楼台。由于该建筑总用地及体型限值，结构设计时需在保证展馆功能要求的基础上，在建筑单体内解决设备用房问题。由建筑平立剖示意图可见，该建筑一层竖向构件倾斜，且受建筑面积限值需考虑设置设备管道夹层；二层与一层柱错位，需要梁抬柱，且二层斗栱、梭柱及檐口出挑起翘等结构构造复杂。

从展馆使用要求看，依据世博会惯例，除了个别几座永久性建筑外，其余建筑都将在世博会后拆除[43]。因此大明宫馆作为世博会临时展馆，结构设计需考虑结构的易安装性和可拆卸性。同时，该项目施工和布展工期距世博会开园仅7个月工期，时间紧迫。另一方面，该建筑结构设计应符合本届世博会主题，应注重生态功能和可持续性，符合环境保护和城市可持续发展的要求。

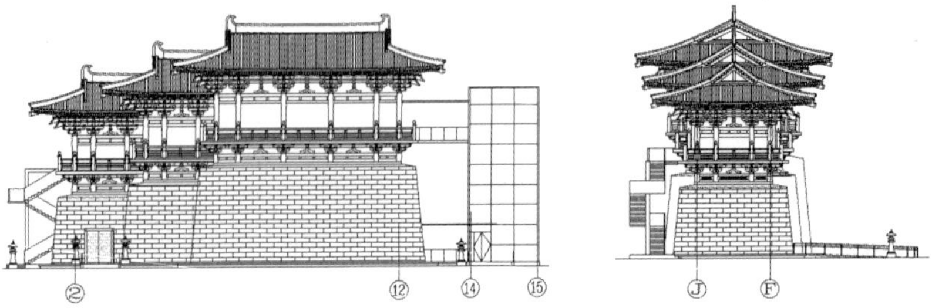

图 3.3.4.2　建筑立面

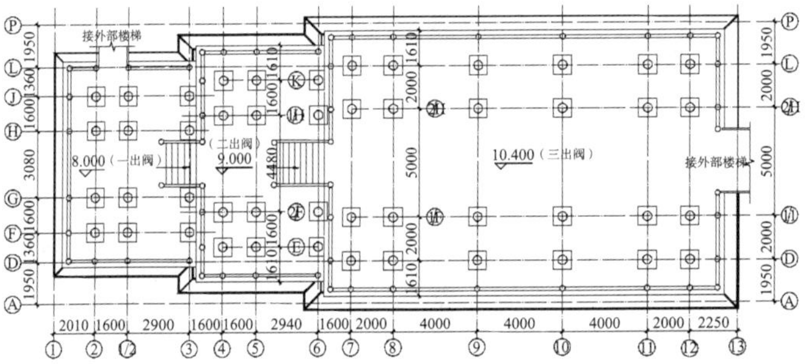

图 3.3.4.3　二层平面

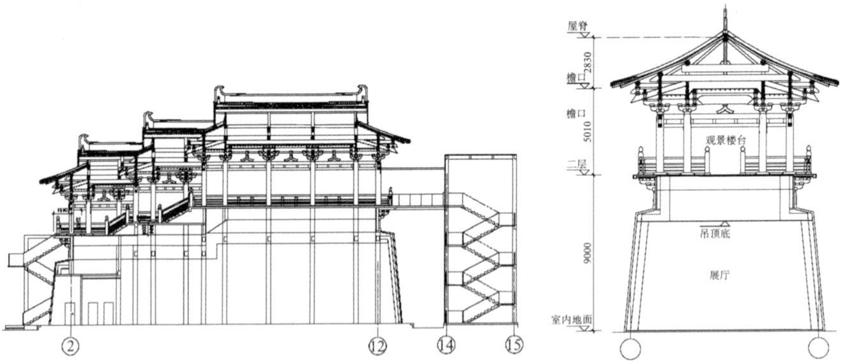

图 3.3.4.4　建筑剖面

综上，该项目建筑特点和使用要求如下：（1）该项目为传统风格建筑，建筑体型独特；（2）项目使用应考虑其两地性，前期服务于上海世博会，会后又要满足西安大明宫遗址公园的使用要求；（3）建筑用地及体型受限，建筑功能要求高；（4）建筑材料的选择应注重生态可持续性；（5）项目的工期和布展时间短。

3）结构方案

（1）方案一

鉴于项目建筑特点和使用要求，设计之初结构材料考虑木结构。因为木材取材方便又易于加工，且木结构传统建筑风格灵活，建筑效果和构件装饰效果易于实现。同时，在众多建材中，木材是可再生且能够多次循环利用的天然材料[44]。但单纯采用木结构会产生以下难点问题：①一层斜柱，二层梁抬柱，木结构不易处理；②一层由于展厅功能要求，需要大空间结构，且需考虑设备加层问题，木材性能和构件截面尺寸受限；③木材备料周期较长。

（2）方案二

结构可采用钢结构，充分发挥钢材材质均匀，塑性、韧性好，可焊性优良等特点，且构件间可采用螺栓、铆接、焊接等连接方式。同时，钢结构是一种高效、快速、经济、可持续发展的环保型建筑结构，不仅可以大大节约施工时间且施工不受季节影响，而且可增大建筑使用面积，节能效果好，抗震性能好，可避免钢筋混凝土湿作业施工造成的环境污染和噪声污染，便于拆卸回收和循环利用[13，14，45]。但单纯采用钢结构会产生以下问题：①二层结构自重加大，导致一层设计困难，变相压缩了展厅使用面积；②斗栱、梭柱等传统风格建筑构件不宜实现，且后期需进行二次装修，增加造价，工期不易保证。

（3）方案三

采用钢木混合结构，即一层采用钢结构，实现斜柱、梁抬柱等构造，发挥钢材高强、连接便利等性能；二层采用木结构，发挥木材自重轻、便于加工等特点，既可以减小结构自重，降低地震作用，又便于传统风格建筑构件的加工和制作，降低装修费用。采用钢木混合结构这种结构形式，可最大限度地发挥材料各自的性能，弥补各自力学性能的缺陷，从而达到结构能效的优化。该结构形式比传统的木结构体系更加坚固耐用，又比现代的纯钢结构更丰富多彩。

方案三在满足建筑造型及功能需要的基础上，能在一定程度上减少装修材料的使用和缩短装修工期。同时，该方案易于组装，拆卸方便，且建筑结构具有节能环保、施工周期可控、平面布置更加灵活等特点。因此，该方案被选作2010年上海世博会大明宫馆结构实施方案。

4）结构分析与计算

根据建筑三出阙特点，结构布置划分三个独立的结构单元（图3.3.4.5、图3.3.4.6），竖向轴线（①~⑬轴）均采用刚架结构（图3.3.4.8），水平向分别对应区域1中Ⓒ、Ⓕ、Ⓙ、Ⓜ轴，区域2中Ⓔ、Ⓚ轴以及竖向跨中处，区域3中Ⓐ、Ⓓ、Ⓛ、Ⓟ轴以及竖向跨中处设置水平桁架（图 3.3.4.7）。利用柱顶墩台和二层平台之间空间作为设备管道加层，有效解决了设备空间。通过悬挑梁与斗栱构件结合形成悬挑平台，有效解决了斗栱结构和控制了悬挑梁截面。结合后期展厅装修风格，在刚架角部设置支撑，有利于内力传递，增大构件及节点承载力性能。

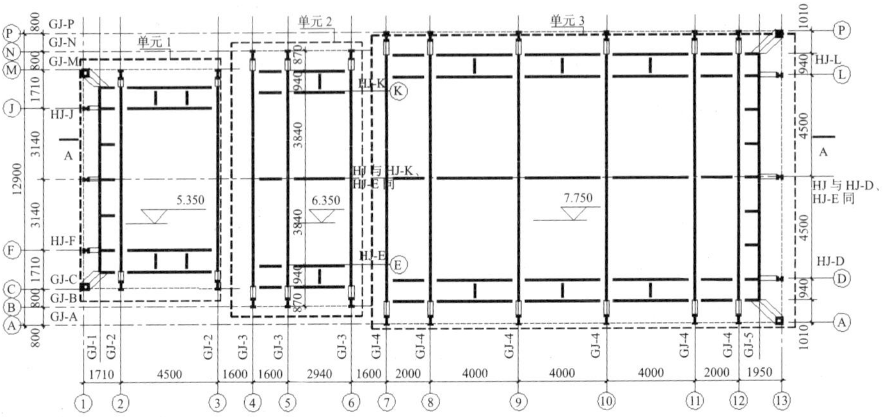

图 3.3.4.5 墩台标高结构布置

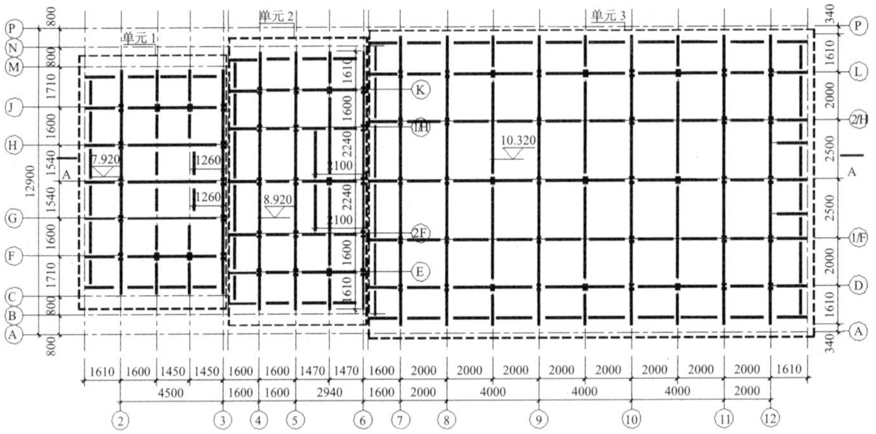

图 3.3.4.6 平台标高结构布置

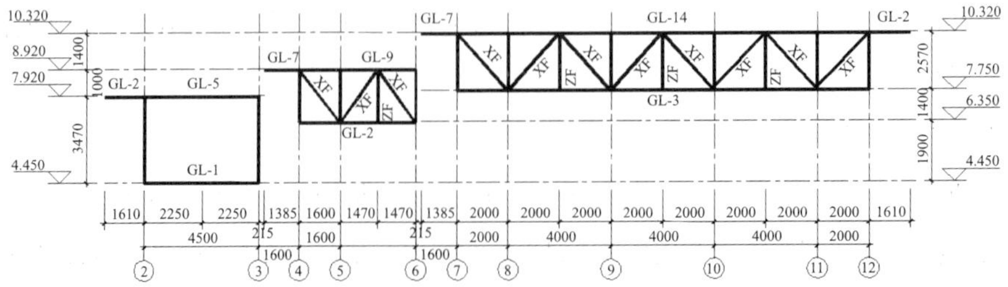

图 3.3.4.7 A-A 剖面

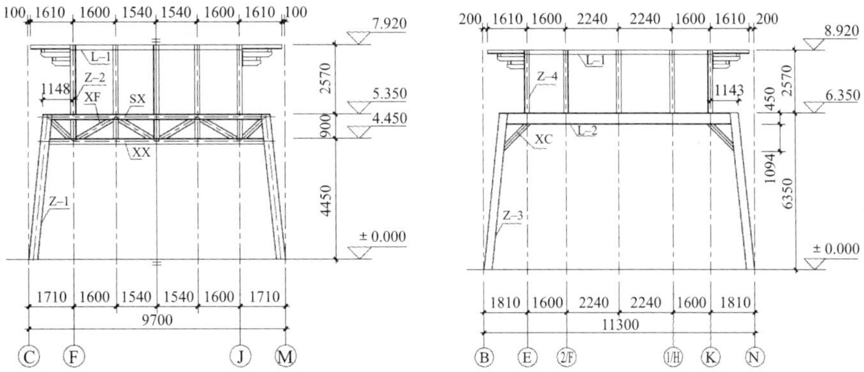

（a）GJ-2　　（b）GJ-3

图 3.3.4.8　刚架示意

结构整体分析以结构单元 3 为例，计算模型如图 3.3.4.9（a）所示，主要结构构件截面尺寸和材质见表 3.3.4.1，分别采用 Midas 和 3D3S 两种不同力学模型的三维空间程序进行结构整体内力、位移计算。计算中考虑了温度、地震、不同阻尼比等相关因素影响，计算结果见图 3.3.4.9、图 3.3.4.10 和表 3.3.4.2，结果表明：Midas 和 3D3S 两种程序分析出的结构反应特征、变化规律基本吻合，各项结构指标均能满足规范要求。本工程结构整体布置依据建筑方案特点，不但满足建筑外形、功能需要，且有效解决了结构抗风、抗震等问题。

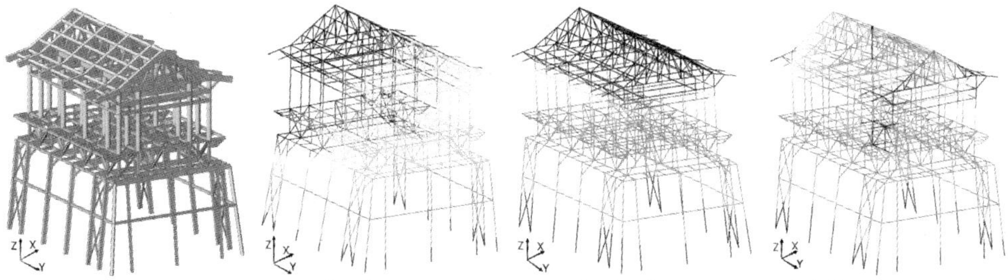

（a）计算模型　（b）第一振型 T_1=0.455　（c）第二振型 T_2=0.435　（d）第三振型 T_3=0.331

图 3.3.4.9　结构计算模型及前 3 阶振型

主要构件截面尺寸与材质　　　　**表 3.3.4.1**

	构件	类型	主要截面规格	材料
柱	Z-1	H 型钢柱	H350 × 250 × 9 × 14	Q345B
	Z-2、Z-4	H 型钢柱	H200 × 200 × 8 × 12	Q345B
	Z-3	H 型钢柱	H350 × 250 × 9 × 14	Q345B
梁	L-1	H 型钢梁	H200 × 200 × 8 × 12	Q235B

续表

	构件	类型	主要截面规格	材料
梁	L-2	H 型钢梁	H450 × 200 × 8 × 12	Q345B
桁架构件	SX、XX	H 型钢	H200 × 200 × 8 × 12	Q235B
	XF、ZF、XC	H 型钢	H200 × 200 × 6 × 8	Q235B

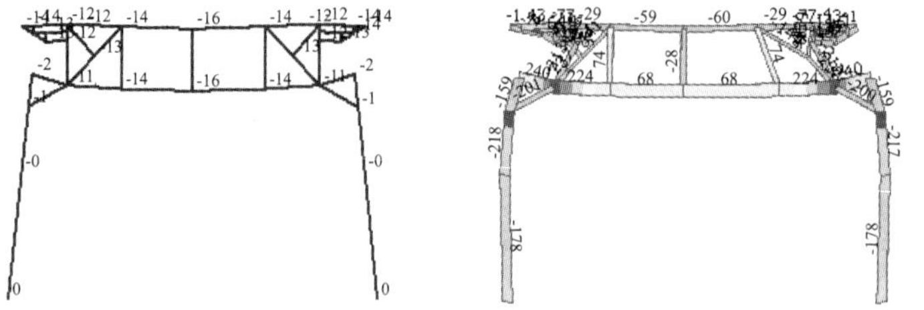

（a）位移（mm）　　（b）应力（N/mm²）

图 3.3.4.10　刚架分析

结构主要计算结果　　表 3.3.4.2

计算指标	结构自震周期 T（s）	周期比 T_1/T_t	最大弹性层间位移角	最大位移比
X 向	0.455	0.73	1/543	1.078
Y 向	0.435	0.73	1/521	1.121

5）关键节点与构造

项目设计中结合工程特点及使用功能，对局部构件和节点进行细化设计。如钢梁 - 木柱柱脚节点（图 3.3.4.11），设计时在木柱柱脚处设置钢套箍，一方面对木柱柱脚加强，另一方面便于木柱与钢结构梁连接。同时，在柱侧纵横向错开设置连接螺栓，柱底连接螺栓设置于钢梁翼缘两侧，且螺栓拉通上下翼缘。柱脚加劲板考虑建筑面层厚度和柱础高度设置。

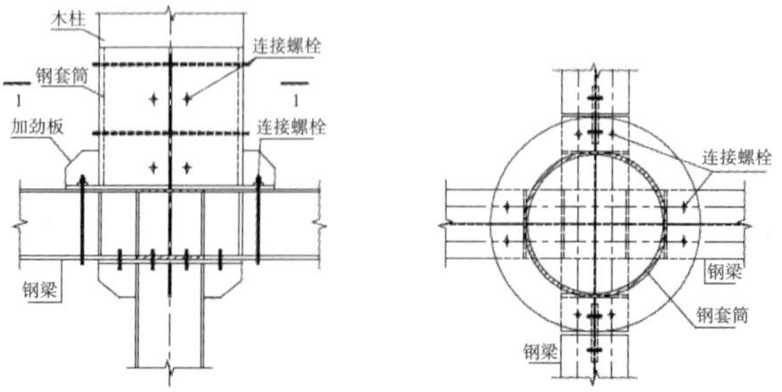

（a）连接示意　　（b）1-1 剖面

图 3.3.4.11　钢梁 - 木柱柱脚节点

对于楼板构件，结构设计中采用钢格板（图 3.3.4.12），设计中对钢格板设置角钢边框，钢格板间采用螺栓连接，钢格板与钢梁采用马鞍形夹具连接。该设计不仅施工简便快捷，而且工程可逆性较强。

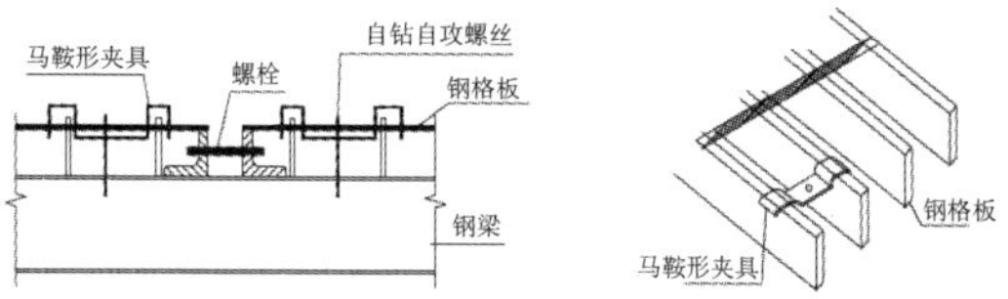

图 3.3.4.12　钢格板节点

对于工程中的斗栱构件，设计中采用“虚实”结合，即一部分受力，一部分装饰。受力斗栱采用钢质矩形管焊接而成，装饰斗栱采用铝镁锰合金成型。同时考虑到工程的易地重建，结构设计时采用螺栓连接（图 3.3.4.13）。

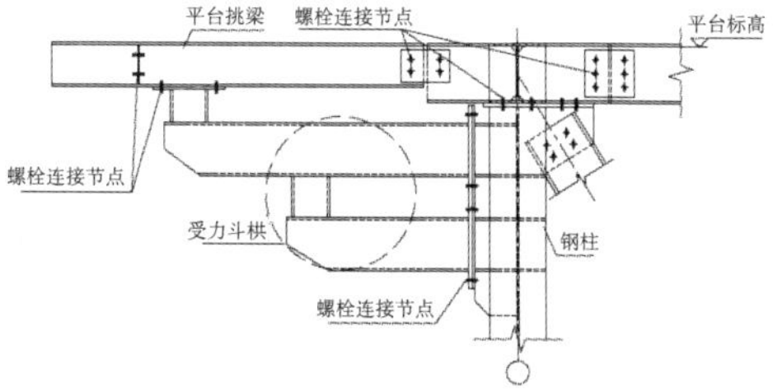

图 3.3.4.13　栓接受力斗栱节点

6）实施效果和小结

竣工后的世博会大明宫馆（图 3.3.4.14）古韵悠然，该传统建筑成为世博园内的一道亮丽风景线。大明宫馆经过使用，结构各项指标良好，很好地达到了设计预期，其传统建筑外观造型获得了众多中外游客的好评。该工程的实施效果：

（1）主体结构合理性：根据建筑方案，结构设计采用了钢木混合结构，该结构体系安全合理，构件工厂化加工，现场拼装，且楼板采用了钢格板承重体系，避免了混凝土等不可回收材料的利用，实现了建筑绿色环保和可持续发展的科学发展观思想。

（2）施工便捷且具有可逆性：本工程满足世博会使用要求，且现场施工快捷、方便，施工工期可控。

（3）技术的创新性：本工程在保证传统建筑神韵的基础上，满足了建筑的现代功能要求。同时，通过构件及节点优化措施，很好地实现了现代材料营建传统建筑。

本工程结构设计从整体布局入手，合理选用材料，通过钢木混合、利用结构桁架形成设备层等措施，减弱建筑方案对结构体系的不利影响，并通过合理的构造手段使

图 3.3.4.14　建成效果

各种材料形成一体。在细部设计中，对关键部位进行了精细设计，取得了较为满意的结果，得出以下结论：

（1）通过钢木混合结构体系，实现了传统风格建筑造型与现代功能的协调；

（2）通过结构方案的对比，该混合结构满足结构受力与变形要求；

（3）通过建筑后期的使用，结构满足可多次拆装、易地重建的要求。

3.3.5　工程实例二：大唐芙蓉园西大门门楼及阙楼结构设计

1）工程概况

大唐芙蓉园位于古都西安大雁塔东南侧，建筑面积 87120m^2。该建筑以唐文化为内涵，以古典皇家园林格局为载体，借曲江山水，演绎盛唐名园，服务于当代的大型文化主题公园 [35]。西大门（图 3.3.5.1）是全园主大门，由两层七开间的门楼与南北各一座三出阙楼组成，其间联以单层服务设施和南北便门。全组建筑高低错落，左右对称，平面呈“Π”形布局（图 3.3.5.2），为典型的传统风格建筑。

本工程结构设计使用年限为 50 年，结构安全等级为二级，结构重要性系数为 1.0。建筑结构类型：门楼为框剪结构；三出阙楼底层为框剪结构，上层为框架结构；两者之间的服务设施为框架结构。建筑抗震设防分类为丙类，抗震设防烈度为 8 度，设计基本地震加速度值为 0.2g，设计地震分组为第一组，框架抗震等级为二级，抗震墙抗震等级为一级，场地类别为Ⅲ类，设计特征周期值为 0.45s。50 年一遇基本风压取 ω_0=0.35kN/m^2，地面粗糙度为 B 类，结构体型系数、风压高度变化系数、风振系数等均按照规范取值。

由于服务设施为单层框架结构，结构体系明确，构造简单，不再详述。本文着重介绍门楼和三出阙楼的结构设计。

2）建筑特点和结构方案

（1）门楼结构设计

门楼主体结构 2 层，在二层平面下标高 6.600m 处设置悬挑长度 2.9m 的飞檐，屋

图 3.3.5.1　建筑效果图

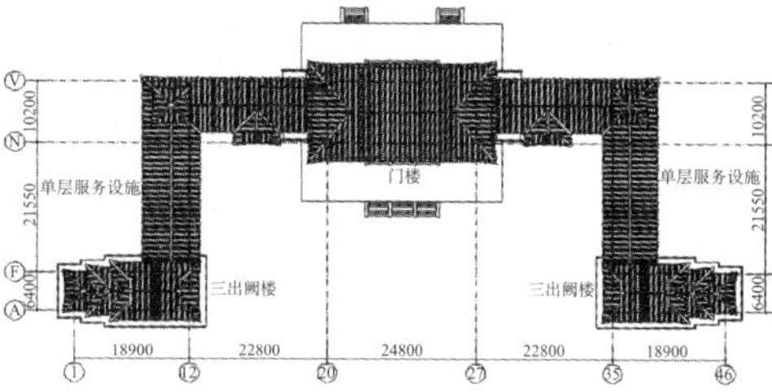

图 3.3.5.2　建筑屋面平面图

面为单檐庑殿布瓦顶，建筑下设共 1.6m 双层台基，建筑高度（室外地面至屋脊顶）为 21.500m。建筑立面图见图 3.3.5.3，结构布置如图 3.3.5.4 ~图 3.3.5.6 所示。

为了满足建筑造型的要求，体现唐风建筑的古风、古韵，本工程结构设计中主要有以下难点：

①从建筑立面图中可以看出，在一层层间，标高 6.600m 处存在较大的悬挑飞檐。结构设计时为了平衡悬挑椽板传给外周边梁的较大扭矩，在外檐椽板相邻内跨设置混凝土楼板，导致该处形成一个结构夹层。该夹层到二层板面的高度远小于相邻底层层高，因此必须选择合理的结构体系，避免因结构楼层刚度的突变，造成楼层的变形过分集中，从而形成薄弱层。

②在标高 6.600m、二层平面及屋盖外周混凝土柱与框架梁的连接处设置混凝土斗栱，在斗栱处柱头有收分，直径由 470mm 收到 380mm。由于屋面梁板均采用现浇钢筋混凝土，上卧铺传统的唐式灰色陶瓦，造成屋面荷载较大。而考虑混凝土柱收分后，该部位强度、刚度削弱较多，需要采用合适的措施，满足结构的抗震要求。

③在二层平面处，外檐柱向内侧产生“内收”的现象，边柱向内退 500mm，角柱相应向 45° 方向内移，使得结构的竖向传力路径不连续，下层柱存在较大的偏心矩。

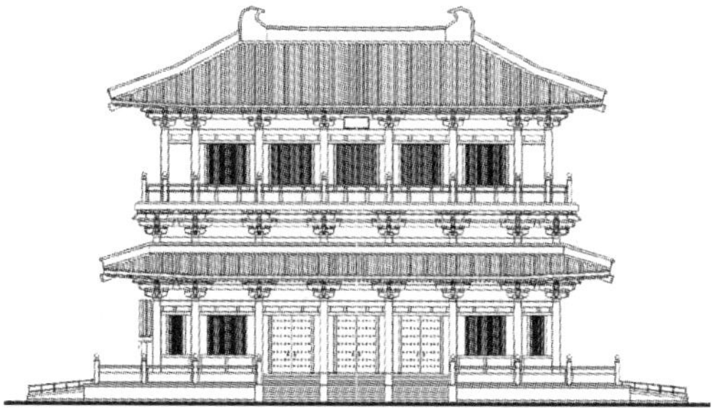

图 3.3.5.3　建筑立面图

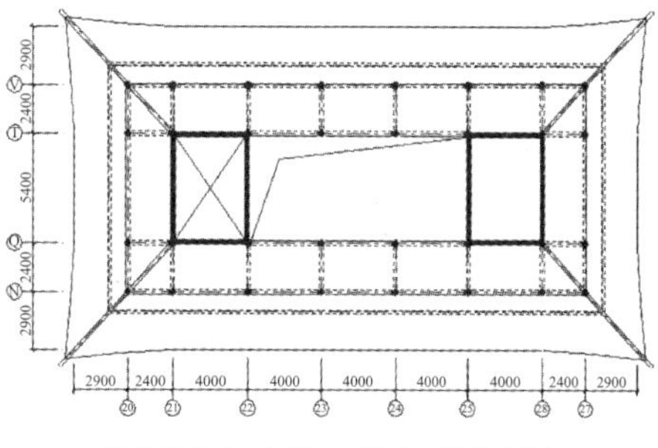

图 3.3.5.4　标高 6.600m 结构平面

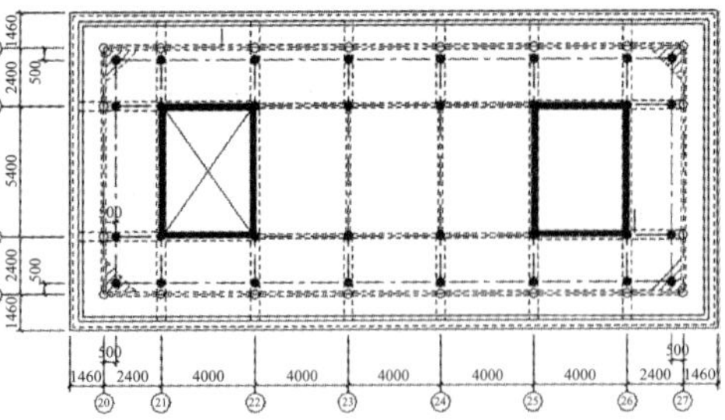

图 3.3.5.5　二层结构布置

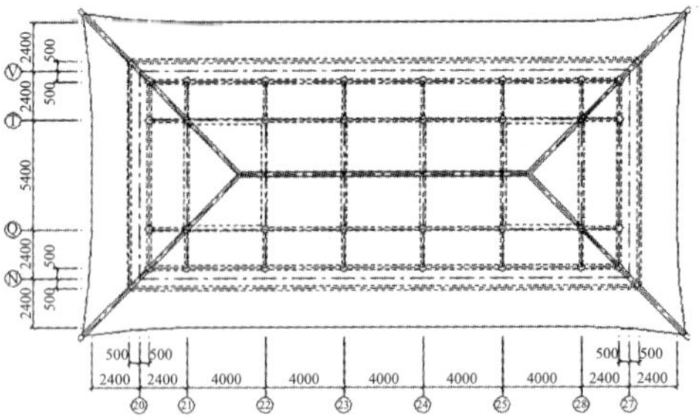

图 3.3.5.6　屋面结构布置

（2）三出阙楼结构设计

三出阙，是城阙中最复杂的一类，规格最高。一般形制是在母阙外或后侧附两出子阙，子阙依次缩小，平面进退有致，更加强了立面上高低错落的效果。由于其造型复杂，抗震性能较差，无现存古建筑，仅在一些古籍及壁画中方能觅其风采[46]。

三出阙主体结构 2 层，下层为台基，上层为阙楼。屋面为歇山屋面布瓦顶，一、二及三阙下台基顶面结构标高分别为 4.940m、6.280m 及 7.620m，屋脊顶面结构标高分别为 10.520m、12.100m 及 14.200m。建筑立面图和结构布置如图 3.3.5.7 ~ 图 3.3.5.10 所示。

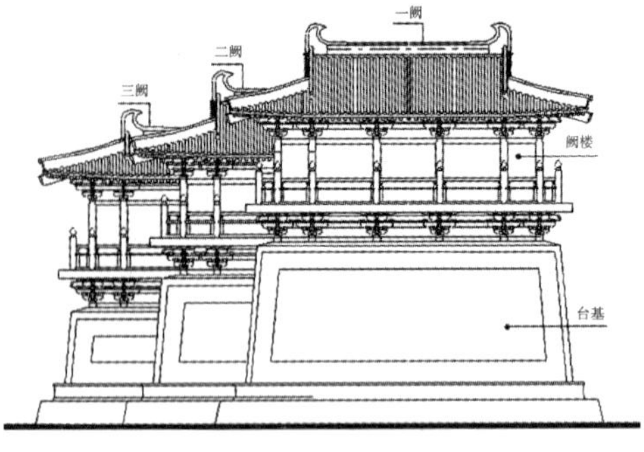

图 3.3.5.7　建筑立面图

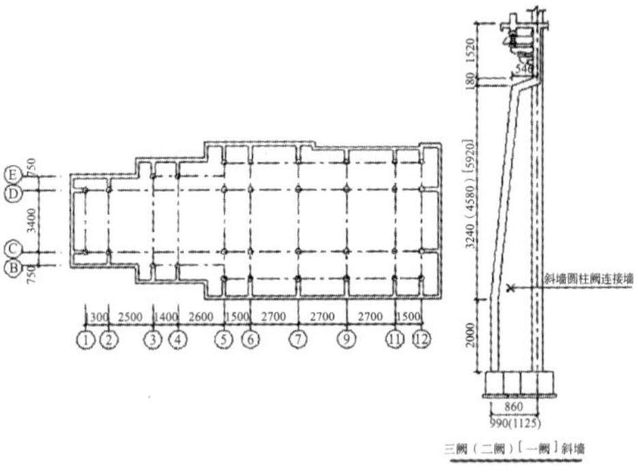

图 3.3.5.8　台基墙柱布置

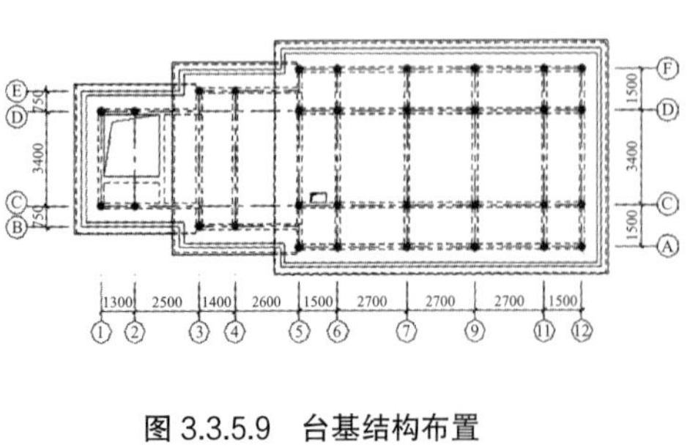

图 3.3.5.9　台基结构布置

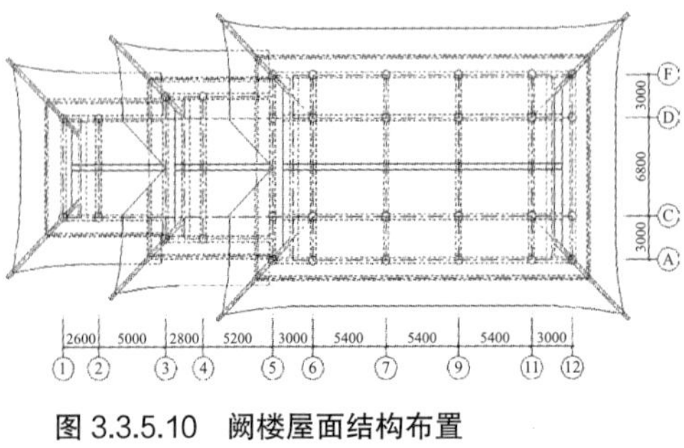

图 3.3.5.10　阙楼屋面结构布置

为了尽可能地展现唐代三出阙楼的各种建筑特点，本工程结构设计中遇到的主要问题有：

①每阙的台基顶面、阙楼屋面均不在同一个标高，且均存在“错层”现象。因此，台基和阙楼的楼板均分成三块，且相互错置，削弱了楼板协调结构整体受力的能力，在错层构件中产生很大的变形内力；并且由于楼板错层，在一些部位形成竖向短构件，使受力集中，不利于抗震。

②由于基础顶标高为 –2.100m，底层计算层高较高，特别是一阙底层计算层高为 9.72m。因此如果采用框架结构，在满足结构抗侧刚度的情况下，圆柱截面太大，一方面不能满足建筑造型要求，另一方面底层是薄弱层，结构不安全。另外，台基外围斜板如果按围护结构考虑的话，预制墙板高度太高，施工难度较大。

③建筑造型要求台基和阙楼在斗栱处圆柱柱头均须“收分”，造成该处承载力和刚度削弱。

3）结构分析与计算

（1）门楼结构体系的优化和计算指标分析

由于项目建设时间为 2003 年，所用规范、计算程序与现行规范、程序均有很大不同。因此本书对项目按现行程序进行了复核计算，并用现行规范进行指标的控制。结构计算分析采用 YJK 软件进行整体计算。为了取得建筑外观造型、功能和结构安全、经济合理的平衡点，选取了以下三种结构方案进行比较分析：

方案一：采用框架结构，圆柱直径为 470mm，计算时“忽略”圆柱收分。

方案二：采用框剪结构，在方案一的基础上在左侧楼梯间和右侧管理房四周增加钢筋混凝土抗震墙。

方案三：采用框剪结构，在方案二的基础上把圆柱全高直径改为 380mm，柱头“收分”通过建筑外部装饰来实现。

三种结构方案计算结果对比详见表 3.3.5.1。

三种结构方案计算结果　　表 3.3.5.1

项目	方案一	方案二	方案三
周期（s）	*X*：1.42	*X*：0.33	*X*：0.34
	Y：1.45	*Y*：0.28	*Y*：0.29
最大层间位移角	*X*：1/384	*X*：1/2675	*X*：1/2396
	Y：1/351	*Y*：1/3164	*Y*：1/2944
底层与夹层的抗剪承载力之比	*X*：0.58	*X*：1.23	*X*：1.36
	Y：0.59	*Y*：1.33	*Y*：1.56

续表

项目	方案一	方案二	方案三
底层与夹层的刚度比	X：0.10	X：0.71	X：0.77
	Y：0.12	Y：0.85	Y：0.87

由表 3.3.5.1 可见，方案一计算得到的多遇地震作用下结构最大层间位移角不满足抗规限值 1/550 的要求，且结构基本自振周期较长，须增大结构整体的抗侧刚度，但是由于建筑造型要求，柱截面不能增大。底层与相邻夹层的抗剪承载力之比小于 0.65，楼层侧向刚度比远小于抗规要求的 0.7，楼层抗剪承载力和侧向刚度突变，导致薄弱层和软弱层同时出现在底层。此外，在结构计算时，没有考虑圆柱“收分”，因此实际指标比软件计算更不利。综上所述，该方案不合理。

方案二和方案三，计算结果差别不大，各项整体计算指标均满足规范的要求。在规定的水平力作用下，结构底层框架部分承担的倾覆力矩均小于结构总倾覆力矩的 10%，说明结构中框架承担的地震作用较小，绝大部分均由抗震墙承担。通过调整抗震墙的厚度和开洞大小可以较为显著的减小楼层承载力和刚度的突变，避免了薄弱层和软弱层同时出现。

特别是方案三，框架柱全高均为一个截面，不会因为柱头“收分”造成该部位刚度削弱、承载力突变，且简化了“收分”柱的施工工序，受力明确，最终确定按照该方案作为实施方案。

（2）三出阙楼结构体系的选择和计算结果分析

为了减少台基顶面“错层”、台基计算高度较大以及抗侧刚度较小带来的不利影响，规避预制墙板的缺点，本工程台基的外围斜板采用钢筋混凝土墙体，与主体结构一起浇筑，斜板和外围圆柱之间采用混凝土墙连接在一起，如此可使建筑物下部形成刚度较大的整体盒子，为上部结构提供较大的底部刚度。为保证台基和上部阙楼的整体协同作用，设计中对台基顶板和上层竖向构件进行了特别加强处理。台基墙柱布置见图 3.3.5.8。

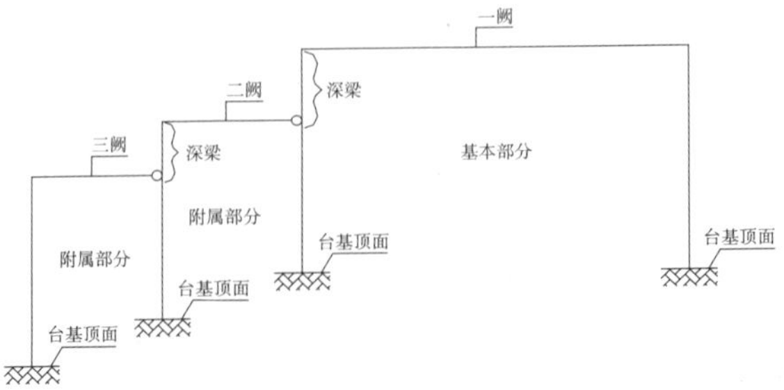

图 3.3.5.11　三出阙计算简图

上层部分三阙楼设计时，无法避免阙楼顶部相互错层，对结构造成了不利影响。经综合考虑，最终决定采用“基本部分 + 附属部分”共同作用的结构设计方案（图3.3.5.11）[47]。各部分之间以铰接连接，释放弯矩，仅传递水平力和竖向力，其中基本部分为超静定的几何稳定体，可以独立承受竖向荷载和水平荷载，而附属部分自身单独无法承受荷载，需要依靠基本部分的支承，才能有效地将荷载传递给基本部分。只要基本部分有足够的刚度和强度，整个结构体系就是安全稳定的。

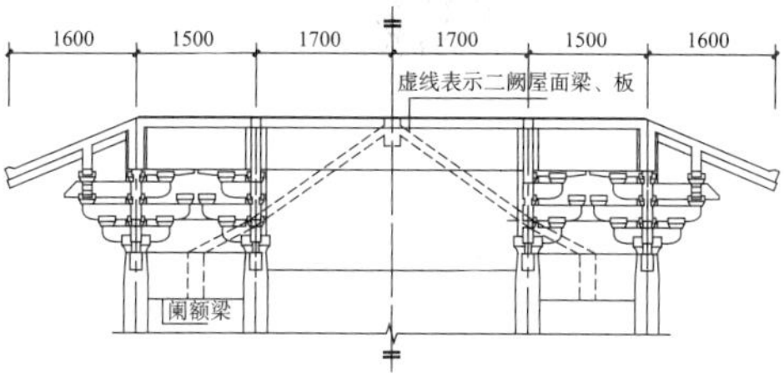

图 3.3.5.12　一阙深梁和阑额梁立面示意

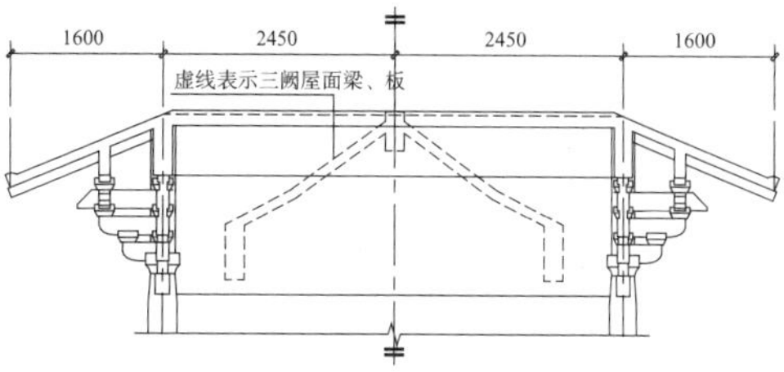

图 3.3.5.13　二阙深梁立面示意

另外，从阙楼抗侧刚度上来看，由于一阙的抗侧刚度比二阙的抗侧刚度大得多，二阙屋面梁、板支承在一阙的深梁和层间阑额梁上（图 3.3.5.12）；一、二阙整体的抗侧刚度比三阙的抗侧刚度大得多，三阙屋面梁、板通过深梁与二阙连接在一起（图3.3.5.13）。因此，可以先将一阙看做“基本部分”，二阙看做“附属部分”；然后再将一、二阙整体看做“基本部分”，三阙看做“附属部分”。当荷载只作用在基本部分时，附属部分的内力很小，可以近似地认为它的内力等于零。当荷载只作用在附属部分时，基本部分的变形很小，可以近似地看作附属部分的刚性支承。这样，就可以把基本部分和附属部分分开考虑，附属部分只起向基本部分传递荷载的作用，可以较为有效地降低阙楼屋面“错层”的不利影响。

在该设计中这种算法是近似的；“基本部分”与“附属部分”的刚度相差愈大，则计算结果愈精确[4]。

三出阙结构整体计算采用 YJK 软件，层间刚度比、周期、位移角计算结果见表3.3.5.2。

层间刚度比、周期、位移角　　**表 3.3.5.2**

方向	上层 / 下层 刚度比	周期（s）	最大层间位移角	
			下层	上层
X 方向	0.0046	0.44	1/9999	1/644
Y 方向	0.0114	0.43	1/7381	1/680

由表 3.3.5.2 可见，下层台基的侧移刚度（剪切刚度）很大，远大于上层阙楼的侧移刚度，*X*、*Y* 方向的结构基本自振周期比较接近，上层阙楼的层间位移角均小于抗震规范的限值 1/550，说明台基外围斜板采用混凝土墙，增加了结构的整体抗侧刚度，有效地约束了阙楼的侧向变形，各项计算指标均满足规范的要求。

为了避免因楼层侧向刚度的突变，进而出现“鞭梢效应”，影响三出阙结构的抗震安全，采用弹性时程分析法对该结构进行多遇地震作用下的抗震性能补充计算。地面加速度时程曲线选用一条人工模拟波和两条按实际强震记录的地震波，时程曲线选用应满足规范要求。分析结果见表 3.3.5.3。

时程分析法和 CQC 法计算结果对比 **表 3.3.5.3**

项次		时程分析法	CQC 法
X 向（上层）	层间剪力（kN）	429.5	423.2
	地震作用放大系数	1.015	
	周期（s）	0.44	0.44
	层间位移角	1/635	1/644
Y 向（上层）	层间剪力（kN）	462.9	447.3
	地震作用放大系数	1.035	
	周期（s）	0.43	0.43
	层间位移角	1/657	1/680

由表 3.3.5.3 可知：由于时程分析法时的层间剪力大于振型分解反应谱法时的层间剪力，故计算内力时应将反应谱的地震作用乘以相应的放大系数后再进行内力计算，两者的各项计算指标基本一致。

为了确保该结构实现“大震不倒”的抗震设防目标，采用弹塑性时程分析法对其进行罕遇地震作用下的弹塑性位移验算，计算结果显示上层阙楼弹塑性层间位移角为：*X* 向，1/105；*Y* 向，1/60，均小于抗震规范的限值 1/50。

4）关键节点与构造

（1）门楼退柱设计

传统风格楼阁式建筑上层平面一般是在下层平面之上做若干变化，外檐柱较下层收进是最常见的做法，收进位置处通常采用斜柱节点或托柱转换的节点形式形成传力路径。本工程二层边柱底采用截面尺寸为 380mm × 600mm 的框架梁和角柱底采用框架梁水平加腋（厚度为 600mm）的方法，通过下层框架梁和楼板的弯剪受力来传递上部荷载。梁水平加腋托柱转换构造见图 3.3.5.14。

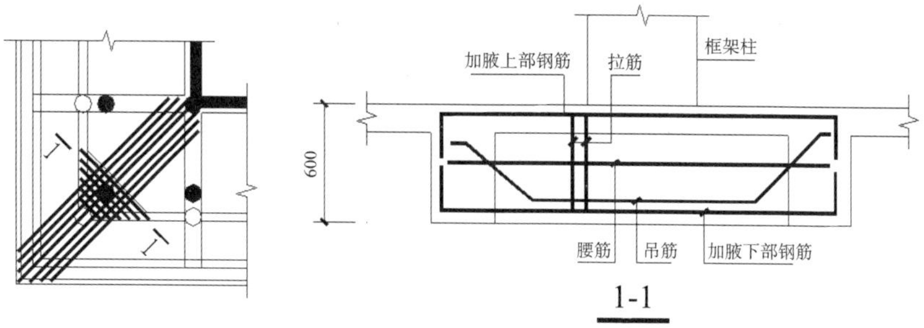

图 3.3.5.14　梁水平加腋托住转换构造

（2）三出阙楼顶部强化及节点构造设计

阙楼的建筑立面造型要求圆柱在斗栱处柱头“收分”，导致该部位的强度、刚度削弱较多，且该层柱的计算高度又较高，故须采取相应的措施予以加强。经过多轮计算分析对比和建筑造型的需要，最终决定在柱头“收分”处增加上、下两层水平层间梁（图 3.3.5.15），下层阑额梁截面为 120mm × 210mm，上层梁截面为 120mm × 190mm。其中，一阙层间梁顶标高为 10.430m 和 11.020m，二阙层间梁顶标高为 8.850m 和 9.440m，以及三阙层间梁顶标高为 7.780m 和 8.370m。

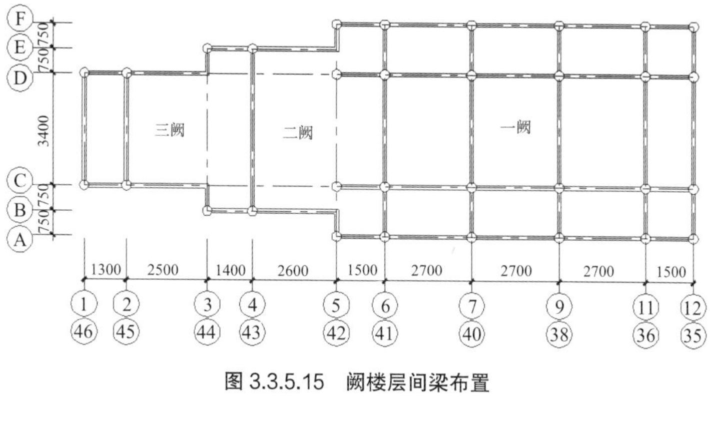

图 3.3.5.15　阙楼层间梁布置

计算结果显示：*X* 向周期为 0.34s，最大层间位移角为 1/997；*Y* 向周期为 0.38s，最大层间位移角为 1/997。与表 3.3.5.2 对比可见，结构基本自振周期明显变短，最大层间位移角显著变大，说明增加水平层间梁可以有效降低框架柱的计算高度，增加阙楼的结构整体性，提高结构的空间刚度，减小柱头收分的不利影响。

由于一阙、二阙和三阙屋面楼板的错层和层间梁的设置，圆柱在柱头处形成了短柱，在地震作用下很容易发生剪切破坏而造成结构破坏甚至倒塌。设计中在阙与阙相接部位，采用深梁（图 3.3.5.13、图 3.3.5.14）把错层楼板连接在一起，一方面避免了因错层形成的短柱，另一方面扩大了与深梁相连的圆柱节点核心区范围，提高了梁柱节点核心区的抗剪承载力。而对于因设置层间梁不可避免出现的短柱，为了提高短柱的承载力或变形能力，使短柱的抗震性能获得提高，保证结构安全，设计中采取圆柱箍筋全高加密，加大箍筋截面面积，提高体积配箍率等抗震构造措施。

（3）三角形屋架设计

传统风格建筑因建筑功能和造型的要求，屋面多是平瓦或小青瓦，荷载较重，跨度较大，且多采用单跨框架结构。震害表明，单跨框架结构由于缺少必要的冗余度，地震破坏严重，须注意特别加强。

本工程门楼、三出阙以及二者之间的单层服务设施的坡屋面均采用钢筋混凝土三角形屋架，此种结构一方面可以增强屋面的整体性，在一定程度上提高结构的抗侧刚度，减小坡屋面的侧向变形；另一方面该屋架的竖向抗弯刚度较大，有效约束屋面的竖向变形，减小坡屋面对框架柱的水平推力，可以适用于较大的跨度。三出阙一阙楼的三角形屋架立面见图 3.3.5.16。

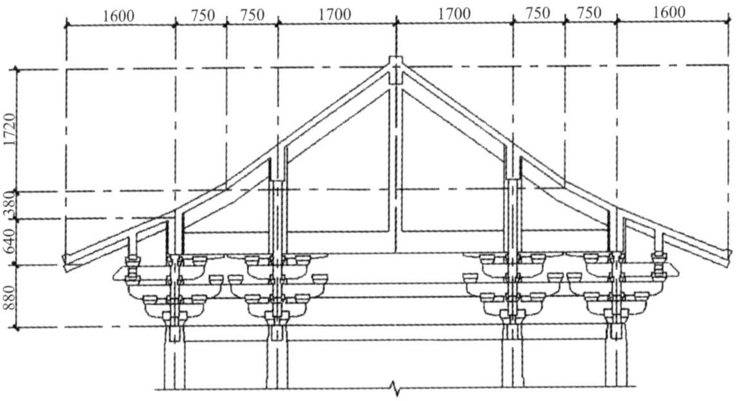

图 3.3.5.16　三出阙屋架立面

（4）单层服务设施斗栱梁柱节点设计

本工程单层服务设施的外檐设计仿唐风格建筑，斗栱造型采用钢筋混凝土来实现，仅仅作为装饰构件。在斗栱梁柱节点处，为了保证建筑艺术造型，框架柱截面尺寸存在突变，由原来的圆柱外切为半圆柱截面或四分之一柱截面（图 3.3.5.17）。该部位刚度削弱较多，承载力突变，故在节点设计时通过设置上接坡屋面下接混凝土圆柱的深梁（图 3.3.5.18），增大深梁的竖向钢筋和水平钢筋，使该节点达到一定的刚度，突变后的截面能够具备足够的抗剪承载力。

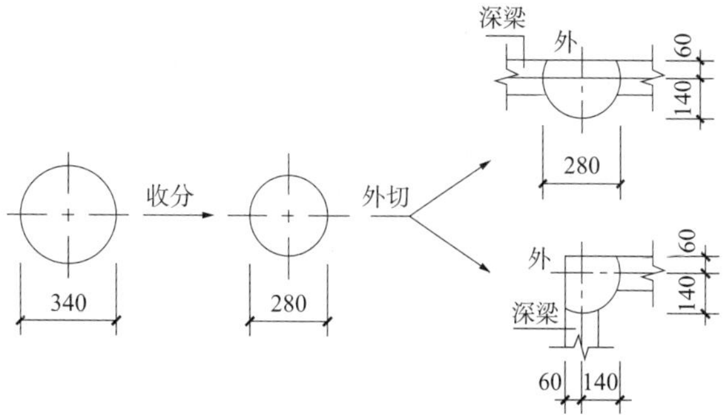

图 3.3.5.17　圆柱收分和外切

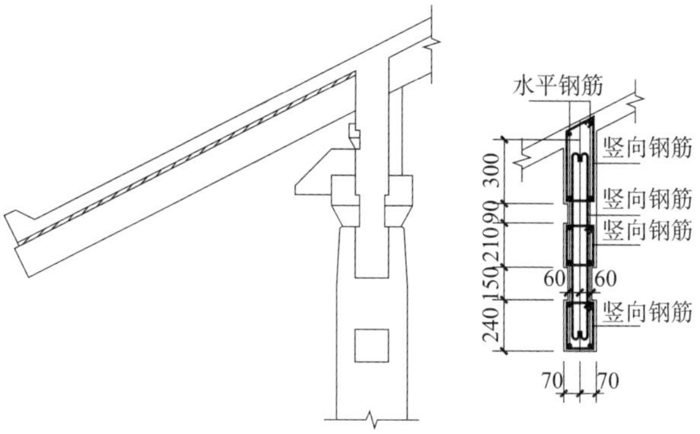

图 3.3.5.18　外檐设计和深梁断面

5）实施效果

竣工后的西大门（图 3.3.5.19）作为大唐芙蓉园的正门，既体现了园林的整体风格，又代表了园林的整体形象，再现了曲江山水的恢弘气象及大唐文化礼仪的泱泱气魄。该工程的实施效果如下：

（1）材料选用的合理性：该工程主体结构、方椽等选用普通混凝土材料，斗、栱、升等装饰构件为陶粒混凝土材料，屋面瓦为唐式灰色陶瓦，建筑色彩以褐、白、灰色为主，整体古朴大方，雄弘大气，再显大唐神韵。

（2）设计思想创新：在混凝土结构传统建筑檐口设计时，椽构件采用钢筋混凝土材料预制，与屋面挑檐叠合现浇，并用预留的椽子箍筋与挑檐板钢筋连接，形成椽-板共同受力结构体系。这样施工简便，缩短了工期，且施工质量易于保证。

（3）施工技术的可行性：该工程施工思路为“预制与现浇结合”，即传统建筑特征构件部分（如斗、栱、升、替木、椽子等）变换为装饰构件，采用钢筋混凝土预制形式，其他主体结构采用钢筋混凝土现浇的形式，二者之间采取焊接或锚接的形式融为一体，同时具有防腐、防虫、防火等优点。

图 3.3.5.19 建成后效果

6）小结

（1）传统风格建筑受建筑艺术造型的限制，柱截面通常较小，柱头处“收分”，而计算高度较高，如果采用框架结构不能满足结构的抗震要求时，可以考虑增加混凝土抗震墙，使绝大部分的地震作用由抗震墙承担，规避柱头“收分”造成的强度和刚度的突变，简化“收分”柱的施工。

（2）通过调整抗震墙的厚度或墙上开洞情况可以减小楼层承载力和刚度的突变，避免薄弱层和软弱层的出现。

（3）三出阙台基外围斜板采用混凝土墙，一方面增加了结构的整体抗侧刚度，减小了上部阙楼的侧向变形；另一方面规避了采用预制墙板引起的一系列问题。

（4）整个三出阙的屋盖体系，通过选择合理的结构方案，将其分解为“基本部分”和“附属部分”，简化结构计算，调整相应的构造措施，降低阙楼屋面“错层”的不利影响。

（5）三出阙上层阙楼在柱头处增加了两层水平层间梁，可以有效降低框架柱的计算高度，增加阙楼的结构整体性，提高结构的空间刚度，减小柱头收分的不利影响。

3.3.6 工程实例三：黄帝陵轩辕庙区祭祀大院（殿）工程三出阙设计

1）工程概况

黄帝陵轩辕庙区祭祀大院（殿）三出阙建设地点位于陕西省延安市黄陵县，设计时间为 2003 年。三出阙成对设置于祭祀大殿南侧，为盝顶屋顶，平面功能比较单一。建筑面积较小，平面尺度较小。三出阙东西方向占地为 14m，南北方向占地为 6.12m，屋脊处高度为 15m。建筑为地上一层，考虑结构整体性，设了两个夹层。建筑一层平面、屋面平面、北立面和剖面见图 3.3.6.1 所示。

2）结构设计

本项目采用抗震墙结构，方便建筑外砌毛石墙；最高阙的墙不能落地，采取加强措施与下层墙连接，保证传力直接。抗震墙的抗震等级为四级。工程设计基准期为

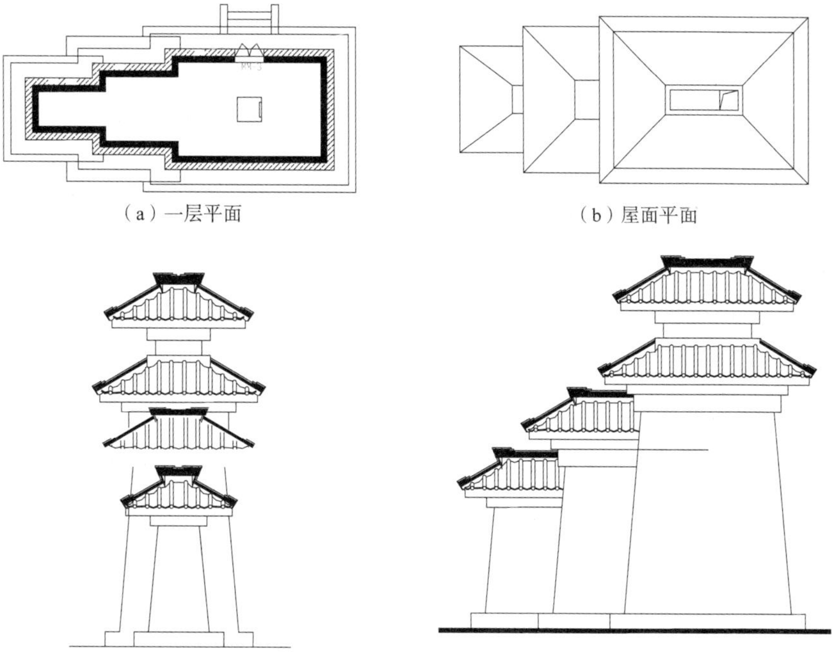

（a）一层平面　　（b）屋面平面

（c）西立面　　（d）南立面

图 3.3.6.1　建筑平面、立面

50 年，结构安全等级为二级，抗震设防烈度 6 度，设计基本地震加速度为 0.05g，设计地震分组为第三组，场地类别为Ⅱ类，场地特征周期为 0.45s，抗震设防类别为丙类。50 年一遇基本风压取 ω_0=0.35kN/m^2，地面粗糙度为 B 类，结构体型系数、风压高度变化系数、风振系数等均按照规范取值。50 年一遇基本雪压为 0.25kN/m^2。结构斜墙剖面示意见图 3.3.6.2 所示。

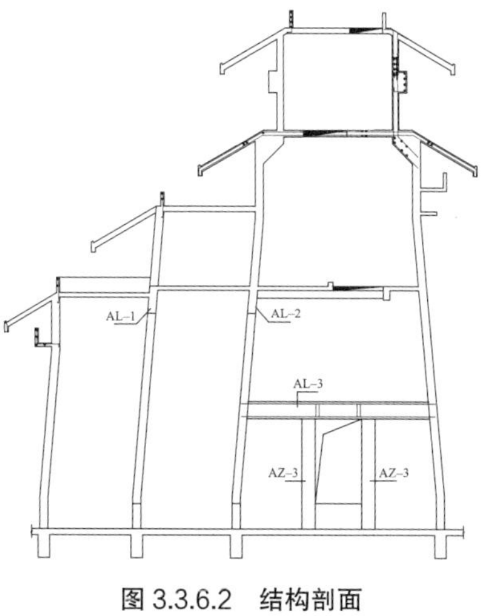

图 3.3.6.2　结构剖面

3.4 城门

城门具有完整的美学意义，它代表了古老文明的建筑成就，它表现了一个传统的都城或宫城的界限，承载了人们的记忆。“城”通常被认为是四边形或矩形。从其外形派生出城里棋盘状及井字形的街道，因此居民区（坊、胡同）很自然地也呈四边形或矩形分布。这种四边形的城墙和四周的壕沟、城门、城楼、街道、各个坊的布局、主要建筑物和宗教设施等，都体现出中国式都市讲究秩序的特点和中国人的宇宙观念。

城门作为建筑的一部分，其主要功能是封闭、隔离、交通、疏散、防护。由于地理位置、所附属建筑物的性质，城门有着各种意义。唐代都城长安城的规划整齐有序，其建置、布局与等级制度、政治制度紧密联系。在宫城、皇城、街道、坊里之间，存在不同等级、不同类型的城门。城门在很大程度上反映了城市的早期历史，与过去的历史有很深的渊源，布满着已逝岁月的痕迹和记录。

徐松在《唐两京城坊考》中记载道：在大明宫的南面有五门，即“正南丹凤门，至德三载改明凤门，寻复旧名。其东望仙门，次东延政门。丹凤门西建福门，南抵光宅门外坊之北。望仙、建福二门各有下马桥。跨东西龙首渠。”这五个门也各因其所处的地理位置而具有不同的功能。丹凤门为大明宫的正门，是皇帝大型活动出入的必经之地和举行各种仪式的重要场所，故其承载了更多礼仪性质的内容。

古城门遗址保护在很大程度上是利用联想唤起人们的历史感知，唤起人们的历史记忆。一个缺乏历史感的人很难从一座古城门中读解出历史的悲壮和豪迈。城门具体结构设计中，也会面临一系列的问题，本节以唐大明宫丹凤门博物馆结构设计为工程实例，抛砖引玉，供设计人员借鉴。

3.4.1 工程实例一：唐大明宫丹凤门博物馆结构设计

1）工程概况

唐大明宫丹凤门作为盛唐皇宫正南门[6]，如今不仅是唐大明宫遗址公园主入口，而且在现代西安城市格局布置上，又是城市大门（即火车站广场）的对景，其卓越的历史地位和重要的区位位置，决定了其必将成为城市新的地标性建筑。建筑由东向西共分三部分，包括东、西城墙和中部城楼（图 3.4.1.1）。本项目分四个功能区，分别为遗址本体保护展示区、保护展示辅助区、多功能展示区及设备用房区。结构主体采用钢结构框架，基础采用钢筋混凝土钻孔灌注桩基础。工程东西长 213m，南北宽 39.4m，工程总建筑面积约 11474.2m^2。

工程的设计基准期为 50 年，结构安全等级为二级，抗震设防烈度 8 度，设计基本地震加速度为 0.2g，设计地震分组为第一组，场地类别为Ⅱ类，场地特征周期为 0.35s，抗震设防类别为丙类。50 年一遇基本风压取 w_0=0.35kN/m^2，地面粗糙度为 B 类，结构体型系数、风压高度变化系数、风振系数等均按照规范取值。

图 3.4.1.1　建筑效果图

2）结构方案

实施丹凤门遗址保护工程对唐大明宫大遗址保护示范园区暨遗址公园的建设具有重大的标志性意义，本工程特点如下：

（1）建筑结构位于遗址之上，需考虑遗址保护相关问题。

经考古人员对唐大明宫丹凤门遗址的勘探与发掘，认为这座享有“盛唐第一门”之称的丹凤门为最高等级的“五门道制”，即有五个门洞（图 3.4.1.2），形制和规模为隋唐城门考古之最。本项目设计需考虑对丹凤门遗址进行整体保护，且应遵循国际及国家有关文化遗产遗址保护的要求，即在遗址上设置保护和展示设施，必须保护遗址的原始、真实和完整性。

（2）施工场地具有一定的限制性。

丹凤门遗址位于市区繁华地段，周边建筑密集。这就造成施工不便，场地受限，且考虑对文物的保护，不便在现场进行大规模建设活动。

（3）上下层柱不在一条轴线上。

丹凤门博物馆为传统建筑风格建筑，其门窗洞口布置遵循传统营造法式，导致结构上下层柱网不重合。

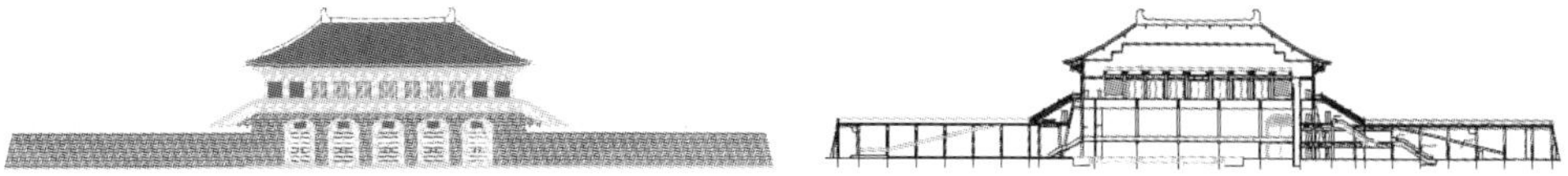

建筑立面　　建筑剖面

图 3.4.1.2　建筑平立剖示意（一）

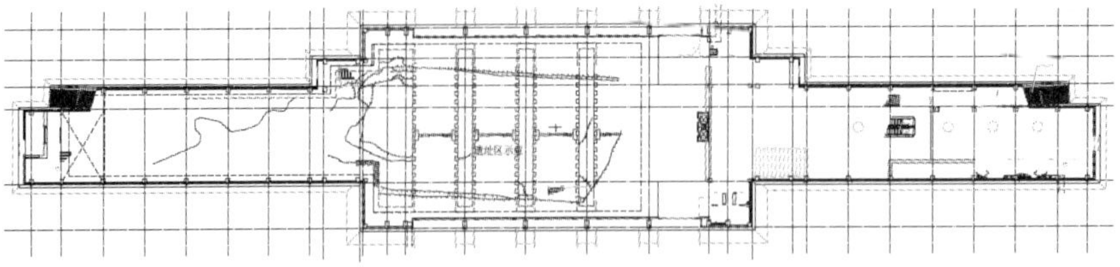

一层平面

图 3.4.1.2 建筑平立剖示意（二）

（4）用现代建筑材料实现传统建筑。

中国传统建筑体系是多以木结构为特色的建筑艺术，但顾忌到木材自身具有易开裂、老化、虫蛀等缺点，加之现存木结构建筑多出现变形、劈裂、歪闪、脱榫、滚动、折断等破坏现象，同时考虑到建筑造型特殊要求、遗址保护以及大空间展示等问题，因此该项目考虑采用现代建筑材料实现传统建筑设计。

综上，丹凤门博物馆工程风格为传统建筑，要求既能复原唐朝大明宫正南门的规模、体形，保留部分原建筑的功能，同时又要实现对挖掘的遗址进行保护性展示，满足现代功能的要求，从而实现本工程设计与周边城市总体规划布局相协调。针对建筑上述特点，结构方案如下：

（1）结构采用钢结构，其具有结构自重轻，材质均匀，力学性能可靠，抗震性能优越，构件工厂预制化程度高，施工工期短等优点。同时，可适应该项目檐口出挑大、建筑内部需要大空间等要求。这样，既能满足建筑外轮廓的传统建筑风格造型要求，又能满足建筑材料的环保低碳要求。同时在施工过程中，可减少湿作业工序，避免模板系统对现场的挤压破坏，降低建筑废料的产生，更好地实现对遗址及周边环境的保护。在主体采用钢结构的同时，本工程还选择铝镁锰合金材料制作屋面瓦件；选择钢格板作为楼面承重构件。该项目构件大多在工厂中预制，整个项目施工周期快，材料可循环利用。

（2）遗址周边柱设置为斜柱。考虑建筑造型需要，避免外形尺寸与原始尺寸差异过大，造成失真。同时考虑文物保护要求，即遗址范围内不得有落地的结构构件，且结构构件与遗址边缘的距离不小于 60cm，因此本工程落地柱构件采用斜柱，柱边与遗址留出适当建筑。

（3）斗栱区分为受力构件和装饰构件。斗栱是中国古典建筑的特征之一，它具有力学功能和美学功能。一方面考虑到该结构屋檐翼角、平台等外挑长度较大，需在相关位置考虑斗栱受力；另一方面为了减轻结构檐口自重，降低结构水平和竖向荷载作用下的受力，斗栱构件采用“虚实结合”，即区分为受力斗栱和装饰斗栱。

3）结构分析

丹凤门计算模型见图 3.4.1.3，采用结构设计软件 3D3S 计算分析，采用 MIDAS-GEN 软件补充分析。

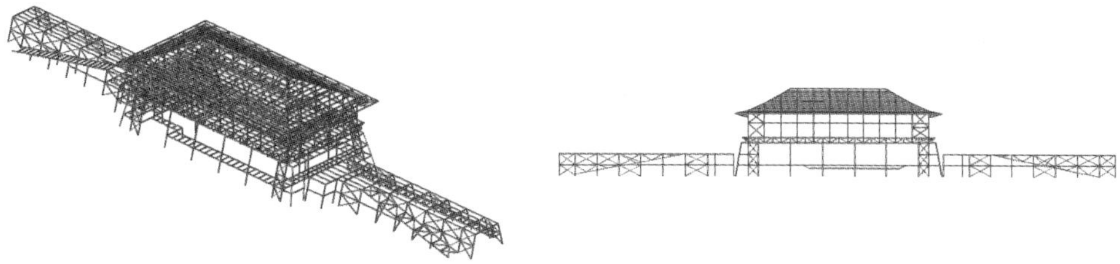

图 3.4.1.3 计算模型

（1）结构单元划分

丹凤门博物馆平面为一字形（图 3.4.1.4），中间为丹凤门主体部分，共两层（局部为三层），内设环形步道，一层标高为 15m，平台出挑 3m，屋面中线处标高为 33.440m，檐口出挑约 5.1m，柱距约 12.4m，跨度约 40m。两侧为城墙，层数为一层，平台标高 8.800m，柱距约 8.4m，跨度约 20m，两侧设马道。考虑到建筑平面尺寸较长，荷载差异较大，根据建筑形式和功能要求，除中间部分两侧在隐蔽处设缝外，其余不设永久性结构缝。整个建筑分为三个独立的结构单元。

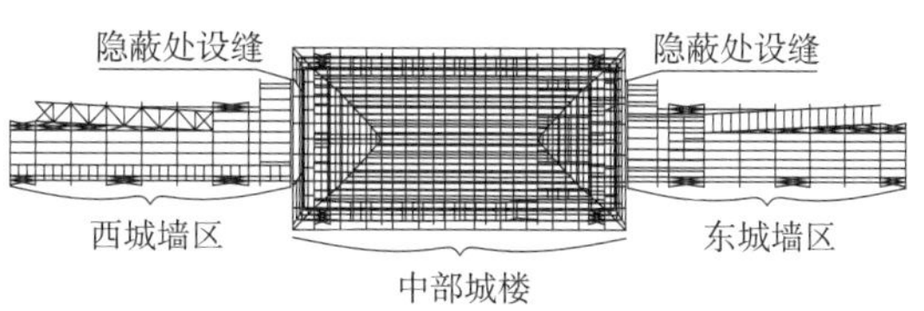

图 3.4.1.4 平面分区

（2）结构体系

丹凤门博物馆根据文物保护要求，在遗址范围内不允许设结构构件，且结构构件距遗址边距离不得小于 60cm（图 3.4.1.5），因此所有分区中结构竖向承重构件仅能在遗址周围设置。同时，为了确保建筑体型不失真，设计中柱构件均采用倾斜处理，从而形成大柱网、大跨度结构。结构采用钢框架结构，不仅可实现柱网灵活布置，而且可减轻结构自重，便于施工安装。结构设计在经济合理的前提下，也实现工程的可逆性。

鉴于丹凤门博物馆层高和跨度大，且柱网上下层不对位的特点，结构底层柱采用箱形截面，横梁为实腹式双翼缘 H 型钢，通过斜腹式转换桁架实现上下层柱位转换。二层柱及斜屋面主要构件均采用 H 型钢（具体构件规格见表 3.4.1.1）。

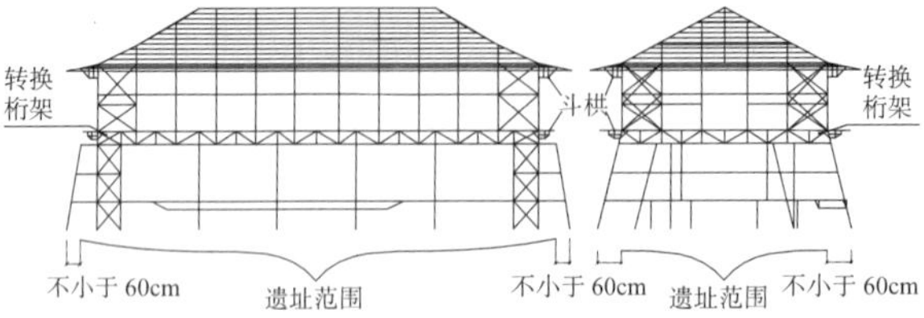

图 3.4.1.5　转换桁架、斗栱布置示意

主要构件截面规格及材质　　表 3.4.1.1

构件		规格	材质
一层柱		箱形 □ 1200 × 600 × 32 × 32	Q345C
一层梁		双翼缘 H 形 H1800 × 450 × 24 × 35	Q345C
二层柱		变截面 H 形 H400 ~ 800 × 300 × 16 × 24	Q345C
二层梁		变截面 H 形 H600 ~ 900 × 250 × 12 × 20	Q345C
转换桁架	上弦	H 形：H900 × 300 × 12 × 20	Q345C
	下弦	H 形：H600 × 300 × 12 × 20	
	腹杆	H 形：H200 × 200 × 8 × 12	

由于二层柱不能下伸，需通过构件转换连接，故柱底采用铰接处理，以便减小柱底断面尺寸，同时可降低对转换构件的弯扭作用，且便于安装。底层柱与基础采用外露式柱脚以减小承台高度（图 3.4.1.6），降低对遗址的影响。主体两侧城墙为单层，柱底采用铰接。结构楼层及城墙平台屋面均采用钢格板，主面层采用轻型板材，内设龙骨、保温等材料，外设铝镁锰合金屋面瓦。所有内隔墙、外围护墙及饰面均为轻型建材。

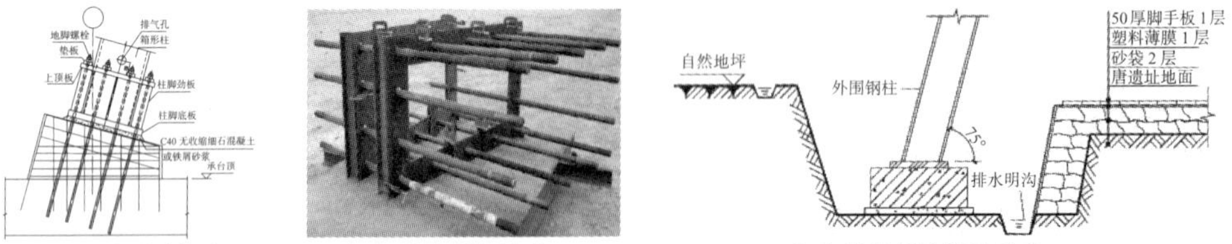

（a）柱脚设计构造　（b）地脚螺栓示意　（c）遗址保护做法示意

图 3.4.1.6　柱脚构造示意

屋面设置支撑和隅撑，受力斗栱采用钢质矩形管焊接而成，装饰斗栱采用铝镁锰合金成型。椽檩由于尺寸太大，间距小，自重大，设计中采用“虚实”结合，即一部分受力，一部分装饰，从而减轻檐口结构自重（图 3.4.1.7）。

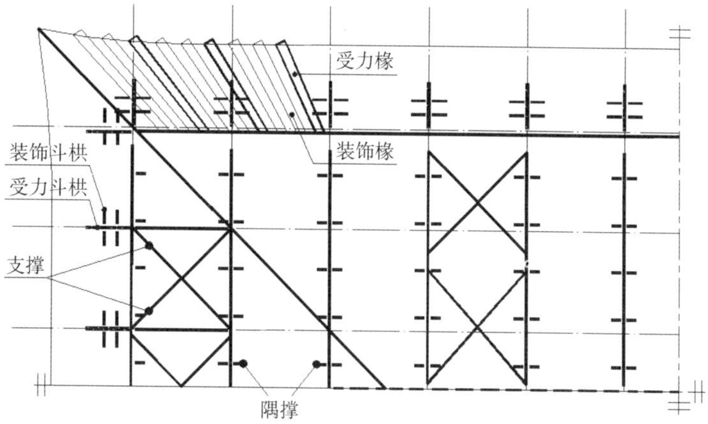

图 3.4.1.7　屋面构件布置示意

4）关键节点与构造

项目设计中结合工程特点及使用功能，对局部构件和节点进行细化设计。如结合建筑造型进行了斗栱（见图 3.4.1.8、图 3.4.1.9）建模、实体放样及计算分析等工作，确保其使用功能和安全可靠。

图 3.4.1.8　斗栱建模及实体放样

图 3.4.1.9　斗栱施工

针对平台主梁的设计，由于该结构跨度大，且受建筑体形、使用功能、建筑净高等因素影响，起初考虑实腹式H形截面，但因计算中构件截面高度太大，影响建筑净高且构件局部稳定不易满足；调整为桁架式梁，其高度仍不易控制，且节点难处理；最终考虑双翼缘H形截面，断面高度控制在1.8m，满足建筑净高要求，且构件加工方便，节点易于处理，具体设计优化过程见图3.4.1.10。

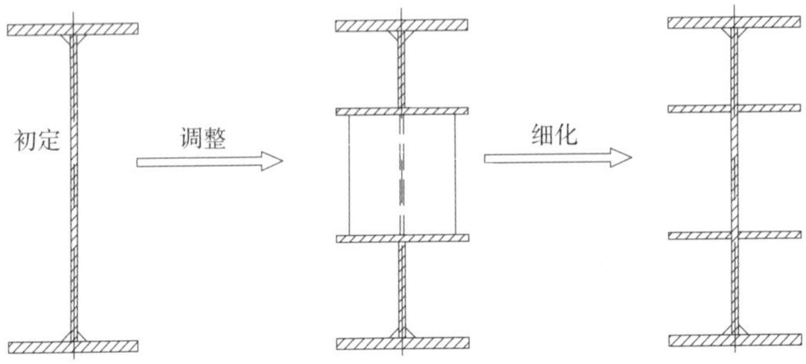

图 3.4.1.10　平台主梁构件细化设计

屋面檐口构件设计，起初考虑实腹式H形截面，但由于其不能满足建筑起翘要求；调整为异形断面后，满足了起翘要求。但该构件断面高度主要由构造决定，故通过构件开孔，减小檐口构件自重，具体设计优化过程见图3.4.1.11，建模及施工见图3.4.1.12。

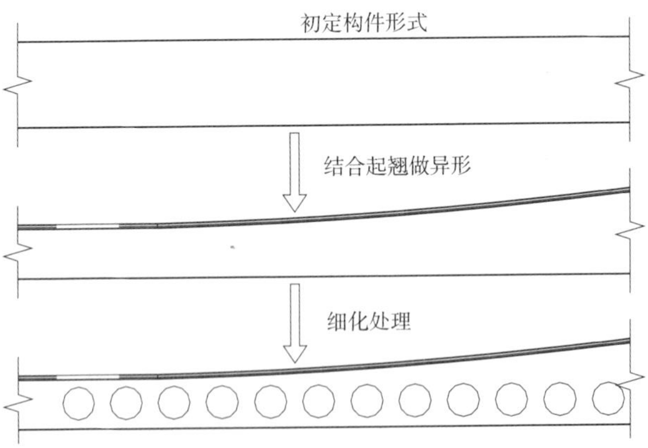

图 3.4.1.11　屋面檐口构件细化设计

在节点设计方面，主要考虑计算假定和施工便利等方面因素进行了细化设计。对于有建筑高差的关键部位，采用翼缘外挑箱形构件。对于翼缘外挑箱形构件和两侧构件的连接，一侧悬挑采用栓连刚接处理，一侧连接次梁，采用栓连铰接的处理方式（图

模型中空间节点图

构件吊装图

图 3.4.1.12 建模及施工

3.4.1.13)。这样既便于构件连接，又可增加构件抗扭刚度。又如钢梁与钢格板、钢格板与钢格板之间的连接，设计中通过对钢格板加角钢边框，采用栓接的形式，这样不仅施工简便快捷，而且工程可逆性较强（图 3.4.1.14、图 3.4.1.15)。

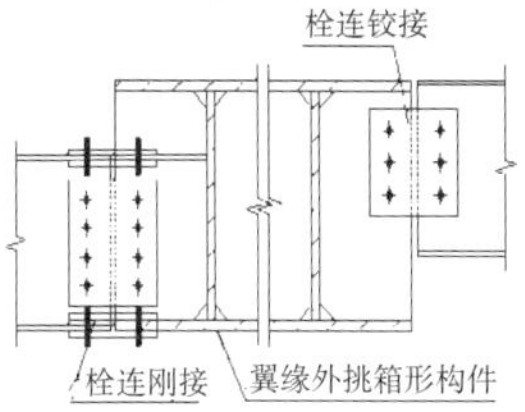

图 3.4.1.13 箱形构件节点

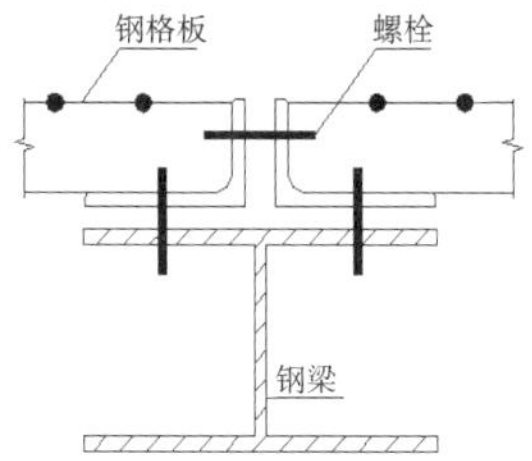

图 3.4.1.14 钢格板节点

图 3.4.1.15 钢格板施工

5）实施效果

本工程主体结构采用钢结构很好地满足了遗址保护工程大跨度结构的要求，该工程项目施工周期短、造价低、结构稳定性好[48, 49]。竣工后的丹凤门（图 3.4.1.16）气势恢弘，古韵悠然，该传统建筑业已成为大明宫国家遗址公园内的一道亮丽风景线。该工程的实施效果归纳如下：

（1）主体结构合理性：根据建筑方案，结构设计采用了钢结构框架体系，该结构体系安全合理，构件工厂化加工，现场拼装，且楼板采用了钢格板承重，避免了混凝土等不可回收材料的利用，减少了工程施工作业面，实现了建筑绿色环保和可持续发展的理念。

（2）施工工期可行性：该工程现场施工文明、快捷，施工工期切实可行，确保了工程项目按质按量完工，实现了大明宫国家遗址公园定期开园的设想。

图 3.4.1.16　建成后效果

（3）技术的创新性：本工程用现代建筑材料作为传统建筑的骨架，在保证传统建筑神韵的基础上，使建筑满足现代功能要求。同时，通过构件及节点优化措施，很好地实现了现代材料营建传统建筑的迫切需求。

6）小结

利用钢结构复原的大明宫丹凤门，满足了唐风建筑的外观需要，实现了传统风格建筑的内部现代功能与外部古典韵味的完美结合，为现代材料实现传统建筑风格建筑的应用开辟了新的领域，为建筑文化遗产的开发和保护提供了一种新思路，在采用新技术、新材料及可逆的工程技术手段方面进行了有益尝试。

3.5　大殿

《苍颉篇》中："殿，大堂也。"《释名》中："堂，犹堂堂，高显貌也；殿，殿鄂也。"根据宋史，皇帝的活动场所才能定义为殿。而寺庙、道观、祭祀建筑等采用传统建筑中宫殿、官署的形式，体现了佛的庄严和极乐世界的壮丽美好，从而引导人们向往之。

中国宫殿建筑浓缩了中国传统文化的精髓，其代表中国古代建筑的最高成就，它包括了行政、居住、祭祀、教育等多种功能，它综合了中国传统建筑的精华部分，同时也是中国其他传统建筑的范本，集中体现了中国传统建筑美学原则和艺术手法。中国古代宫殿建筑从使用功能、空间构成、结构技术和装饰工艺等方面看，其建筑体系最为复杂，变化较多。具体结构设计中，也会面临一系列的问题，本节给出较多的工程实例，抛砖引玉，以供设计人员借鉴。

3.5.1　工程实例一：黄帝陵祭祀大殿大跨度预应力混凝土屋盖结构设计

1）工程概况

黄帝陵祭祀大院（殿）工程是根据黄帝陵总体规划实施的二期工程，位于陕西省黄陵县凤凰山南侧与印池北岸之间的高台上。殿区用地 56744m^2，总建筑面积 13353m^2，分为中院与大院，主体建筑为祭祀大殿。大殿由 36 根圆柱围合成 39.6m × 39.6m 的方形空间，柱间无墙，上覆巨型覆斗屋顶，屋顶 18.5m × 18.5m 平台中央设 14m 直径的圆形天光洞，将蓝天白云、阳光雨露纳入殿内，黄帝石像伫立在殿内上位，整个空间显得通透明朗、恢宏神圣，完美地体现了“承天接地”、“天圆地方”、“天人合一”的设计理念，祭祀大殿效果如图 3.5.1.1、图 3.5.1.2 所示。

图 3.5.1.1　祭祀大殿立面

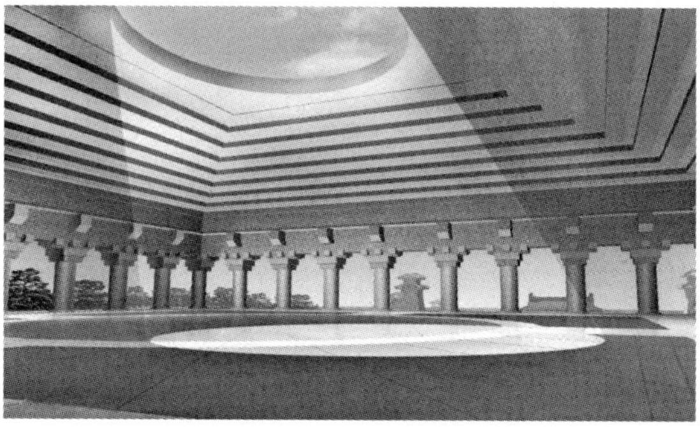

图 3.5.1.2　祭祀大殿内景

2）自然条件和结构形式

黄陵县基本风压 ω_0=0.35kN/m^2，地面粗糙度为 B 类。基本雪压 s_0=0.30kN/ m^2，地震设防烈度为 6 度，设计地震分组为第一组，设计基本地震加速度值为 0.05g。建筑场地土类型为中硬场地土，建筑场地类别Ⅱ类，黄土湿陷性等级为Ⅳ级自重湿陷性黄土，采用DDC素土桩消除全部湿陷性。

祭祀大殿建筑造型新颖，屋面铺装石板瓦，飞檐为密布石椽，吊顶为铝塑石板。屋面恒荷载较大，梁板自重及外加恒载为24.5kN/m^2；屋面活荷载则较小，按不上人屋面考虑为0.5kN/m^2，因此屋面结构以承担竖向恒载为主，屋面结构抗变形能力要求较高。而且作为祭祀性建筑，要求结构使用寿命长久，维护保养简单，耐火极限较高。在初步设计阶段，我们对大跨度空间钢结构、大跨度空间网架结构、大跨度空间钢筋混凝土结构这三种结构形式进行了分析比较，前两种结构形式优点是材料强度高，结构自重轻，工厂化生产程度高；缺点是因为建筑装饰石材的封闭性，使得使用阶段维护保养十分困难，另外，该建筑位于寒冷地区露天环境，无围护墙及保温采暖设施，寒暑及昼夜温差大，极端最低气温–25.4℃，极端最高气温39.7℃，钢结构或网架结构在温度作用下变形较大，与屋面脆性石板瓦及室内铝塑石板三者位移很难协调。经过综合比较，最后采用了大跨度空间钢筋混凝土结构，并对承受较大轴向拉力的柱顶边框梁和屋面板施加预应力，以有效控制屋盖变形，保证屋盖整体刚度，减小覆斗式屋盖对柱顶产生的推力。

3）结构方案

（1）材料：混凝土强度等级：C40；梁柱纵筋及楼板钢筋：HRB400钢筋；梁柱箍筋：HRB235钢筋；梁板预应力钢筋：ϕ^j15低松弛钢绞线 。

（2）柱网布置：根据建筑平、立、剖面，沿39.6m×39.6m正方形边长每隔4.3m（中间一跨5.2m）布置36根直径700mm圆柱。

（3）空间框架布置：沿圆柱顶端设置截面尺寸600mm×4731mm的下边框梁WKL1，作为覆斗形屋面结构构件的下支撑梁，用以承担屋面荷载、协调各柱内力、抵抗竖向及水平方向屋盖及框架柱变形；沿屋顶18.5m×18.5m平台边设置截面尺寸为500mm×2400mm的上边框梁WKL2，作为覆斗形屋面结构构件的上支撑梁；沿覆斗四角布置四道截面尺寸为350mm×1850mm的斜边框梁WKL3与上下边框梁相交。在上、下边框间沿坡向密布斜梁，与WKL1、WKL2及WKL3共同形成了覆斗式三维空间框架。屋面外挑水平投影尺寸4.8m，所有沿坡向斜梁、下边框梁、四角斜梁均悬挑以加强悬挑屋面刚度及减少其竖向变形，并且沿悬挑梁板边设置截面为900mm×610mm的边梁WL1。

（4）屋面板布置：为弥补覆斗形屋顶开直径14m圆洞后平面内、外的刚度损失，开洞后剩余屋面板厚度取为400mm，并沿洞边设350mm×910mm约束环梁。覆斗形屋面斜板厚度取180mm，四个角柱内侧部位考虑应力集中因素取为230mm。祭祀大殿屋面结构布置见图3.5.1.3。

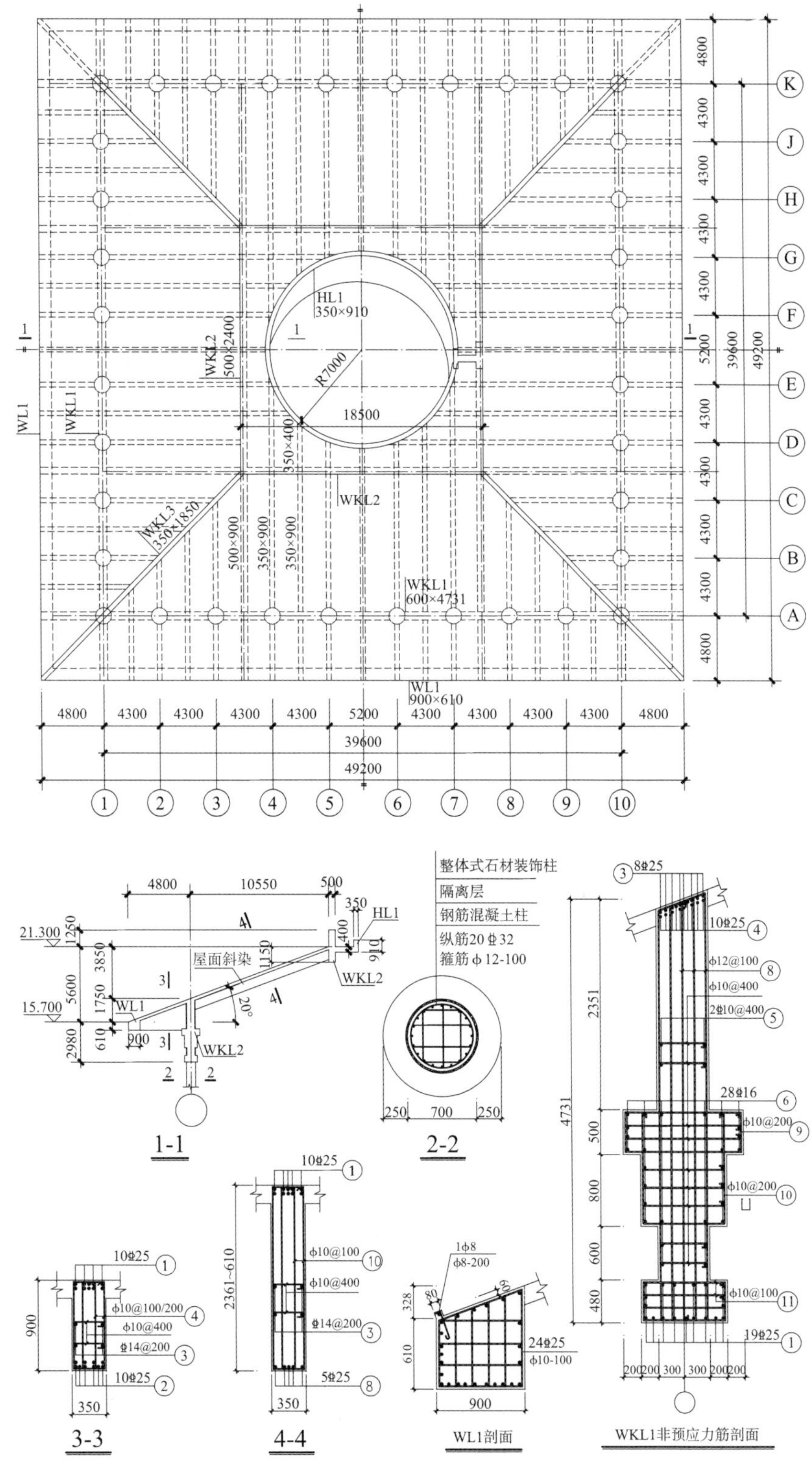

图 3.5.1.3　屋面结构布置图

4）结构分析与计算

主体结构采用 PMSAP 程序进行分析计算，预应力构件采用 PKPM 系列中预应力结构辅助设计程序 PREC2 进行计算。根据《建筑抗震设计规范》第 5.1.6 条规定，“6 度时的建筑（建造于Ⅳ类场地上较高的高层建筑除外），应允许不进行截面抗震验算，但应符合有关的抗震措施要求”。考虑到该结构体型的特殊性及建筑的重要性，主体计算进行截面抗震验算。对于楼板计算假定，在常规多、高层结构分析中，为简化计算，通常把楼板假定为整体刚性或分块刚性，平面内无限刚，平面外刚度为 0，楼板不参加整体结构的计算，它对于结构整体的影响往往作为梁的翼缘或通过梁刚度放大系数来体现。本工程屋面板大部分为斜板，与水平面夹角为 20°，顶部平板开有直径 14m 圆形大洞，平板刚度削弱较大。整个屋面板与屋面梁协同工作，不但将屋面荷载传递至柱顶大梁，而且起到很重要的蒙皮作用，对增强屋面整体刚度及减小屋面变形有很大贡献。为准确计算屋面板受力状况，计算时把屋面板按“多边形楼板单元”进行模拟，其平面内刚度用平面应力膜模拟，面外刚度用厚薄通用的中厚板元模拟，进行全楼整体式分析与配筋计算，楼板的计算结果与梁、柱、墙一样是从整体分析中一次得出，严格考虑了屋面各构件之间的耦合作用及地震作用组合，计算结果具有较高精度。

结构计算模型按平面建模，然后沿竖向进行节点升高以形成真实的空间计算模型。主要计算结果见表 3.5.1.1。屋面梁弯矩包络图见图 3.5.1.4。屋面为不上人屋面，荷载以恒载为主，活载所占比例很低，故此处仅给出恒载作用下屋面梁轴力图（图 3.5.1.5）、沿竖向位移图（图 3.5.1.6）及沿 X 向水平位移图（图 3.5.1.7）。

结构主要计算结果 表 3.5.1.1

参数名称	X 向	Y 向
结构自振期（s）	T_1,T_2=1.37、T_t/T_1=0.9	
地震有效质量系数（%）	100	100
层剪重比（%）	2.17	2.19
最大弹性层间位移值（mm）	10.34	10.02
最大弹性层间位移角	1/1031	1/1053

由图 3.5.1.4、图 3.5.1.5 可以看出，上边框梁 WKL2 存在弯矩、轴力，还有剪力及扭矩（简图未示出），弯矩及轴力均较大。斜边框梁 WKL3 及其他屋面斜梁下端都有较大负弯矩及轴力（压力），这些梁对覆斗屋面顶部平台具有明显的支撑作用，最终将屋面荷载传递给下边框梁 WKL1 及周边框架柱。下边框梁 WKL1 也存在垂直及水平方向弯矩及剪力、较大扭矩，而且该梁全长存在较大轴力（拉力）。悬挑段边梁

WL1 平面内及平面外弯矩值很小，但中间段轴力较大，且为拉力，而两端轴力则为压力。WKL1 及 WL1 存在拉力及平面外弯矩，说明这两根梁对限制屋面沿坡向产生下滑变形起着很重要的作用，大大减小了屋面梁板的水平位移，对中部框架柱形成环箍作用，部分抵消了屋盖对框架柱产生的水平推力。

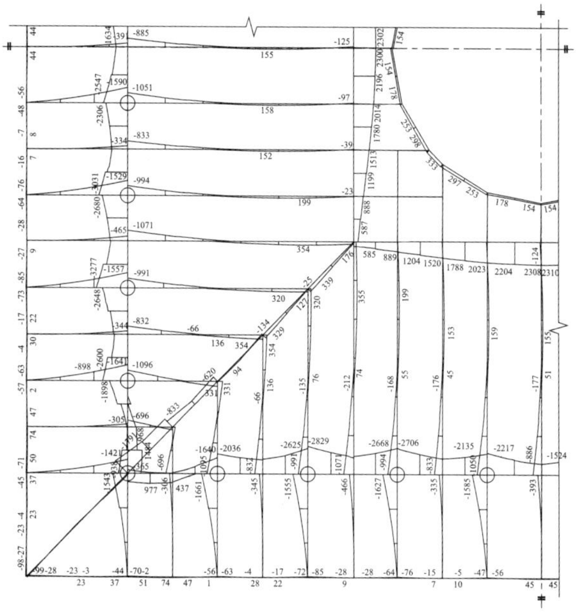

图 3.5.1.4　1/4 屋面梁弯矩包络图

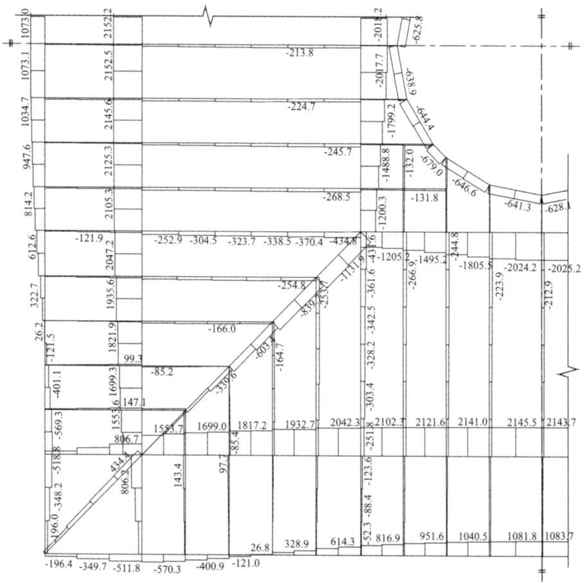

图 3.5.1.5　1/4 屋面梁恒载下轴力图

图 3.5.1.6 显示，屋顶 14m 直径洞边环梁 IIL1 在恒荷载作用下竖向位移最大，为 13.41mm，上边框梁 WKL2 竖向位移值范围为 9.72 ~ 11.32mm，位移差为 1.6mm，下边框梁 WKL1 竖向位移值范围为 2.06 ~ 3.21mm，位移差为 1.15mm，说明上下边框梁都具有很好的竖向抗弯刚度。上下边框梁端点竖向位移差为 6.61mm，中点竖向位移差为 9.25mm，说明覆斗上边框梁四角部位支撑情况好于中间部位。中点竖向位移差值与上下边框梁水平距离比值为 1/1167，表明覆斗形屋面顶部虽然开有较大圆洞，仍然有着较好的整体刚度。

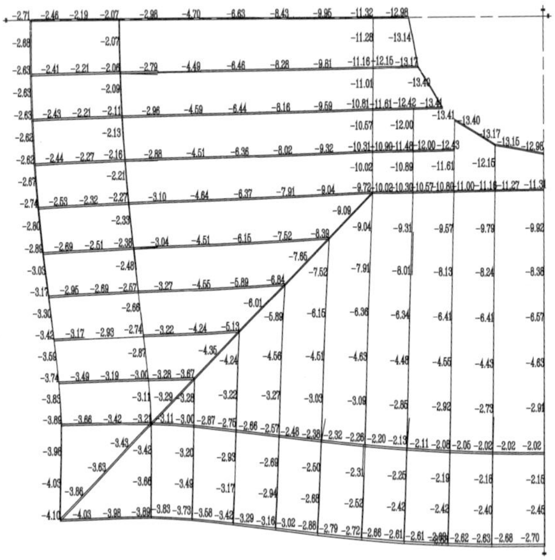

图 3.5.1.6　1/4 屋面结构恒 + 活作用下竖向位移

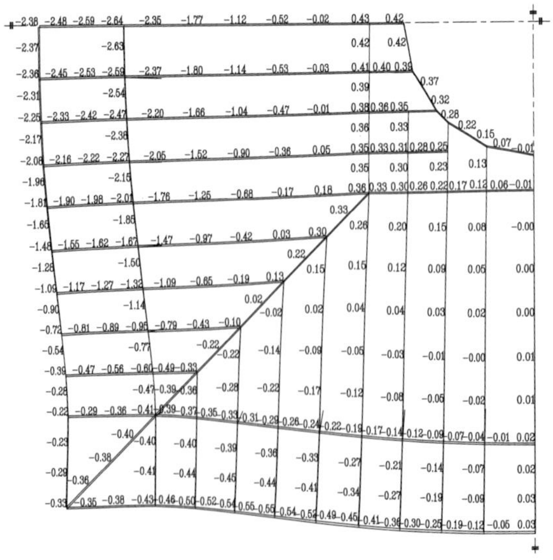

图 3.5.1.7　1/4 屋面结构恒载作用下 *X* 向位移

图 3.5.1.7 显示，WL1 最大水平位移值为 -2.38mm，最小水平位移值为 –0.22mm，位移差 2.16mm；柱顶梁 WKL1 最大水平位移值为 -2.64mm，最小水平位移值为 –0.41mm，位移差 2.23mm；WL1 及 WKL1 水平位移很接近，位移基本协调，都存在较明显的外凸变形，而 WKL2 在 18.50m 长度内最大水平位移为 0.43mm，最小水平位移值为 0.36mm，位移差 0.07mm。说明在竖向载作用下覆斗上边框梁向圆心方向有微小内凸变形，再结合图 3.5.1.6 所示覆斗屋面的竖向变形，充分说明整个屋面符合覆斗的水平及竖向变形特征。

5）预应力结构设计与布置

（1）预应力结构设计

①设计原则

经过对结构主体及各构件计算分析，并考虑温度变形影响及耐久性要求，确定本工程施加预应力的目的为控制屋盖各部位变形。根据各部位具体情况，分别采用有粘结和无粘结预应力筋，并确定了相应的预应力数量。

②混凝土

本工程混凝土强度等级为 C40，混凝土中不得含有氯化物成分。

③钢绞线

预应力钢筋采用 ϕ^j15 低松弛钢绞线，公称直径 15.24mm、极限抗拉强度标准值 1860N/mm^2，张拉控制应力为 1390N/mm^2。钢绞线应具有出厂证明书，进场时按图纸要求进行外观检查并抽样进行拉力试验，确认合格后方能使用。无粘结预应力钢筋选用新型环氧涂层无粘结钢绞线，该种钢绞线每根钢丝表面都均匀地喷上专用环氧树脂粉并加热熔融及冷却固化，从而形成一层致密的保护膜，具有良好的耐蚀性，钢绞线强度及柔软性与喷涂前相同，其质量应符合相应规范、规程要求[50]。

④锚具

张拉端采用 OVM15A 型系列钢绞线夹片锚具；固定端采用 OVMP 型挤压锚具。所有锚具均为一类锚具。锚具是预应力体系中重要的部件，必须严格要求，出厂前应按规定进行检验并提供质量证明书。其质量应符合《预应力筋用锚具、夹具和连接器应用技术规程》JGJ 85—92 的要求。进场后应抽样进行外观检查，并进行组装试验，确认合格后方能使用。

⑤金属波纹管

鉴于本工程的重要性，考虑到预应力结构的耐久性，本工程最后选用了标准型镀锌波纹管。要求管壁厚度为 0.3mm，外观应清洁，内外表面无油污、无孔洞，断面无变形，咬口无开裂、无脱扣。波纹管应做集中荷载及均布荷载试验，允许受压后变形不大于 0.15 倍波纹管内径。应做承载后抗渗试验，各连接接头应封裹严密，以防漏浆。

（2）预应力布置

①覆斗顶部平台板预应力布置

覆斗顶部平台开有大圆洞，结构布置时根据建筑造型，在圆洞边梁与上边框梁间设置了 400mm 厚平板，圆洞对顶部平台刚度有较大削弱，不利于竖向荷载的传递，也增大了平台范围各点竖向及水平位移，为改善平台受力及变形状况，在剩余平板内布置有粘结曲线形预应力钢绞线 YJ1 ~ YJ3，承担竖向荷载产生的弯矩，并有利于减小平台竖向挠度及裂缝、控制水平变形。预应力筋张拉及锚固端分别设置在上边框梁外侧。

②覆斗斜板预应力布置

如前所示，覆斗斜板具有很重要的蒙皮作用，在荷载作用下存在水平及竖向变形。该范围斜梁具扁担挑性质，不宜施加预应力。为协调斜板在荷载作用下产生的水平及竖向变形，并控制温度应力下的变形，对于下边框梁 WKL1、上边框梁 WKL2 及斜边框梁 WKL3 范围的斜板，在板内中和轴位置等间距布置垂直于屋面斜梁的无粘结直线形预应力钢筋 YJ4 ~ YJ7，张拉端及锚固端设于板内，以满足建筑装修要求。

对于 WL1 与下边框梁 WKL1 之间的斜板，外凸水平变形为曲线，板边中部变形最大，故沿斜板中和轴位置按变形曲线布置有粘结曲线形预应力钢绞线 YJ8，两端锚固于角柱上方，其预加应力与沿斜板方向分力及变形方向相反，可以很好地约束屋面板边的变形。

③覆斗下边框梁 WKL1 预应力布置

覆斗下边框梁 WKL1 截面尺寸 600mm × 4731mm，竖向抗弯刚度很大，在恒载作用下 39.6m 长度内竖向位移差仅为 1.15mm 左右；水平面内也具有较好的抗弯刚度，计算配筋结果合理，无超限情况。该梁对支撑屋面体系、减小屋面水平侧移、协调框架柱受力状况起到很重要的作用。其受力状态比较复杂，中间各跨存在较大轴力，故沿梁截面垂直中心线自上至下布设 5 道无粘结直线形预应力钢绞线，每道 $3\phi^{j}15$，对梁截面施加预压应力，以减小或抵消梁截面拉应力。预应力钢绞线两端采用凹式锚固节点，以满足建筑装修要求。

④屋面预应力布置图及预应力张拉端、锚固端节点示意图见图 3.5.1.8、图 3.5.1.9。

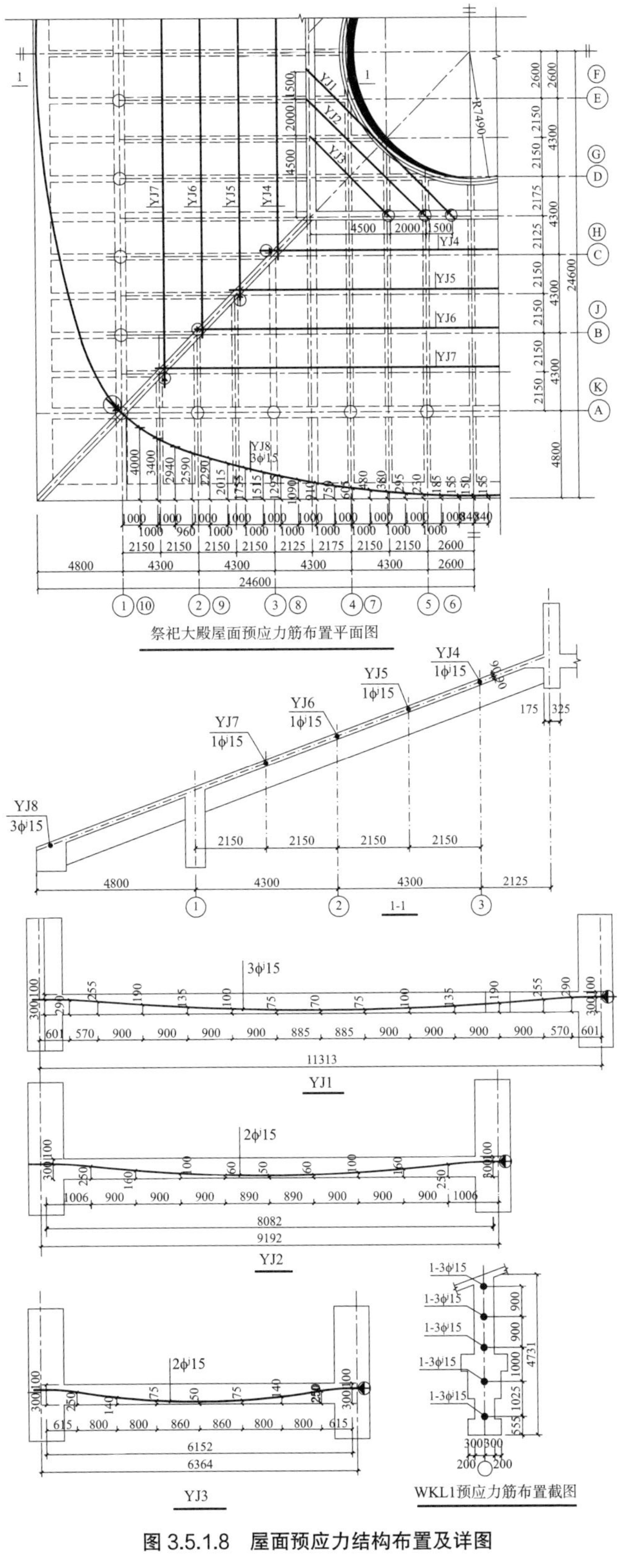

图 3.5.1.8　屋面预应力结构布置及详图

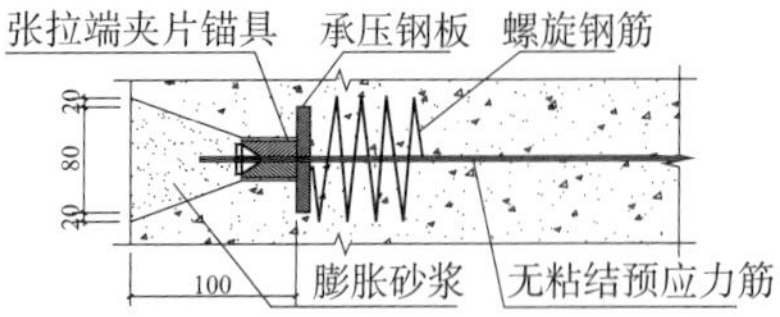

WKL1无粘结钢绞线张拉端节点示意图

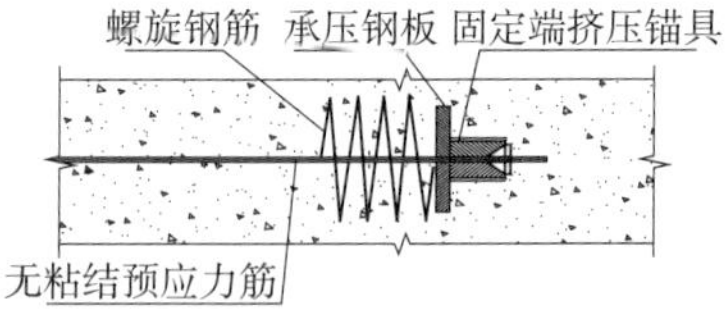

WKL1无粘结钢绞线固定端节点示意图

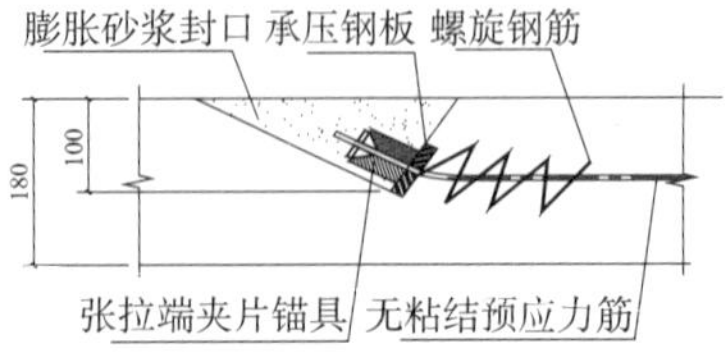

YJ4~7无粘结钢绞线张拉端节点示意图

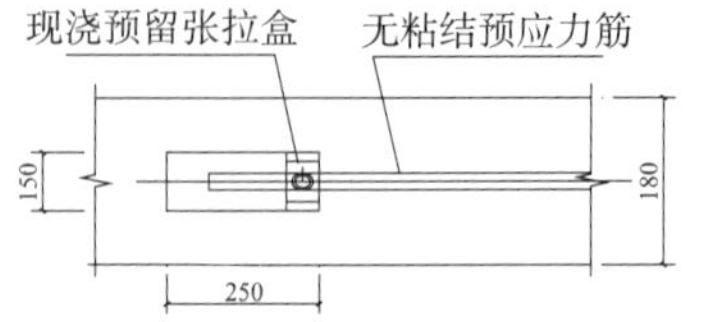

YJ4~7无粘结钢绞线张拉端预留张拉盒示意图

图 3.5.1.9　预应力筋张拉端及锚固端详图

6）小结

（1）本工程预应力结构设计特点

一般工程预应力结构的主要特点是：大跨度、大柱网、大空间、结构构件尺寸相对较小，自重较轻。而本工程结构形式较独特，为正方形外周密柱、中间无柱大跨度覆斗形结构，为保证各工况作用下结构的安全性，主要构件如上下边框梁截面尺寸都较大，并布置有大量垂直于上下边框梁的斜梁，形成非常规巨型空间框架。屋盖结构自重及建筑荷载都较大，构件受力复杂，处于多维受力状态，屋盖变形特征因此不同于常规结构，施加预应力的主要目的是控制屋盖在竖向荷载作用下的水平及竖向变形，保证覆斗屋盖的空间刚度。对于这种特殊形式的结构，在预应力设计时一定要慎重分析，确定哪些构件施加预应力较为有效，而哪些构件不宜施加预应力，在计算分析的基础上经过概念设计予以确定。本工程针对梁板各自不同的受力状态，首先明确预应力施加对象和目的，确定柱顶大梁和屋面板为预应力施加对象，目的是用预加应力抵消大梁的轴向拉力及增强屋面板的抗变形能力，进而对框架柱形成环箍作用，减小屋盖对框架柱产生的水平推力。通过计算确定合理的预应力钢筋布置方式及数量，分别采用有粘结及无粘结预应力钢筋，并结合建筑装修要求，采用适当的锚固方式，使得这一空间框架达到安全可靠的设计要求。

（2）预应力对温度应力的有效控制

本工程作为祭祀性建筑，无外围护墙，无屋面保温，四面通透，顶有天光，所处地区寒暑及昼夜温差都较大，混凝土的温度变形不可忽视。而设置温度伸缩缝从结构方案上又不可行，因此对屋面梁板施加预应力也是解决温度应力及变形的有效措施，能够确保结构体系的耐久性及安全性。

（3）预应力施加后的效果

该工程已竣工投入使用多年，经历了严寒与酷暑，经过多次观察，主体结构变形稳定，柱、梁裂缝控制效果显著，屋面板无渗漏现象，达到了预期设计效果。

3.5.2　工程实例二：洛阳上阳宫观风殿转换结构设计

1）工程概况

上阳宫观风殿位于河南省洛阳市，为三层阁楼式建筑，首层为大空间多功能厅及附属用房，二层为附属用房及环廊屋面，三层为茶室，与两端的阙楼由钢结构连桥连接，四层为根据结构需要设置的无建筑功能的结构层。建筑平面规则、对称，外轮廓尺寸为33m×33m，外立面存在两次退台，高度约28m。建筑平面、立面及剖面图见图3.5.2.1。

结构设计使用年限为50年，建筑结构安全等级为二级（r_0=1.0）；抗震设防类别为丙类，抗震设防烈度7度，设计地震分组第二组，场地类别为II类，设计基本地震加速度为0.10g，场地特征周期 T_g=0.40s，考虑到建筑隔墙沿竖向分布不均匀，斗栱等附属构件较多，较为不利，周期折减系数取为0.6。基本风压 ω_0=0.40kN/m^2，地面粗糙度类别为B类。由于建筑外存在出檐，挡风面较为复杂，承载力设计时按基本风压的1.1倍采用，风荷载体型系数按照《建筑结构荷载规范》GB 50009—2012表8.3.1第30项取值。

（a）效果图

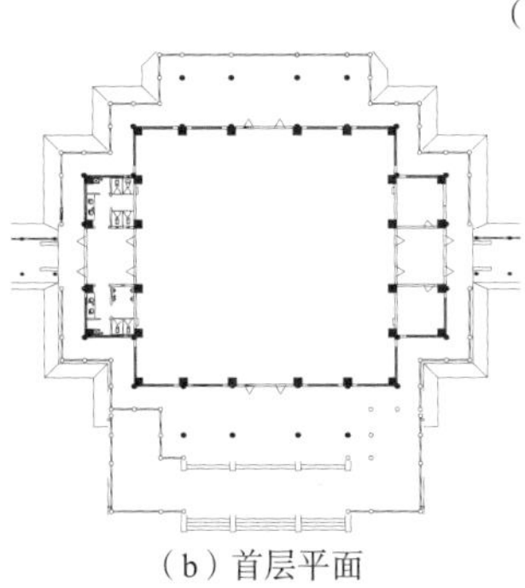

（b）首层平面

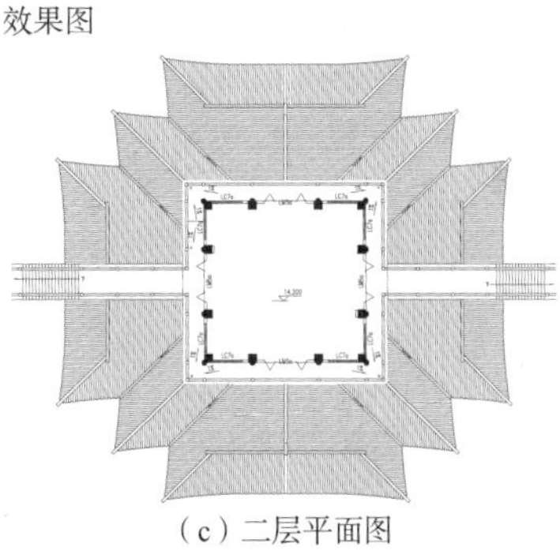

（c）二层平面图

图3.5.2.1　上阳宫观风殿平、立、剖面图（一）

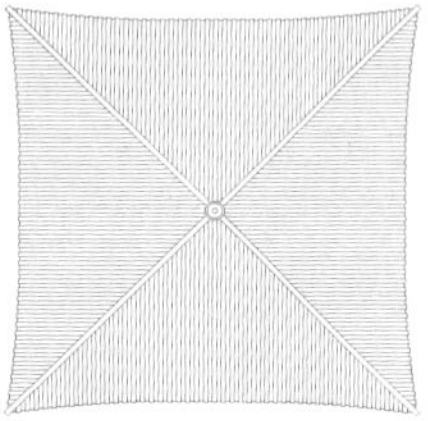

（d）屋面平面图

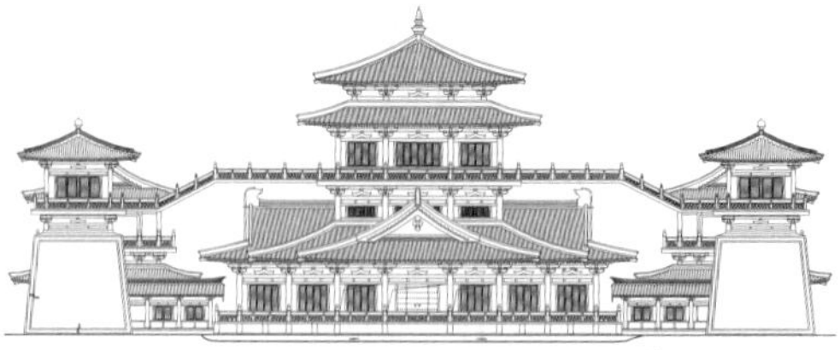

（e）立面图

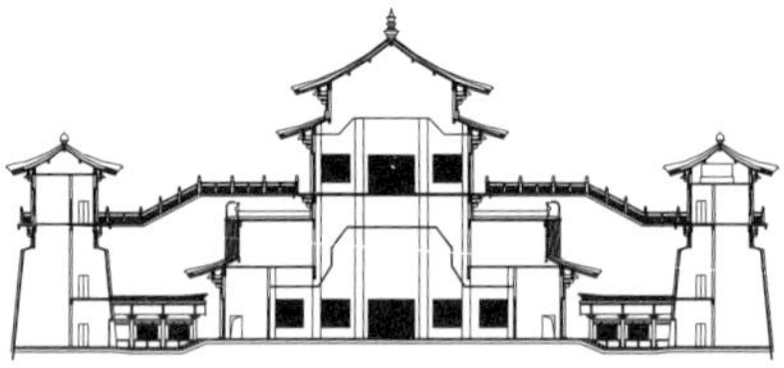

（f）剖面图

（g）工程实景图

（h）转换桁架实景图 1

（i）转换桁架实景图 2

图 3.5.2.1　上阳宫观风殿平、立、剖面图（二）

2）结构方案

上阳宫观风殿由于多功能厅底层大空间的功能要求，二层柱子全部不落地，形成 24m × 24m 的无柱大空间。上部由于退台和出檐的缘故，外檐柱竖向构件不连续，且建筑体型较小、造型复杂。综合比较钢结构框架和钢筋混凝土框架两种结构方案，钢结构方案虽然具有承载力高、自重轻、易于实现转换、节省模板费等优点[51，52]，但由于建筑体型复杂的原因，连接点多且复杂，焊接工作量极大，喷涂防腐防火涂料时，隐蔽空间较多，故采用了钢筋混凝土框架结构方案。

二层转换跨度达 24m，上抬三层，拟采用梁式转换（普通梁、预应力梁或钢骨混凝土梁）和钢筋混凝土桁架转换。预应力梁需要刚度较大的锚固端，本项目锚固端为单柱，不能形成框架锚固条件，较为不利。钢骨梁需要设置钢骨柱，结合本工程体型较小这一实际情况，为节省成本、施工便捷、避免多工种交叉，摒弃此方案。采用普通混凝土梁时，梁截面尺寸为 650mm × 1600mm 才能满足挠度及裂缝要求。同时，由于框架梁的推力作用和节点弯矩平衡，与转换梁连接的框架柱弯矩及剪力极大，难以满足承载力要求，见图 3.5.2.2。

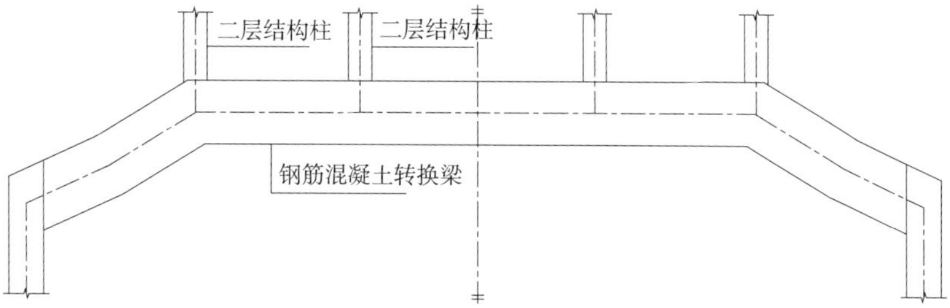

图 3.5.2.2 梁式转换示意

采用钢筋混凝土桁架转换时，相比于梁式转换，能避免与其相连框架柱柱顶弯矩及剪力过大，且承载力及挠度较容易满足规范要求，见图 3.5.2.3。综合比较，拟采用钢筋混凝土桁架进行转换。

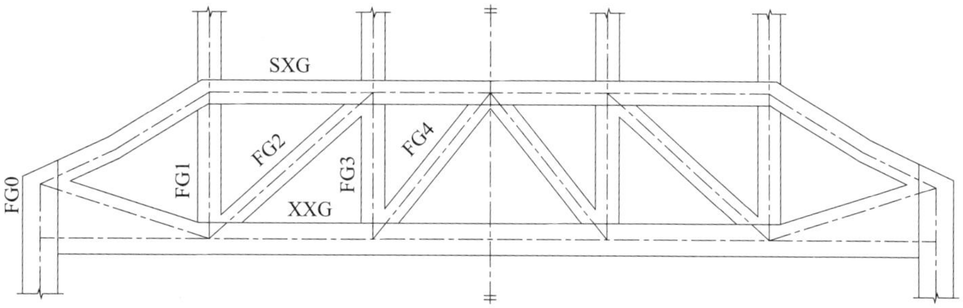

图 3.5.2.3 钢筋混凝土桁架转换

出檐处无建筑功能要求，但建筑层高较大且存在退台，根据结构受力需要，设置一层结构层。采用十字形梁式转换，为了减轻自重，取消中间部位楼板，仅设置外环带楼板，楼板配筋时配筋率提高至 0.3%，结构布置见图 3.5.2.4。

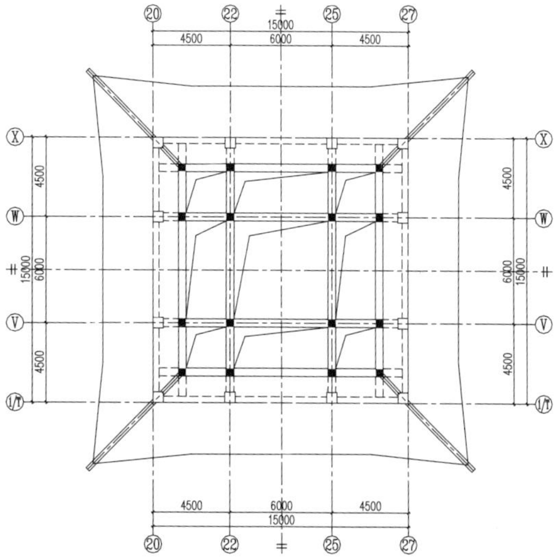

图 3.5.2.4 梁式转换平面布置

框架抗震等级为二级。由于竖向构件存在转换桁架转换和梁式转换两次转换，框架抗震等级及构造措施抗震等级均提高一级，为一级。同时，计算时考虑竖向地震的影响。

3）结构分析与计算

结合建筑造型和功能要求，在

图 3.5.2.5 所示位置布置四榀钢筋混凝土桁架。四榀桁架相互联系并通过外檐框架梁及楼板形成一个稳定的空间受力体系。结构整体计算模型见图 3.5.2.6。

对于钢结构桁架，腹杆承载力一般由面外稳定性控制，故钢结构桁架腹杆布置时宜使其受拉。对于混凝土桁架，腹杆受拉时由于混凝土抗拉强度低，容易产生裂缝，仅钢筋起作用。受压时混凝土和钢筋都起作用，且混混凝土受压强度较受拉强度高，较为有利，故混凝土桁架腹杆宜布置为受压模式。

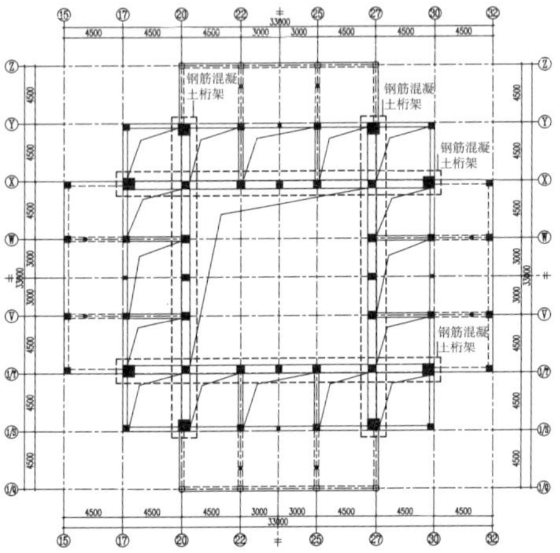

图 3.5.2.5 钢筋混凝土桁架平面布置

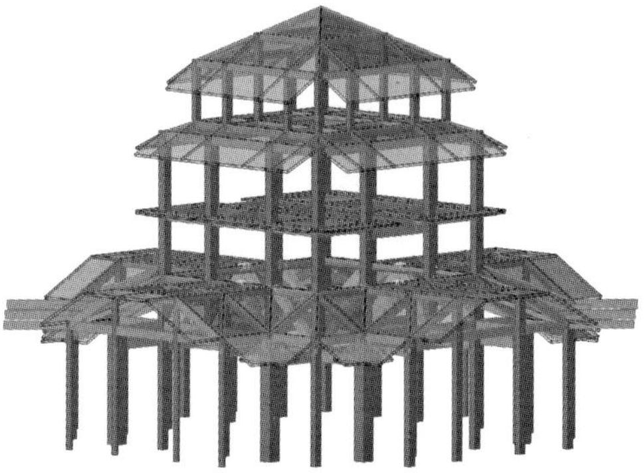
图 3.5.2.6 主体结构计算模型

地震荷载作用下，由于桁架布置的对称性，地震荷载左右来向的不确定性，桁架腹杆不可避免承受拉力，故主要分析竖向荷载作用下转换桁架腹杆的布置以使其在竖向荷载作用下承受压力。分析时，楼板采用弹性楼板模型以考虑轴力影响。

由于支座斜腹杆布置困难，采用了两种布置方式，布置方式一见图 3.5.2.7，即不设置支座斜腹杆，端部形成类似于空腹桁架的受力体系。在各荷载工况下，钢筋混凝土桁架各杆件轴力见表 3.5.2.1。

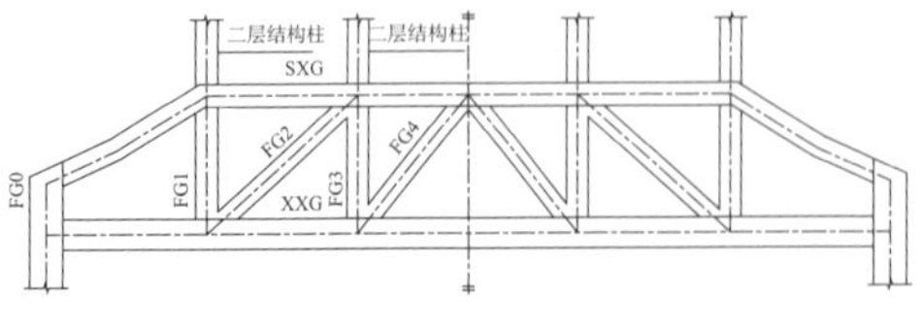

图 3.5.2.7 转换桁架腹杆布置方式一

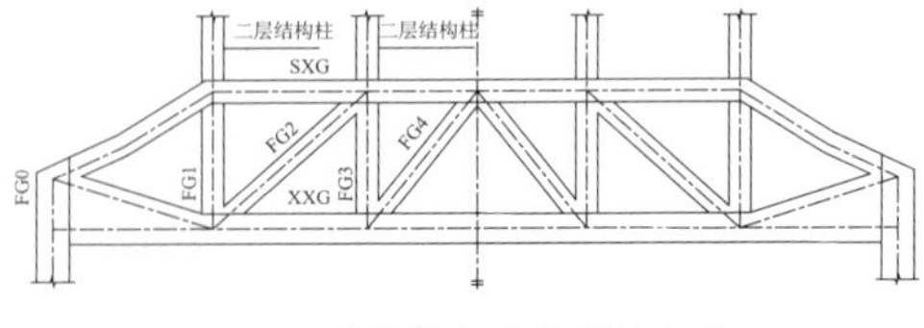

图 3.5.2.8 转换桁架腹杆布置方式二

由表 3.5.2.1 可以看出上弦杆 SXG、FG2 承受较大的压力，下弦杆 XXG、FG1 承受较大的拉力，FG3、FG4 在不同地震作用方向下存在拉力压力变化。FG0 承受较大轴力的同时承受极大的剪力和弯矩。为了避免 FG0 处发生剪切，采用了布置方式二，见图 3.5.2.8。考虑到此处空间狭小，施工支模的不便性，采用了下弦杆变截面的方式等效下弦杆和腹杆的合力作用。转换桁架布置方式二构件轴力变化规律同布置方式一，各构件轴力见表 3.5.2.2。

钢筋混凝土桁架布置方式一杆件轴力（kN） 表 3.5.2.1

荷载工况	FG1	FG2	FG3	FG4	SXG	XXG
恒荷载	–645	1194	–112	96	2581	–2561
活荷载	–27	64	1.5	1.5	147	–146
地震作用	69	160	151	166	137	198
N_{max} 组合	–530	1700	100	350	3637	–2400
N_{min} 组合	–920	997	–137	-163	2390	–3616

钢筋混凝土桁架布置方式二杆件轴力（kN） 表 3.5.2.2

荷载工况	FG1	FG2	FG3	FG4	SXG	XXG
恒荷载	–367	1315	–58	96	2400	–2925
活荷载	–9	71	–5	–2	150	–184
地震作用	151	155	125	145	134	131
N_{max} 组合	–172	1810	118	317	3387	–2756
N_{min} 组合	–645	1150	–241	–130	2253	–4130

经过计算对比可知：增加支座腹杆减小了 FG0 的剪力作用和次弯矩对下弦杆和上弦杆的影响，增加了钢筋混凝土桁架的竖向刚度。

转换桁架布置方式二最大受拉腹杆轴拉力为 645kN，最大受压腹杆轴压力为 1810kN，相较于布置方式一最大受拉腹杆轴拉力为 920kN，最大受压腹杆轴压力为 1700kN，能使受拉腹杆轴向拉力大幅度减小而最大受压腹杆轴向压力略有增加。下弦杆承受拉力略有增加。在荷载准永久组合并考虑长期作用影响的情况下，不配置预应力钢筋时，裂缝宽度为 0.30mm，满足规范要求。考虑到本项目体型较小，荷载不大，从节约成本角度考虑，未施加预应力。建议类似项目在有条件的情况下施加一定的预应力以减小混凝土裂缝宽度。

4）关键节点与构造

桁架下弦杆及部分竖向腹杆由于承受较大的拉力，为偏心受拉构件，配筋时纵向钢筋全部拉通并对箍筋进行全跨加密，配筋率提高到 0.6%。腰筋适当加大并按照抗拉要求进行锚固，腰筋采用 ϕ16@200。钢筋连接时采用机械连接，且同一连接区段内接头钢筋截面面积不应超过全部纵筋截面面积的 50%。

转换桁架和支撑其的框架柱不能中心对齐，故采用了加腋的方式进行处理，以减小偏心的影响。并对框架柱进行性能化设计，要求其抗剪承载力满足中震弹性，抗弯承载力满足中震不屈服。

为了方便腹杆混凝土浇捣，采用了图 3.5.2.9 所示的配筋方式。

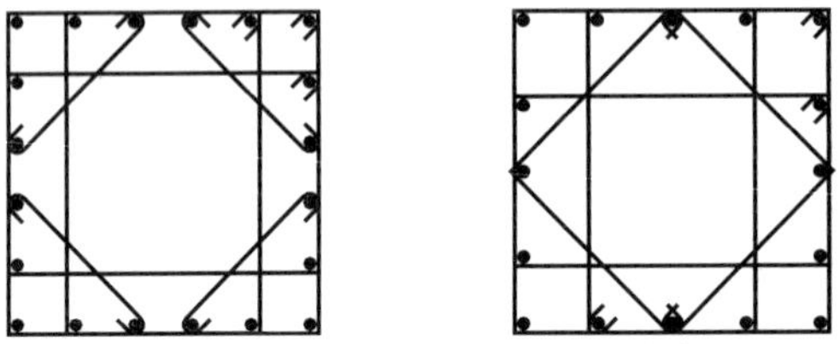

（a）FG1　　（b）FG2

图 3.5.2.9　腹杆配筋构造

节点是保证杆件之间内力传递的关键部位，构造上需要满足受拉腹杆不被拔出或者避免相邻杆件之间的劈裂破坏。因此应使桁架弦杆和腹杆杆件轴线相交于一点以避免次弯矩的影响或者形成节点块以保证内力的顺利传递。依据“强节点，弱构件”的设计原则采用了图 3.5.2.10 所示方式进行节点构造加强，建议加腋高度和宽度为腹杆截面高度；附加“元宝”钢筋锚固长度按照抗拉锚固要求进行锚固。施工时须注意待钢筋混凝土桁架混凝土强度达到 100% 时方可拆除模板。

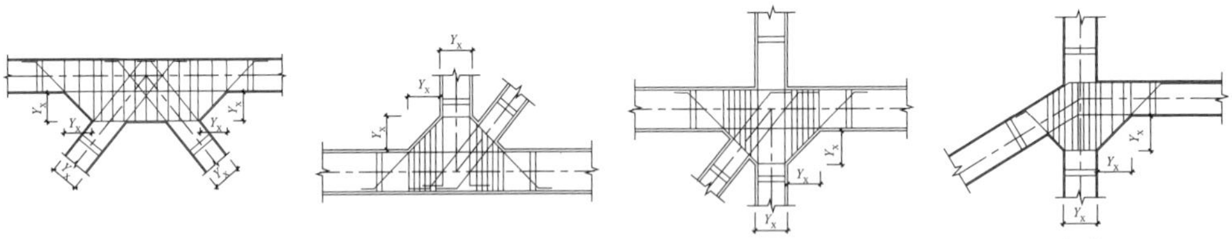

（a）　　（b）　　（c）　　（d）

图 3.5.2.10　弦杆与腹杆连接节点配筋构造

5）动力弹塑性时程分析

对结构进行罕遇地震作用下的动力弹塑性时程分析，分析采用 2 条天然波和 1 条人工波，以考察结构在罕遇地震作用下的变形形态和破坏情况。罕遇地震计算时，加速度峰值 a_g=220cm/s^2，选取时程地震波时，频谱特征值按照 T_g=045s 考虑。结构楼层弹塑性层间位移角见图 3.5.2.11、图 3.5.2.12，可以看出，楼层弹塑性层间位移角满足规范要求，满足“大震不倒”的要求。

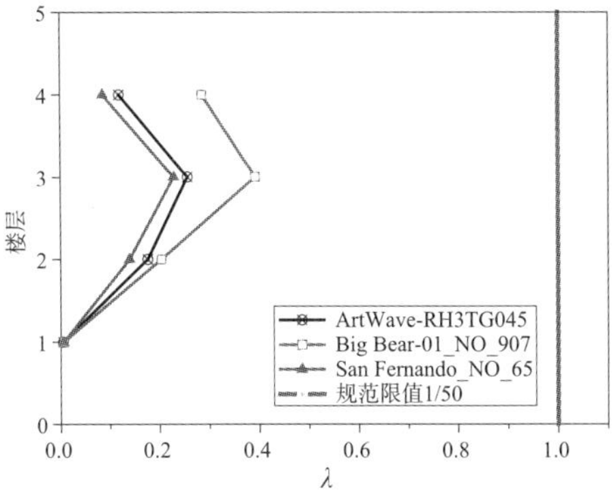

图 3.5.2.11　*X* 向结构楼层层间位移角

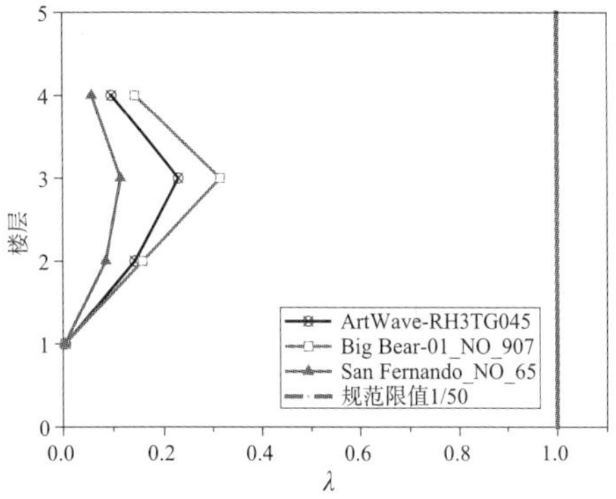

图 3.5.2.12　*Y* 向结构楼层层间位移角

6）小结

（1）阁楼式建筑等传统风格建筑造型上通常存在竖向收进，为了适应现代的建筑功能要求，收进部位竖向构件通常不落地。当主体结构采用钢筋混凝土结构时，钢筋混凝土桁架是一种经济有效的转换结构形式。

（2）钢筋混凝土桁架腹杆的布置宜使受力较大的腹杆为受压构件，并应对受拉腹杆与弦杆连接的节点进行加强。

（3）转换桁架下弦杆一般为大偏心受拉构件，有条件时建议在梁中设置预应力钢筋以解决下弦杆较大的轴拉力引起的裂缝问题。

3.5.3　工程实例三：普陀山佛学院大雄宝殿结构设计与研究

1）工程概况

庑殿建筑是古代传统建筑中的最高形制，其屋顶陡曲峻峭，屋檐宽深庄重、气势雄伟浩大，所以多用在宫殿、坛庙等型制较高级的建筑上，是中轴线上主要建筑最常采取的形式。普陀山佛学院大雄宝殿（图 3.5.3.1）作为全院的核心建筑，其阔九间十柱，周围廊、高坐台、斗栱宏大、出檐深远，器宇轩昂，是一座典型的唐风佛殿[53]。

图 3.5.3.1　建筑效果图

工程的设计基准期为 50 年，结构安全等级为二级，抗震设防烈度 7 度，设计基本地震加速度为 0.1g，设计地震分组为第一组，场地类别为Ⅲ类，场地特征周期为 0.45s，抗震设防类别为丙类。混凝土强度等级为 C30，基本风压、结构体型系数、风压高度变化系数、风振系数等均按照规范取值。

2）建筑特点和结构方案

大雄宝殿立面、平面、剖面见图 3.5.3.2 所示，作为全院的核心建筑，归纳总结其工程特点如下：

（1）建筑檐口标高 9.080m，屋脊高度 16.64m[图 3.5.3.2（d）]，坡屋面体量较大，挑檐深远，椽板最大悬挑尺寸 3.9m，独立圆柱在斗栱部位收分为方柱，并且斗栱系统需要固定在收分方柱上。

（2）建筑室内地面高 1.92m，室内外高差 1.22m[图 3.5.3.2（c）、（d）]。且场地属于大面积填方场地，建筑地面及台明易沉陷开裂。

（3）传统建筑多为木结构，构件连接为榫卯连接，自重较轻。但考虑到木结构强度、耐久性、耐火性、经济性等不利因素，需采用钢筋混凝土结构，但结构自重较大。

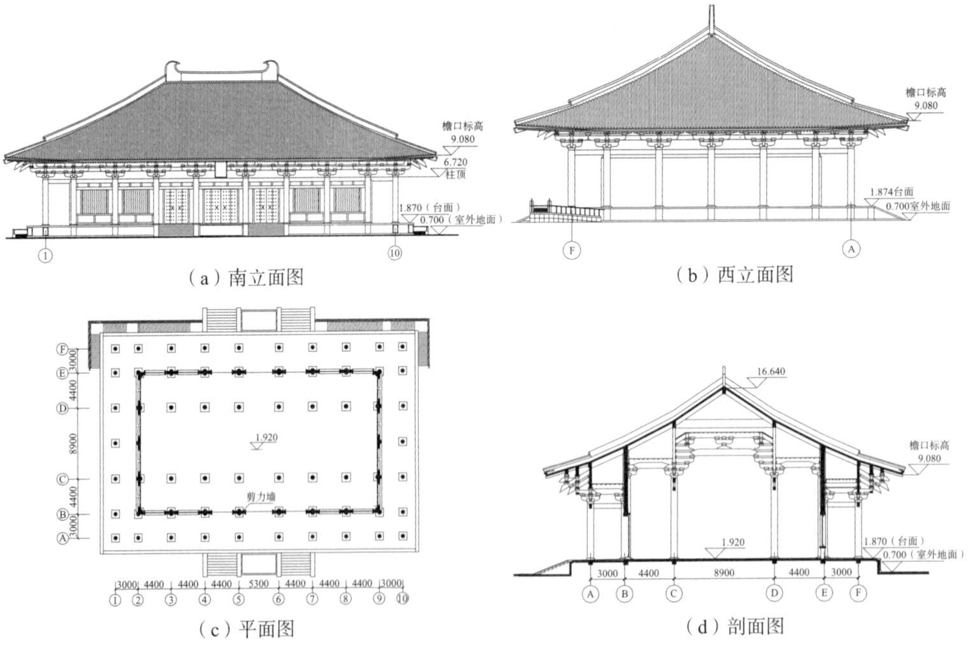

（a）南立面图　（b）西立面图　（c）平面图　（d）剖面图

图 3.5.3.2　大雄宝殿建筑图

针对建筑上述特点，结构定案如下：

（1）由于梁、柱截面形状及尺寸受到限制，如采用框架结构计算会造成结构抗侧刚度不足，因此确定结合建筑窗间墙位置设置剪力墙 [图 3.5.3.2（c）、图 3.5.3.4]，结构形式为框架 - 剪力墙结构，其在满足了建筑要求的柱截面形状外，保证了结构所需的抗侧刚度，具有较好的抗震性能。坡屋面根据建筑举折尺寸按照现浇钢筋混凝土刚性屋架设计，既能减小杆件截面尺寸，又能获得很好的屋面刚度，并实现建筑内部大空间等要求。

（2）为减少填方量，并避免地基基础较大沉降对一层地面产生破坏，对建筑一层地面设架空地坪，架空地坪采用现浇梁板式楼盖（图 3.5.3.5）。对所有建筑台明、踏步均采用悬挑梁板以避免沉陷。

（3）为满足建筑造型及斗栱系统安装需要，独立圆柱截面从圆形收分为方形 [图 3.5.3.3（a）、（b）]。为保证结构抗震性能同时考虑其经济性，下部圆柱采用钢筋混凝土柱；为保证上部收分柱的抗震性能，圆柱收分后采用方钢管混凝土柱 [图 3.5.3.3（c）]。该构造做法可减小下部圆柱与上部收分柱的刚度差异，且便于斗栱的安装与固定。

（4）屋檐钢筋混凝土椽及斗栱系统数量巨大，截面尺寸较小，现浇困难，施工速度较慢，故采用现场或工厂预制，现场施工组装的方法，以确保工程质量及缩短工期。预制构件通过锚筋或预埋钢板与梁柱连接。此方案斗栱不作为受力构件[13]，结构计算阶段可不考虑斗栱对整体结构的影响。同时预制椽、斗栱及现浇屋面板，均采用轻骨料陶粒混凝土（表观密度不大于 1500kg/m^3），以降低结构自重。预制椽内配钢筋，椽上屋面叠合板增设无粘结预应力钢筋以减小悬挑椽板的挠度。

（a）　　（b）　　（c）

图 3.5.3.3　混凝土圆柱收为方钢管混凝土柱

3）结构分析与计算

采用 PKPM 软件的 SATWE 进行结构整体内力、位移计算，整体模型见图 3.5.3.5，结构的设计相关参数见表 3.5.3.1，结构平面如图 3.5.3.4 所示，模型中主要结构构件截面尺寸见表 3.5.3.2。

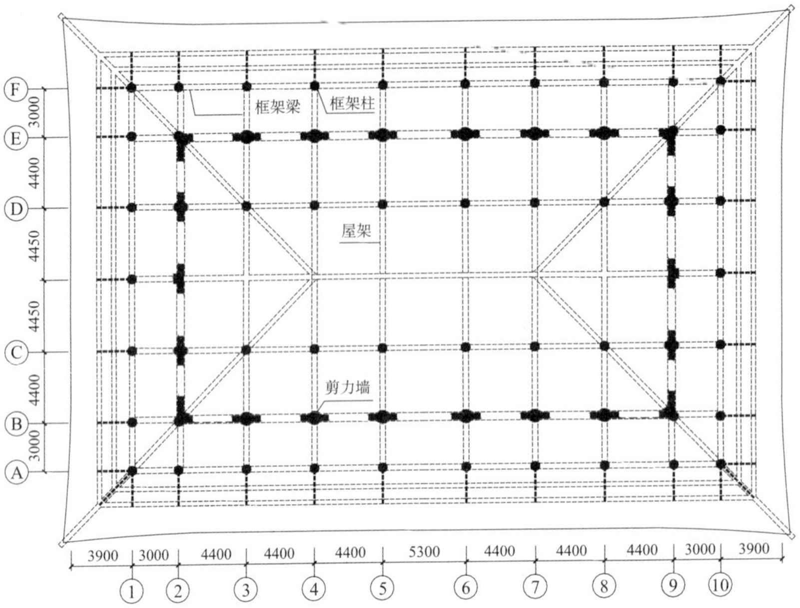

图 3.5.3.4　屋面结构平面

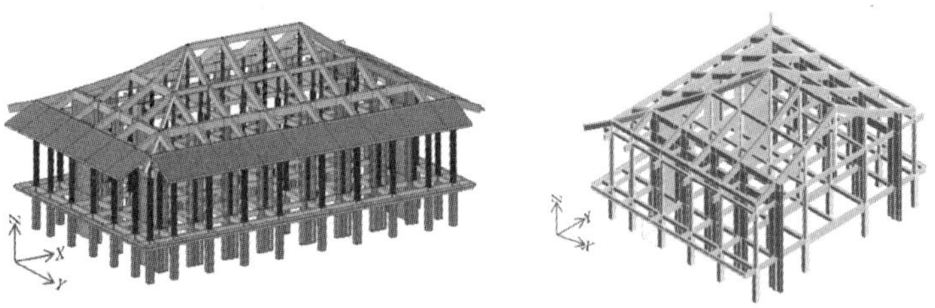

（a）　　　　（b）

图 3.5.3.5　整体计算模型

结构的设计相关参数　　表 3.5.3.1

结构体系	框剪	设计地震分组	第一组
建筑结构安全等级	二级	设计基本地震加速度	0.10g
结构重要性系数	1.0	建筑场地类别	Ⅲ类
建筑抗震设防分类	丙类	特征周期值	0.45s
设计使用年限	50 年	框架抗震等级	三级
地基基础设计等级	丙级	剪力墙抗震等级	二级
抗震设防烈度	7 度	基本风压（kN/m^2）	0.85

主要构件截面规格及材质　　表 3.5.3.2

构件名	截面（mm）	混凝土（钢材）等级
框架柱	570（圆柱直径）	C30

续表

构件名	截面（mm）	混凝土（钢材）等级
上部方柱	250×250×10（宽 × 高 × 厚）	Q235
剪力墙	370（厚）	C30
框架梁	350×900　350×500（宽 × 高）	C30
屋架上弦梁	350×800（宽 × 高）	C30
屋架下弦梁	250×500（宽 × 高）	C30

根据分析结果可以看出，各项指标均能满足规范要求，主要计算结果见表 3.5.3.3、表 3.5.3.4。

周期与振型　　表 3.5.3.3

振型	周期（s）	平动系数（X+Y）	扭转系数
1	0.5597	0.69（0.00+0.69）	0.31
2	0.5356	0.98（0.98+0.00）	0.02
3	0.4794	0.00+0.00	1.00
周期比 T_t/T_1	0.4794/0.5597=0.86<0.90		
有效质量系数	X 向		Y 向
	95.51%		93.90%

多遇地震工况下反应谱法计算结果　　表 3.5.3.4

X 方向	地震荷载	最大层间位移	5.37
		最大层间位移角	1/1303
	风荷载	最大层间位移	1.08
		最大层间位移角	1/6454
Y 方向	地震荷载	最大层间位移	7.78
		最大层间位移角	1/ 900
	风荷载	最大层间位移	2.18
		最大层间位移角	1/3216

为进一步考察该结构在罕遇地震作用下的变形形态和破坏情况，采用 YJK 软件对结构进行多遇地震作用下弹性时程分析及罕遇地震作用下的弹塑性时程分析。选取时程地震波时，频谱特征值按照 T_g=0.45s 或 T_g=0.50s 考虑，选取了 1 条人工波和 2 条天然波。由于弹性时程分析所得层间剪力小于振型分解反应谱法时的层间剪力，内力计算时地震作用可不用放大。罕遇地震作用下的楼层弹塑性层间位移角为 1/318，

小于 1/100，满足规范要求，实现了“大震不倒”的设计目标。

4）关键节点与构造

为满足建筑造型需要，钢筋混凝土框架柱（圆柱）在斗栱处收分为方钢管混凝土柱截面（图 3.5.3.6）。为避免框架柱在变截面处刚度发生较大削弱、方便预制斗栱埋件与柱连接，设计时将上柱设置为方钢管混凝土柱并插入下部混凝土圆柱（图 3.5.3.8）。

（1）抗侧刚度分析

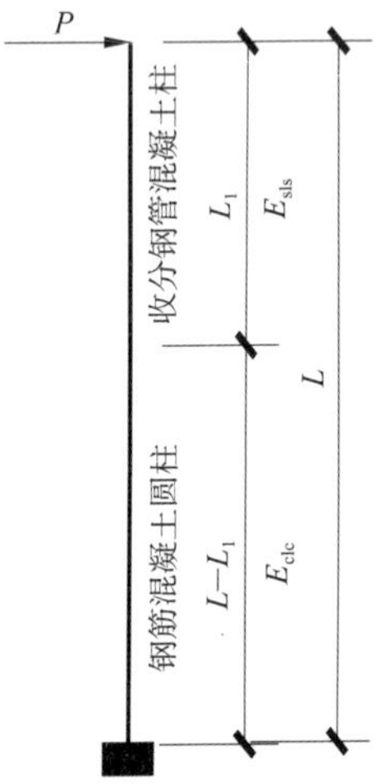

图 3.5.3.6　计算简化模型

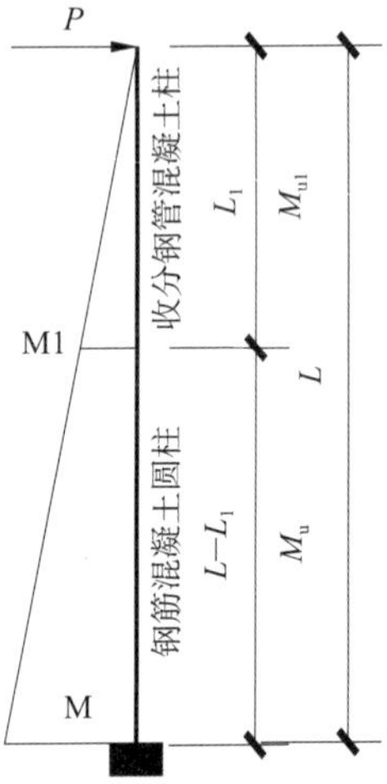

图 3.5.3.7　弯矩图

通常情况下，框架梁截面宽度不能满足矩形钢管混凝土柱脚刚接的锚固条件，钢管混凝土柱与框架梁采用预埋件进行铰接连接以简化计算模型、方便施工。为了简化计算，模型计算时通常采用等截面钢筋混凝土圆柱进行模拟，上端采用铰接处理，此时其侧向位移 $\varDelta_1$ 见公式（3.5.3.1）；上端为钢管混凝土柱，下端为圆钢筋混凝土柱时，其抗侧位移 $\varDelta_2$ 见公式（3.5.3.2），计算简化模型见图 3.5.3.6。

从公式（3.5.3.1）、（3.5.3.2）可得出其侧向刚度之比见公式（3.5.3.3）。

$$\varDelta_1=\frac{PL^3}{3E_cI_c} \tag{3.5.3.1}$$

$$\varDelta_2=P\left(\frac{L_1^3}{3E_sI_s}+\frac{L^3-L_1^3}{3E_cI_c}\right) \tag{3.5.3.2}$$

$$\frac{K_1}{K_2}=\frac{\varDelta_2}{\varDelta_1}=1+\frac{E_cI_c-E_sI_s}{E_sI_s}\left(\frac{L_1}{L}\right)^3 \tag{3.5.3.3}$$

本工程中，$E_cI_c=1.55\times10^{14}\text{N}\cdot\text{mm}^2$，$E_sI_s=2.25\times10^{13}\text{N}\cdot\text{mm}^2$，$L_1/L=0.38$，$K_1/K_2=1.32$。可见，

本项目中如果不考虑“收分”钢管混凝土柱的影响，层间位移角将不真实，可能不能满足地震作用下的弹性层间位移角，造成发生地震时填充墙等围护结构发生破坏。当 $K_1/K_2 \leqslant 1.05$ 时，可以不考虑钢管混凝土的影响，否则采用软件计算须考虑钢管柱的影响，或者不考虑其影响，但须对其层间位移角放大 K_1/K_2 倍以验证其是否满足规范要求。

（2）抗弯承载力分析

由于框架柱上端按照铰接考虑，在水平地震作用下，弯矩分布图为正三角形分布（图 3.5.3.7）。当框架柱收分部位无外加层间竖向及水平荷载时，方钢管混凝土柱和钢筋混凝土圆柱承受同样的剪力和轴力，则可通过公式（3.5.3.4）判断柱根或者钢管混凝土破坏的先后顺序。式中 M_u、M_{u1} 分别为钢筋混凝土柱抗弯承载力和钢管混凝土柱抗弯承载力，计算公式参考《混凝土结构设计规范》和《钢管混凝土结构技术规程》。当满足公式（3.5.3.4a）时，收分钢管混凝土柱先于钢筋混凝土圆柱破坏；当满足公式（3.5.3.4b）时，同时破坏；当满足公式（3.5.3.4c）时，钢筋混凝土圆柱柱根先于收分后的钢管混凝土柱破坏。收分钢管混凝土柱设计时，建议改变钢管混凝土柱钢管的钢材强度等级或者壁厚以使其满足公式（3.5.3.4c）。

$$\begin{cases} \dfrac{M_u}{M_{u1}} > \dfrac{L}{L_1} \cdots\cdots\cdots\cdots (a) \\ \dfrac{M_u}{M_{u1}} = \dfrac{L}{L_1} \cdots\cdots\cdots\cdots (b) \\ \dfrac{M_u}{M_{u1}} < \dfrac{L}{L_1} \cdots\cdots\cdots\cdots (c) \end{cases} \quad (3.5.3.4)$$

5）节点试验分析

通过对该节点构件进行荷载 - 位移混合控制的加载试验 [54]，得到了方钢管与钢筋混凝土圆柱连接的破坏形态（图 3.5.3.9）和滞回曲线（图 3.5.3.10），进一步验证了上端收分柱与下端圆柱连接的抗震性能。该试验在西安建筑科技大学结构工程与抗震教育部重点实验室完成。

加载过程中，钢筋混凝土柱先后出现竖向裂缝及环向水平裂缝。随着荷载增大和裂缝的进一步发展，柱根部纵筋进入屈服状态。试验进入位移控制阶段后，随着控制位移的不断增加，柱根部纵筋及箍筋均达到屈服，混凝土柱顶部钢管逐渐屈服，试件水平承载力降低，直至试件最终破坏。在整个加载过程中试件的整体协同变形能力较好，试件的破坏形态为以弯曲破坏为主，伴有剪切现象。

通过对该构件计算可知，其承载力满足公式（3.5.3.4c），即钢筋混凝土圆柱柱根先于收分钢管混凝土柱破坏，与试验相符。

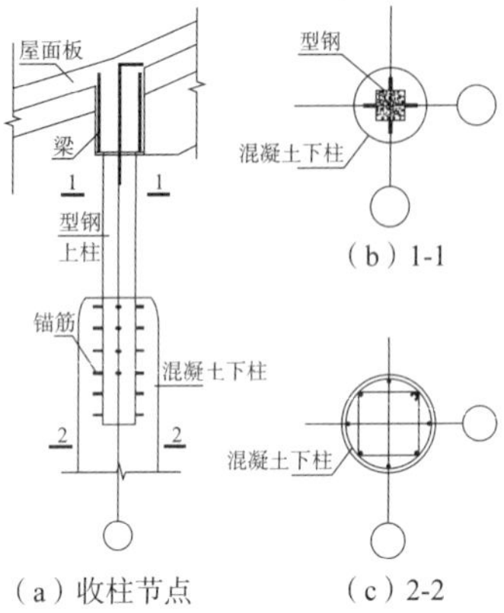

图 3.5.3.8 混凝土圆柱与方钢管柱连接

图 3.5.3.9 试件加载与最终破坏形态

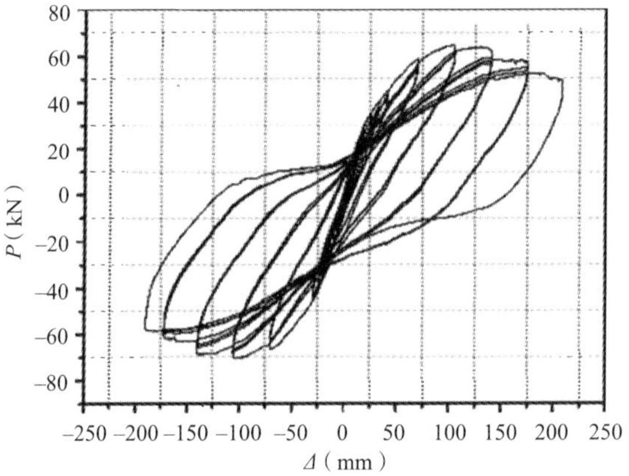

图 3.5.3.10 试件滞回曲线

由图 3.5.3.10 我们可以看出，试件的滞回曲线饱满，具有良好的滞回性能，耗能能力显著。

6）实施效果和小结

竣工后的大雄宝殿（图 3.5.3.11）出檐深远，器宇轩昂，和佛学院其他建筑一起，在背山怀水的礼佛区塑造出一处世间未见、天国方有的静明境界。

该工程小结如下：

（1）结合建筑方案特点，采用合理的结构体系，保证了结构所需的抗侧刚度，具有较好的抗震性能。

（2）通过采用预制构件，简化了结构计算及施工工艺，在保证质量的同时缩短了

（a）

（b）

图 3.5.3.11　建成后效果

施工工期。

（3）预制构件及屋面板采用轻骨料陶粒混凝土，有效减轻了结构自重，降低了安装难度、减小了大悬挑构件的挠度。

（4）通过对框架柱收分处抗侧刚度计算分析得知，当采用软件简化计算不考虑钢管柱时，其层间位移角须进行放大。

（5）通过对柱收分处节点的拟静力试验，得到了方钢管混凝土柱与圆钢筋混凝土柱连接的破坏形态和滞回曲线，进一步验证了上端收分柱与下端圆柱连接的抗震性能，达到了“强节点弱构件”的抗震设计要求。

3.6　塔

中国的古塔，蕴涵着中华民族科学、艺术、文化和历史的精华。古塔是古代高层建筑，又是江河航行的标记，城镇的象征，思乡的寄托，其造型优美，结构精巧，雕刻、装饰华丽。

古塔建筑材料的发展史，也是中国建筑材料的发展史，它由低级向高级发展，从简单向复杂发展。它是自然与人相结合，用比较简单的材料建成，如砖、石、土、木等材料，其构造通过不断的摸索总结，达到了坚固耐久。

正如其他建筑物一样，古塔的建筑材料和技术的改进促使古塔结构和形式也不断发生变化。据历史文献记载，中国早期的木塔，如东汉第一座佛寺白马寺塔，其抗震力强，便于登高远眺，但它有着致命的弱点，耐火和耐久性差；这些弱点阻碍着古塔的保存与发展，人们开始用防火性能较好的砖石来建塔，如《洛阳伽蓝记》中所说的太康寺三层浮图砖石塔，又如北魏时期的嵩岳寺砖塔，以及现存最早的山东历城四门石塔和唐代大雁塔砖塔。砖石塔在唐代达到巅峰，其塔身雕刻非常富丽，属建筑史上的佳作。

塔通常由塔座、塔身、塔刹组成，它标志着我国古代高层建筑的发展水平。本节以 2011 年西安世园会天人长安塔结构设计为工程实例，供设计人员参考借鉴。

3.6.1 工程实例一：2011 年西安世园会天人长安塔结构设计

1）工程概况

作为西安世园会四大标志性建筑之一的天人长安塔（图 3.6.1.1）位于世园会园区制高点。该塔将传统与现代融合，雄浑挺拔、巍然屹立在美丽的灞河之滨。它不仅是世园会四大标志性建筑之一，也是西安新的地标性建筑。天人长安塔既具有唐代传统木塔的造型特色，又具有观光、展览等现代功能，贯穿古今、水天一色，寓意“天人长安”[56, 57]。该建筑具有鲜明的时代特色，符合当代的审美情趣。全塔采用钢框架 - 钢支撑结构体系，自重轻、施工快，且钢材为可循环材料，节能环保[58, 59]。屋顶及所有挑檐均采用夹层玻璃，与墙体的玻璃幕墙共同构成水晶塔的效果。建筑地上 13 层，地下 1 层，总高度 95m。总用地面积 8992m^2，总建筑面积 13060m^2，其中地上 12066m^2，地下 994m^2。

工程的设计基准期为 50 年，结构安全等级为二级，抗震设防烈度 8 度，设计基本地震加速度为 0.2g，设计地震分组为第一组，场地类别为Ⅱ类，场地特征周期为 0.35s，抗震设防类别为丙类。50 年一遇基本风压取 ω_0=0.35kN/m^2，地面粗糙度为 B 类，结构体型系数、风压高度变化系数、风振系数等均按照规范取值。

图 3.6.1.1 长安塔实景

2）建筑特点

天人长安塔地下一层层高 8m，地上为七明六暗共十三层，其中一层层高 8.4m，顶层由楼面至屋脊 15m，其余各明层 6.21m；暗层最大层高 5.8m，其余为 3.93m，各暗层设有长悬挑坡屋面，挑出长度最大约 4.1m，建筑立面、剖面示意图见图 3.6.1.2。

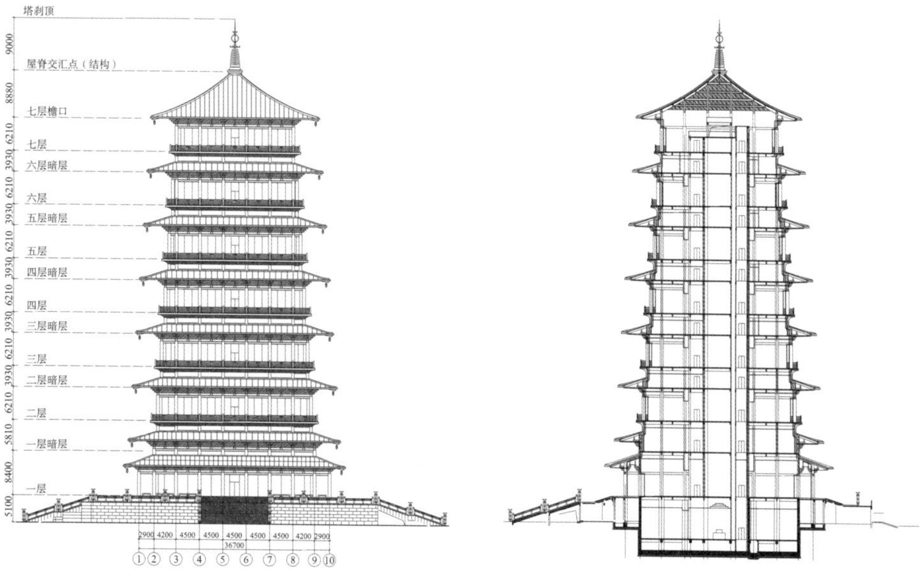

图 3.6.1.2　建筑立面、剖面示意

长安塔平面为正方形，地下室纵横向尺寸为 36.7m × 36.7m，随着层高的增加，平面尺寸逐渐内收，至顶层纵横向尺寸收至 22.5m × 22.5m。

综上，本工程建筑具有以下特点：（1）长安塔各层有明层、暗层之分，随着建筑标高、层数的增加，体型不断缩进；（2）长安塔为传统风格建筑，挑檐、斗栱等元素造成建筑檐口构造复杂，且挑檐悬挑长度为 4.1m ~ 6.5m，屋檐出挑及倾斜度较大；（3）天人长安塔具有观光、展览等现代功能，屋顶及所有挑檐均采用夹层玻璃围护，与墙体的玻璃幕墙共同构成水晶塔的效果。因此，结构构件几乎全部外露，且规格和尺寸受限；（4）长安塔顶层为大开间形式，屋面坡度约 23°，钢梁投影跨度达 22.5m。

3）结构方案

根据建筑特点，天人长安塔结构主体采用钢框架 - 钢支撑体系，柱采用方或圆钢管混凝土柱，梁采用钢梁。一层檐口和暗层结构布置见图 3.6.1.3、图 3.6.1.4 所示，结构外圈框架柱（2、9 轴线和 B、J 轴线对应柱）按建筑缩进模数不断的内缩，外圈钢框柱顶采用牛腿式内折转换实现塔身收缩，3、8 轴线和 C、H 轴线对应柱伸至 6 层暗层标高处由圆形钢管混凝土柱（$D600 \times 16$）转换为矩形钢管混凝土柱（□ 400 × 16）。檐口处通过设置异形收边钢梁（图 3.6.1.5），既满足建筑出翘要求，又兼排水天沟作用。各屋面挑檐处，结合斗栱设置结构受力构件（图 3.6.1.6），解决屋檐悬挑较大问题。

同时，由于结构各明、暗层层高悬殊较大，层刚度突变严重，结构构件布置时采取如下措施加强结构整体性能：（1）结合建筑楼梯、电梯等内部交通核区域设置带撑框筒；（2）大层高楼层外周圈设置加强桁架；（3）将斗栱设置为支撑构件，解决檐口

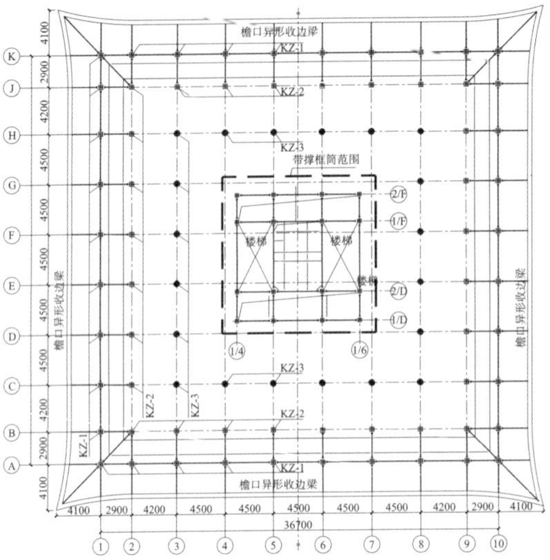

图 3.6.1.3　一层檐口处结构布置

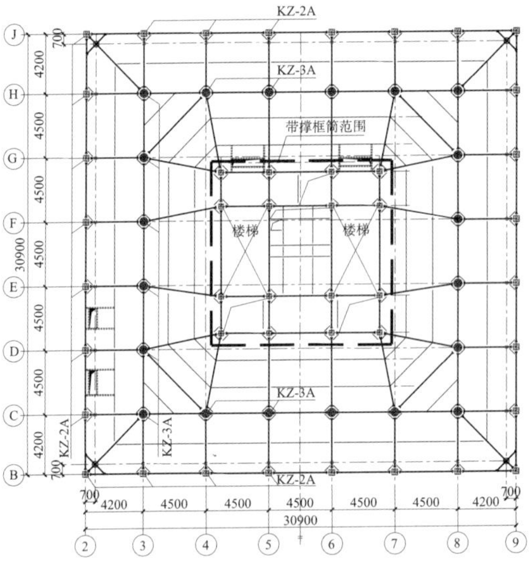

图 3.6.1.4　一层暗层结构布置

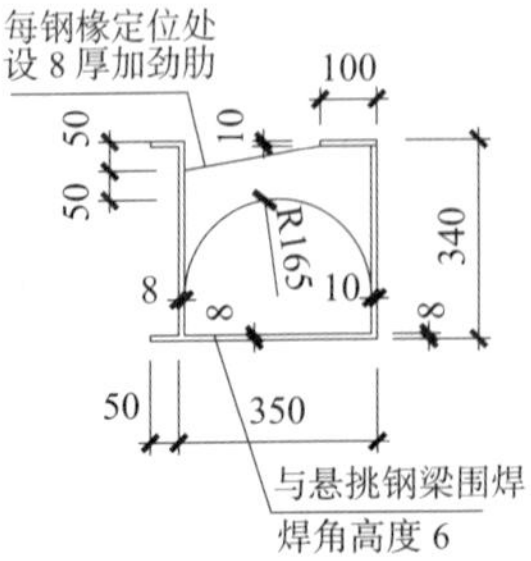

图 3.6.1.5　檐口异形收边梁

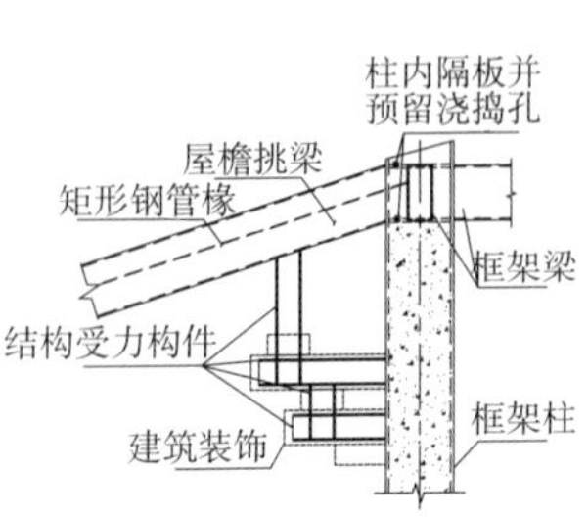

图 3.6.1.6　斗栱节点

出挑较大问题；（4）在屋面刚架中设置钢拉索，从而克服屋面跨度、倾角大的问题。结构立面布置示意见图 3.6.1.7。

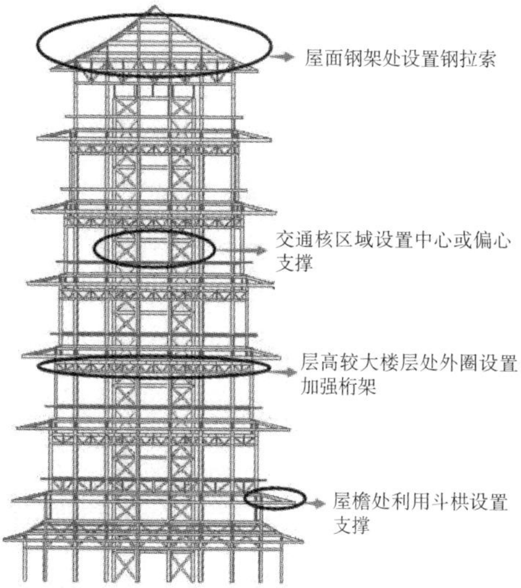

图 3.6.1.7　结构立面布置示意

4）结构分析与计算

结构整体模型如图 3.6.1.8 所示，分别采用 SATWE 和 MIDAS 两种不同力学模型的三维空间程序进行结构整体内力、位移计算。计算模型中，主要相应参数见表 3.6.1.1，主要结构构件截面尺寸和材质见表 3.6.1.2 所示。

图 3.6.1.8　计算模型

结构的设计相关参数　　表 3.6.1.1

建筑结构安全等级	二级	设计基本地震加速度	0.20g
结构重要性系数	1.0	黄土地区建筑物分类	甲类
建筑抗震设防分类	丙类	建筑场地类别	Ⅱ类
设计使用年限	50 年	特征周期值	0.35s
地基基础设计等级	乙级	框架抗震等级	二级
抗震设防烈度	8 度	基本风压	$0.4kN/m^2$
设计地震分组	第一组	基本雪压	$0.2kN/m^2$
基础形式	箱形基础		

主要构件截面尺寸与材质　　表 3.6.1.2

	构件	类型	主要截面规格	材料
柱	KZ-1	矩形钢管混凝土柱	□ 400 × 14	Q345B+C40
	KZ-2	矩形钢管混凝土柱	□ 400 × 20 ～ 14	Q345B+C40
	KZ-3	圆钢管混凝土柱	D600 × 16	Q345B+C40
	带撑框筒范围	矩形钢管混凝土柱	□ 400 × 20 ～ 16	Q345B+C40
梁	主梁	H 型钢梁	H400 × 200 ～ 250	Q345B
	次梁	H 型钢梁	H300 × 200 ～ 150	Q235B
支撑		H 型钢梁	H250 × 250	Q235B

SATWE 和 MIDAS 两种程序分析出的结构反应特征、变化规律基本吻合，各项指标均能满足规范要求。

进行多遇地震反应谱分析时，整体参数分析采用刚性楼板假定，构件设计采用非强制刚性楼板假定。结构周期计算结果见表 3.6.1.3，结构前四阶振型见图 3.6.1.9 所示。

模态周期与振型　　表 3.6.1.3

振型	SATWE		MIDAS	
	周期（s）	平扭系数（$X+Y+T$）	周期（s）	平扭系数（$X+Y+T$）
1	2.4604	1.00+0.00+0.00	2.4527	0.92+0.18+0.00
2	2.3810	0.00+1.00+0.00	2.3689	0.17+0.93+0.00
3	2.0445	0.00+0.00+1.00	2.0326	0.01+0.01+0.98
4	0.8617	0.50+0.50+0.00	0.8545	0.43+0.47+0.00
周期比 T_t/T_1	2.0445/2.4604=0.83<0.90		2.0326/2.4527=0.83<0.90	
有效质量系数	X 向	Y 向	X 向	Y 向
	92.91%	96.09%	93.79%	97.19%

该建筑结构第一振型表现为结构沿 X 方向的平动，第二振型反映了结构沿 Y 向的平动，第三振型则为扭转振型，第四振型为平动耦合。计算主要结果（表 3.6.1.4）表明，两种计算程序计算结构动力特性结果基本接近，且各项指标满足规范要求。

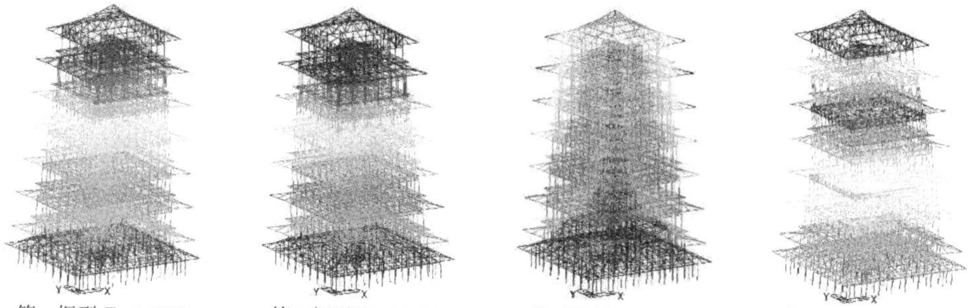

第一振型 T_1=2.4527　　第二振型 T_2=2.3689　　第三振型 T_3=2.0326　　第四振型 T_4=0.8545

图 3.6.1.9　结构前 4 阶振型

结构整体分析主要结果　　表 3.6.1.4

			SATWE	MIDAS	规范要求
X 方向	地震荷载	最大层间位移角	1/ 595	1/623	1/250
		最大位移比	1.171	1.107	≤ 1.2
		基底剪力	4896	4976	—
		底层剪重比	3.21%	3.24%	≥ 3.2%
	风荷载	最大层间位移角	1/2117	1/2208	≤ 1/250
		最大位移比	1.019	1.005	≤ 1.2
		基底剪力	1042	1069	—
Y 方向	地震荷载	最大层间位移角	1/598	1/633	1/250
		最大位移比	1.154	1.119	≤ 1.2
		底层剪力	4915	5104	—
		基底剪重比	3.31%	3.32%	≥ 3.2%
	风荷载	最大层间位移角	1/2235	1/2345	≤ 1/250
		最大位移比	1.012	1.000	≤ 1.2
		基底剪力	1040	1054	—

5）关键节点与构造

项目设计中结合工程特点及使用功能，对局部构件和节点进行细化设计。如塔体内缩，结构外圈框架柱不断的缩进，导致柱端节点不连续。结构设计采用了牛腿式内折转换节点（图 3.6.1.10），解决了柱内缩引起的柱端不连续问题。

（a）设计节点　　（b）现场节点

图 3.6.1.10　牛腿式转换上、下柱节点

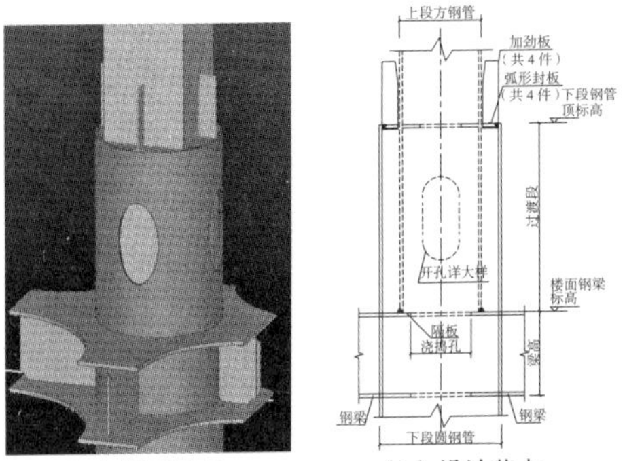

（a）模型节点　　（b）设计节点

图 3.6.1.11　圆管－矩形管柱转换节点

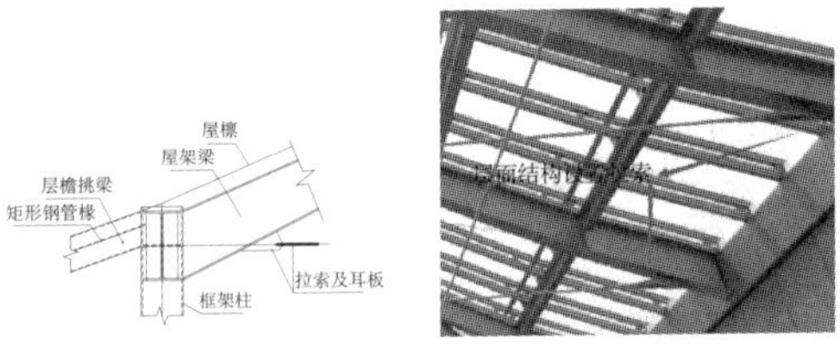

（a）模型节点　　（b）设计节点

图 3.6.1.12　屋架拉索节点

（a）设计节点　　（b）现场节点

图 3.6.1.13　牛腿式转换上、下柱节点

又如在六层暗层标高处，依据结构构件布置及建筑功能布局要求，该处通过合理的节点设计实现了圆形钢管混凝土柱向方形钢管柱节点的转换（图 3.6.1.11）及钢管混凝土柱同多向不对称梁连接（图 3.6.1.13），满足了建筑布置需求，实现“强节点、弱构件”要求。为减少或抵消斜屋面刚架处的侧推力，在屋架下弦处设置拉杆，有效地控制了屋架构件规格，控制了屋架挠度（图 3.6.1.12）。

6）实施效果和小结

本工程主体结构采用钢结构符合绿色环保的社会发展趋势，体现了环境友好、可持续发展的科学发展观思想，与本届世园会天人长安•创意自然的理念相吻合。该工程项目施工周期短、造价合理、结构稳定性好。竣工后的长安塔既具有唐代传统木塔的造型特色，又具有观光、展览等现代功能，贯穿古今、水天一色，寓意“天人长安”。白天，长安塔立于高地，塔身向上扩展，塔檐重重叠叠，由其富于变化的形体，形成巍然耸立、雄伟壮观的整体（图 3.6.1.14）。塔的造型雄浑大气、简朴高雅。夜晚，世园会长安塔气势如虹、飞檐通透、熠熠生辉。

图 3.6.1.14 建成实景

本工程钢结构的采用，使结构自重轻、施工快，且钢材为可循环材料，节能环保。屋顶及所有挑檐均采用夹层玻璃，与墙体的玻璃幕墙共同构成水晶塔的效果。本工程用现代建筑材料作为传统建筑的骨架，在保证传统建筑神韵的基础上，使建筑满足现代功能要求。

3.7 楼阁

《说文》中：“楼，重屋也。”楼、阁本来有区别，楼指屋上建屋；阁指屋上建平座，其上再建屋。后来，楼、阁通用，少有区分，本书将其编制在一起。

楼阁的形式很多，从其平面布置有长方形、矩形、圆形、八角形、十字形等，不一而论，各有千秋。从楼顶形式分为歇山、硬山、悬山、盝顶等，其中以歇山顶最为常见。它是在普通人字顶的基础上变化而来，形状玲珑秀丽，坡面和缓、出檐深远、檐角微翘。楼和阁虽然在形式上十分相近，但用途和结构上仍有差异。本节给出部分楼阁结构设计实例，供设计人员参考借鉴。

3.7.1 工程实例一：大唐芙蓉园望春阁结构设计

1）工程概况

望春阁（图 3.7.1.1）位于西安市大唐芙蓉园内芙蓉湖北岸东侧，是仕女馆景区的主体建筑。建筑形制为六角攒尖顶楼阁，带有多重坡屋檐，外四层内六层，高度 35m。是芙蓉园中以紫云楼为中景远眺南山的最高景点。本工程设计于 2003 年，竣工于 2004 年。

2）建筑特点

望春阁建筑平面为正六边形，一层平面边长 13m，随着层高的不断增加，平面尺寸逐渐收至 9.8m。建筑一层平面图见图 3.7.1.2。

图 3.7.1.1　望春阁效果图

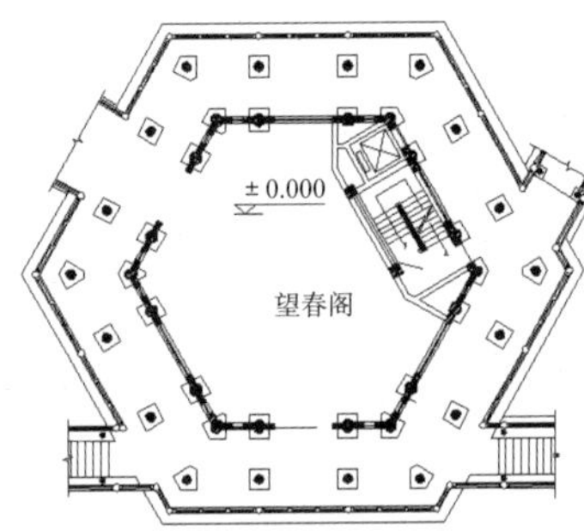

图 3.7.1.2　望春阁一层建筑平面图

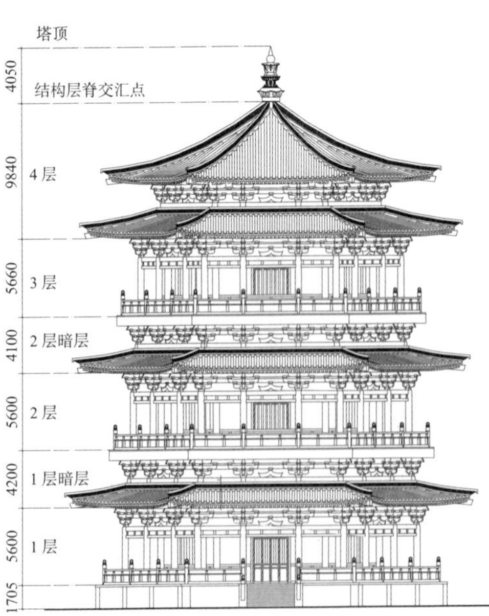

图 3.7.1.3　望春阁建筑立面图

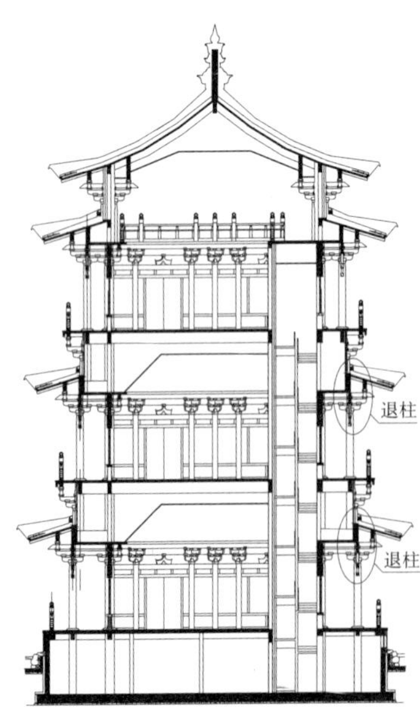

图 3.7.1.4　望春阁建筑剖面图

望春阁分为地下一层层高 4.5m，地上四明两暗共六层。其中明层层高 5.6m，沿外周设有回廊；暗层层高 4.1m ~ 4.2m，均设有长悬挑坡屋面，悬挑长度最大 4.3m；建筑立面及剖面见图 3.7.1.3、图 3.7.1.4。

该建筑具有以下特点：

（1）望春阁各层层高较大，有明暗之分（图 3.7.1.3），而且随着层高的增加体型逐渐收进；

（2）望春阁作为传统的六角楼阁建筑，老角梁、斗栱、挑檐等传统风格建筑元素丰富，每层屋面出挑较大，檐口构造相对复杂；

（3）望春阁建筑功能为现代建筑所需的展览、观光，需要大空间。顶层屋脊梁投影跨度 16.5m，屋面坡度约 27°。

3）结构方案

（1）基础设计

望春阁紧邻芙蓉湖，场地土属于Ⅱ级非自重湿陷性黄土。采用 DDC 素土挤密桩法对场地进行地基处理，处理深度为湿陷性土层深度，在全部消除土层湿陷性的同时，也提高了地基土的承载力。该工程基础采用平板式筏基，板厚 900mm。

（2）结构体系及布置

由于建筑造型要求，柱截面形状及尺寸受到限制，且外廊柱在暗层处有两次退柱（图 3.7.1.4），当采用钢筋混凝土框架结构进行计算时结构抗侧刚度明显不足，各项指标难以满足现行规范要求。因此结合建筑外墙位置设置剪力墙，各剪力墙之间设置连梁，形成抗侧刚度很大的核心筒（图 3.7.1.5）。剪力墙局部根据建筑造型特点做出露柱效果，并根据建筑门窗洞口位置及尺寸适当调整剪力墙开洞大小使各墙段刚度均匀。

二层结构平面布置如图 3.7.1.6 所示，结构外圈框架柱根据建筑特点在暗层标高处作退柱处理（图 3.7.1.4），退柱通过设置框支梁实现转换，内筒剪力墙则沿竖向连续布置。

六角攒尖顶屋面由三组屋脊梁及若干次梁组成，屋脊梁跨度 16.5m，悬挑端长度 4.3m，由内筒剪力墙支撑（图 3.7.1.7）。屋脊梁（图 3.7.1.8）截面高度 900mm，悬挑端高度 670mm，梁面标高则根据建筑举折线变化。

（3）整体分析结果

结构整体采用 PKPM 软件的 SATWE 程序进行内力分析计算。沿层高在柱上段收分的圆柱，结构计算时按收分后最小断面建模计算。由于核心筒承担了绝大部分地震力，为增加框架的强度储备，保证其作为第二道防线的功能，对框架柱总剪力按规范要求进行了调整。结构的设计相关参数见表 3.7.1.1。

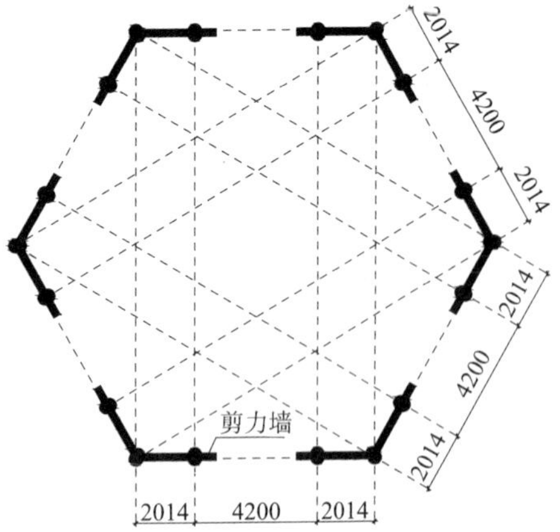

图 3.7.1.5　内筒墙柱平面示意

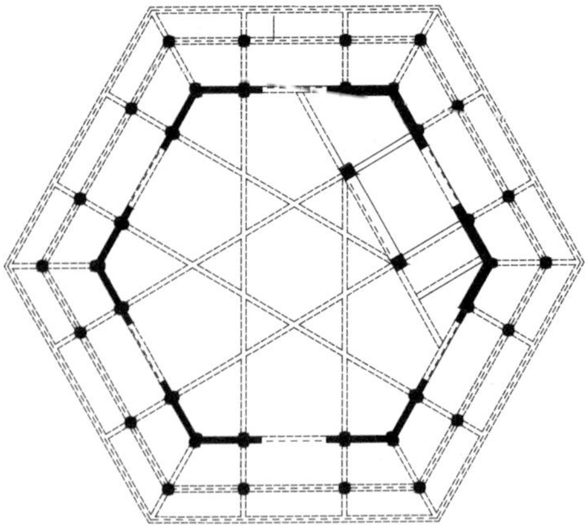

图 3.7.1.6　二层结构布置

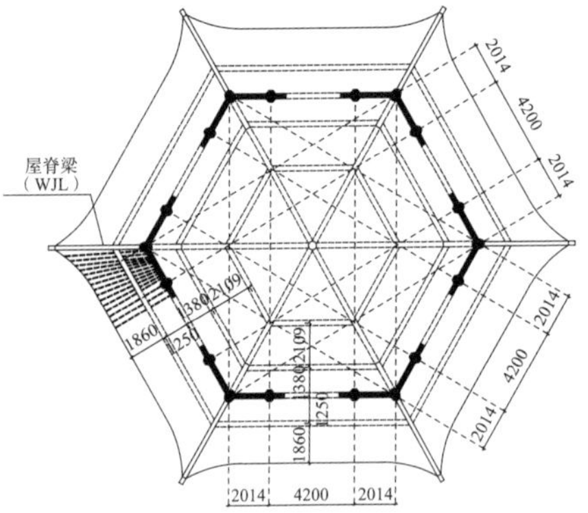

图 3.7.1.7　屋面结构布置

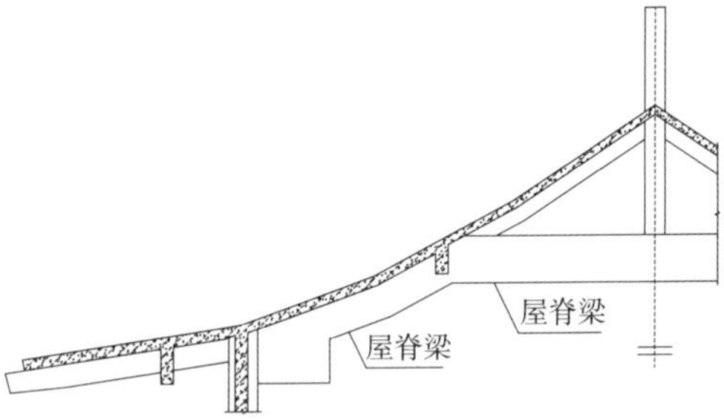

图 3.7.1.8　屋脊梁立面示意

结构的设计相关参数　　表 3.7.1.1

结构体系	框剪	设计地震分组	第一组
建筑结构安全等级	二级	设计基本地震加速度	0.20*g*
结构重要性系数	1.0	建筑场地类别	Ⅲ类
建筑抗震设防分类	丙类	特征周期值	0.45s
设计使用年限	50 年	框架抗震等级	二级
地基基础设计等级	丙级	剪力墙抗震等级	一级
抗震设防烈度	8 度	基本风压	0.4kN/m^2

主要结构构件截面尺寸见表 3.7.1.2。

主要构件截面规格及材质　　表 3.7.1.2

构件名	截面（mm）	混凝土等级
框架柱	圆柱 /470（直径）	C35

续表

构件名	截面（mm）	混凝土等级
剪力墙	380 /250（厚）	C35
框架梁	200 × 900 200 × 500（宽 × 高）	C35
楼面板	150（厚）	C35

根据分析结果可以看出，各项指标均能满足规范要求，主要计算结果见表 3.7.1.3、表 3.7.1.4。

周期与振型　　表 3.7.1.3

振型		周期（s）	平动系数（$X+Y$）	扭转系数
1		0.6799	1.00（0.29+0.71）	0.00
2		0.6770	1.00（0.72+0.28）	0.00
3		0.4833	0.00+0.00	1.00
周期比 T_t/T_1		0.4833/0.6799=0.71<0.90		
有效质量系数	X 向	95.51%		
	Y 向	93.90%		

多遇地震工况下反应谱法计算结果　　表 3.7.1.4

X 方向	地震荷载	最大层间位移	5.16
		最大层间位移角	1/1124
	风荷载	最大层间位移	0.41
		最大层间位移角	1/9999
Y 方向	地震荷载	最大层间位移	5.19
		最大层间位移角	1/1117
	风荷载	最大层间位移	0.49
		最大层间位移角	1/9999

4）关键节点与构造

项目设计中结合建筑特点，对局部关键节点进行了细化设计。

（1）退柱转换节点

在暗层标高处，通过合理地提高下层柱顶和转换梁面标高，在转换节点处形成刚域。避免了传统建筑在柱转换处柱端节点部位不连续所形成的铰接节点问题。在保证了建筑对造型及下部空间要求的同时，有效实现了退柱转换（图 3.7.1.9）。

（2）斗栱系统节点

本项目均采用轻骨料混凝土预制斗栱系统（图 3.7.1.11）。轻骨料混凝土以陶粒、陶

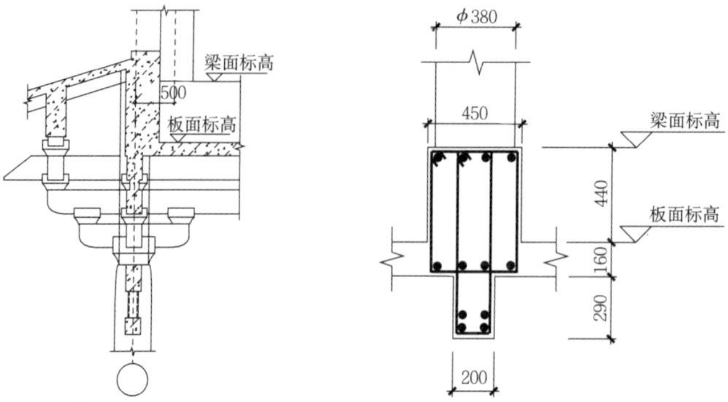

（a）退柱立面示意　　（b）转换梁剖面示意

图 3.7.1.9　退柱转换节点

砂作为粗、细骨料，经配合比实验确定配合比，其表观密度为 1500kg/m^3，具有轻质、高强、保温和耐火等特点。斗栱系统按图纸进行模板制作及钢筋下料、现场预制，并通过预留锚筋与柱连接（图 3.7.1.10），有效地实现了预制斗栱的加工及安装。计算时斗栱不作为受力构件，不考虑斗栱对整体结构的影响。但通过令栱与檐枋处增设拉筋，加强了此处节点的连接性能，有效保证了大出挑檐口在了竖向地震作用下的安全性，减小了大出挑檐口的挠度。这种简化处理的方式在传统建筑中应用普遍并且取得了很好的效果。

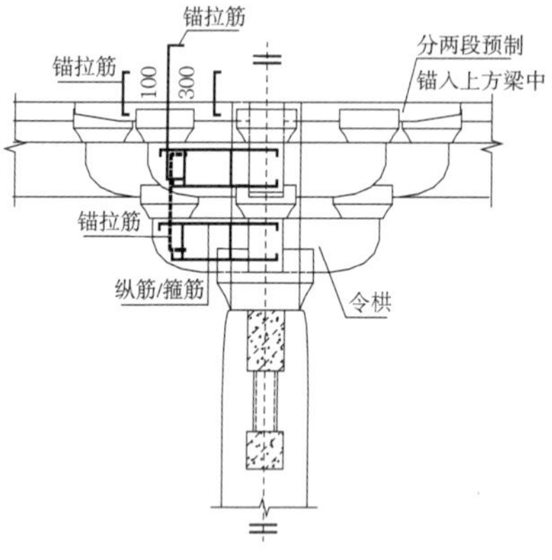

图 3.7.1.10　檐口斗栱系统立面

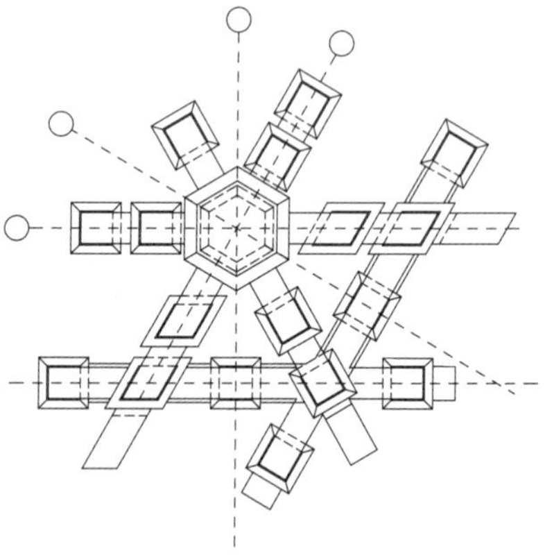

图 3.7.1.11　檐口斗栱系统平面

（3）剪力墙兼扶壁柱节点

作为内筒的剪力墙需要与其平面外的框架梁连接［图 3.7.1.12（a）］以传递楼面荷载。根据结构构件的受力特点和建筑造型要求，在内筒剪力墙上设置扶壁柱，柱截面根据计算及建筑曲线共同确定［图 3.7.1.12（b）］，不仅减小了梁端弯矩对墙的不利影响，同时也满足了建筑美学要求。

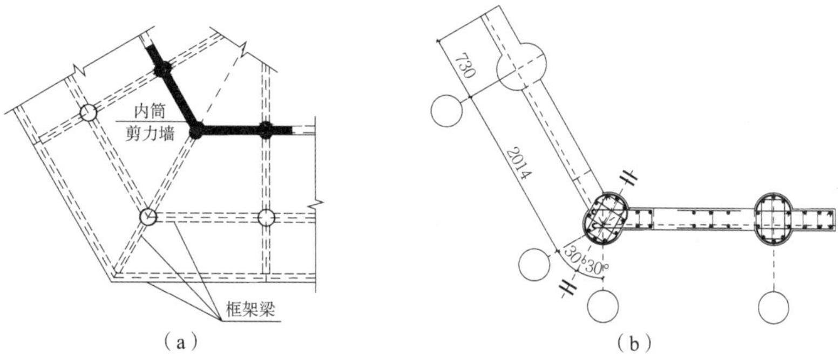

图 3.7.1.12 剪力墙兼扶壁柱节点

5）实施效果和小结

该工程于 2004 年竣工，2005 年正式对外开放。竣工后的望春阁（图 3.7.1.13）以其秀丽之姿与芙蓉湖对面高大雄伟的紫云楼形成刚柔相济的态势。

图 3.7.1.13 建成后效果

该工程小结如下：

（1）根据建筑方案特点，结构设计采用现代的钢筋混凝土框架 - 剪力墙结构体系。该结构体系安全合理，在实现传统建筑风格的同时也满足现代建筑功能要求。

（2）通过合理地提高下层柱顶和转换梁面标高，在转换节点处形成刚域。避免了传统建筑在柱转换处柱端节点不连续所形成的铰接节点问题。在保证了建筑对造型及下部空间要求的同时，有效实现了退柱转换。

（3）计算时斗栱系统不作为受力构件，通过令栱与檐枋处增设拉筋，加强了此处节点的连接性能，有效保证了大出挑檐口在了竖向地震作用下的安全性，减小了大出挑檐口的挠度。这种简化处理的方式在传统建筑中应用普遍并且取得了很好的效果。

3.7.2 工程实例二：化女泉品泉阁结构设计

1）工程概况

品泉阁（图 3.7.2.1）是化女泉景区内特色建筑之一，该景区位于道教圣地陕西周至楼观镇。品泉阁位于园区的中心地段，是全园最高的八角形楼阁式建筑，为传统风格建筑形式。从外表上看有三层，实际上共五层，包含了半地下层和两明层、两暗层。楼阁的底部与花瓣形水景造型相结合，宛如出水芙蓉。

图 3.7.2.1 建筑效果

该建筑具有鲜明的传统建筑风格，功能布置上很好地满足了现代需求。该楼阁采用混合结构，底部一层采用钢筋混凝土框架结构（局部柱构件采用钢管混凝土柱），上部采用纯钢结构框架结构，结构整体自重轻、施工快，且钢材为可循环材料，节能环保。建筑总高度约 34m，总建筑面积约 1720m^2。工程的设计基准期为 50 年，结构安全等级为二级，抗震设防烈度 7 度，设计基本地震加速度为 0.15g，设计地震分组为第一组，场地类别为Ⅱ类，场地特征周期为 0.40s，抗震设防类别为丙类。50 年一遇基本风压取 ω_0=0.35kN/m^2，地面粗糙度为 B 类，结构体型系数、风压高度变化系数、风振系数等均按照规范取值。

2）建筑特点

品泉阁一层室内地面标高为 –4.800m，室外地面标高为 –3.900m，一层呈半地下室。二层以上明层、暗层间隔设置，其中一层层高 4.350m，顶层由楼面至屋脊 8.920m，在二、三、五层设有悬挑坡屋面，挑出长度约 4m，建筑立面示意图见图 3.7.2.2。

品泉阁一层建筑平面呈花瓣形布置（图 3.7.2.3），纵横向尺寸约为 40m × 40m，随着层高的增加，平面尺寸逐渐内收，至顶层纵横向尺寸收至 12.3m × 12.35m。其中，

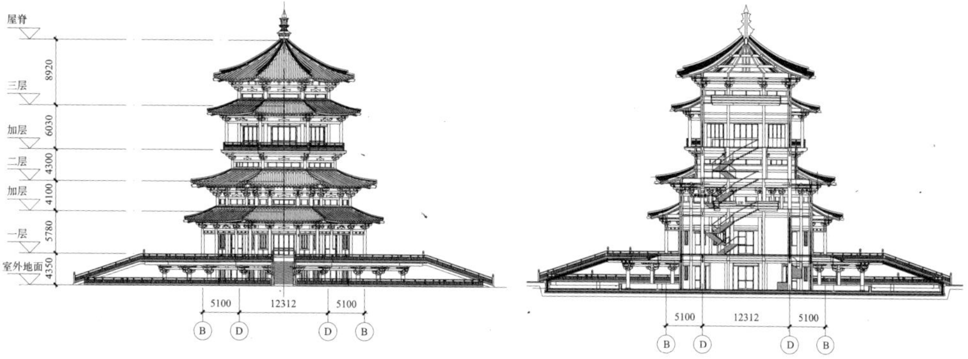

图 3.7.2.2 建筑立面、剖面示意

D 轴线柱上下贯通；C 轴线柱伸至二层檐口，即 10.130m 标高；B 轴线柱仅在二层设置，生根于一层转换梁上。

由平、立面布置（图 3.7.2.3、图 3.7.2.4）知本工程建筑特点如下：（1）楼层有明层、暗层之分，随着建筑标高、层数的增加，体型不断缩进；（2）建筑为传统风格建筑，挑檐、斗栱等元素造成建筑檐口构造复杂，且挑檐悬挑长度为 1.6m ~ 2.9m；（3）建筑平面为对称、规则、均衡的几何图形；（4）体型不断缩进导致上下柱错位，柱脚生根困难。

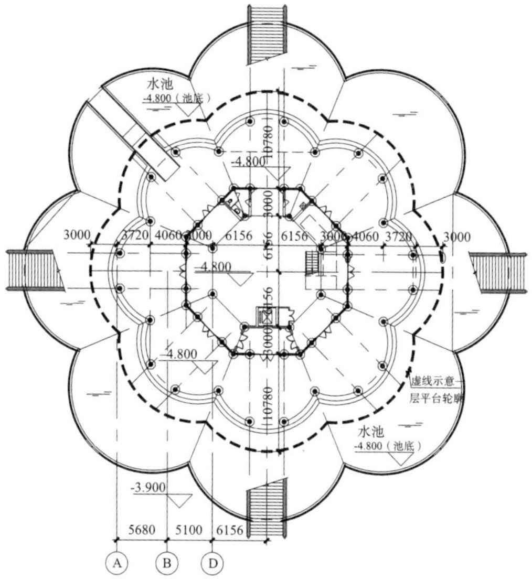

图 3.7.2.3 一层建筑平面示意

3）结构方案

考虑建筑特点、造价及工期等因素，品泉阁结构主体采用以钢结构为主的框架体系，其中一层除 D 轴线区域柱采用圆钢管混凝土柱外，其他轴线处梁、板及柱构件均采用钢筋混凝土结构，一层以上采用钢框架结构，即梁柱构件均为钢构件。结构立面布置示意见图 3.7.2.4，在 –0.120m、10.130m 及 14.430m 标高处均存在梁抬柱；结构设计中梁、枋构件采用矩形或 H 型钢，一层楼板采用 200mm 厚钢筋混凝土楼板，二层及以上楼板采用 110mm 厚压型钢板组合楼板。

结构设计中钢结构构件规格尽量从《热轧 H 型钢和部分 T 型钢》GB/T 11263、《建筑结构用冷弯矩形钢管》JG/T 178、《结构用冷弯空心型钢尺寸、外形、重量及允许偏差》GB/T 6728 及《结构用无缝钢管》GB/T 8162 等相应标准规范中选出，且尽可能归并型钢规格，以便简化购料和加工制作。构件布置示意及构件规格选择分别见图 3.7.2.5、图 3.7.2.6 及表 3.7.2.2。各构件在满足外形构造尺寸的基础上，同时满足强度、变形及稳定性的要求。

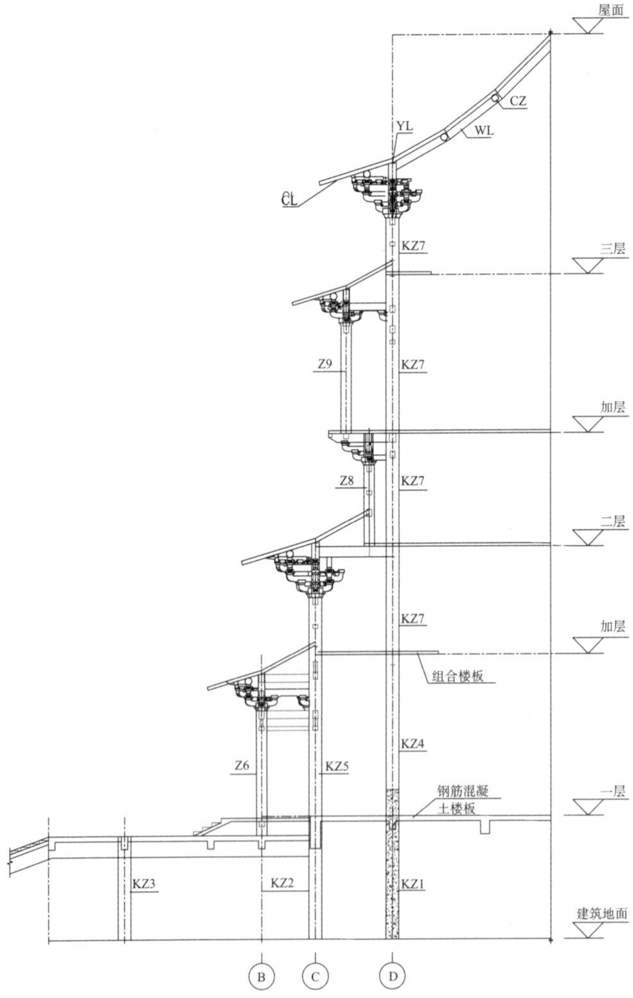

图 3.7.2.4　结构立面布置示意

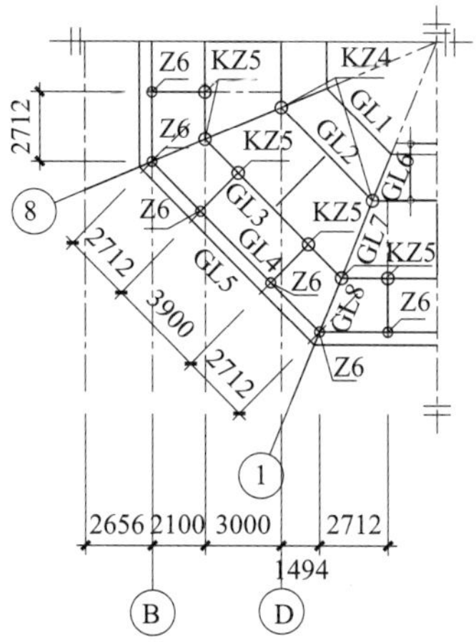

图 3.7.2.5　标高 6.030m 构件布置

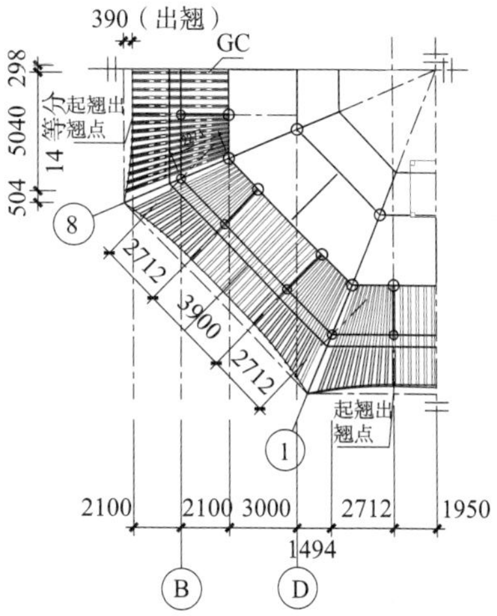

图 3.7.2.6　标高 6.030m 屋椽布置

4）结构分析与计算

结构整体模型如图 3.7.2.7 所示，分别采用 SATWE 和 MIDAS 两种不同力学模型的三维空间程序进行结构整体内力、位移计算。计算模型中，主要参数见表 3.7.2.1，主要结构构件截面尺寸与材质见表 3.7.2.2。

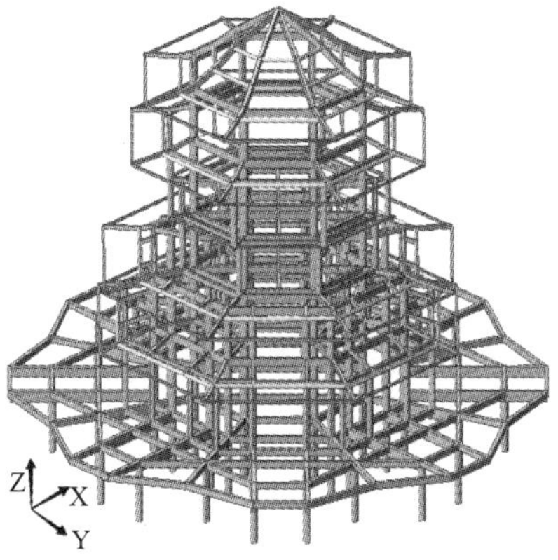

图 3.7.2.7　计算模型

结构的设计相关参数　　表 3.7.2.1

建筑结构安全等级	二级	设计基本地震加速度	0.15*g*
结构重要性系数	1.0	黄土地区建筑物分类	乙类
建筑抗震设防分类	丙类	建筑场地类别	Ⅱ类
设计使用年限	50 年	特征周期值	0.40s
地基基础设计等级	丙级	框架抗震等级	二级

续表

抗震设防烈度	7 度	基本风压	0.35kN/m^2
设计地震分组	第一组	基本雪压	0.25kN/m^2
基础形式	桩基础		

主要构件截面尺寸与材质　　表 3.7.2.2

	构件	类型	主要截面规格	材料
柱	KZ1	圆形钢管混凝土柱	D500 × 12	Q235B+C30
	KZ2、KZ3	圆形钢筋混凝土柱	D500	C30
	KZ4~5、KZ7	圆钢管柱	D500 × 12	Q235B
	Z6、Z8、Z9	圆钢管柱	D402 × 10	Q235B
梁	GL1~3、6、7	H 型钢梁	H300~600 × 200	Q345B
	GL4、8、7	矩形钢管梁	□ 200~300 × 200	Q235B
	GL5	圆形钢管梁	D273 × 8	Q235B
屋椽	GC	矩形钢管	□ 120 × 5	Q235B

进行多遇地震反应谱分析时，整体参数分析采用刚性楼板假定，构件设计采用非强制刚性楼板假定。结构周期计算结果见表 3.7.2.3，结构前四阶振型见图 3.7.2.8。

模态周期与振型　　表 3.7.2.3

振型	SATWE		MIDAS	
	周期（s）	平扭系数（X+Y+T）	周期（s）	平扭系数（X+Y+T）
1	1.1658	0.04+0.96+0.00	1.1445	0.05+0.94+0.01
2	1.1512	0.96+0.04+0.00	1.1310	0.94+0.05+0.01
3	1.0282	0.00+0.00+1.00	1.0144	0.01+0.01+0.98
4	0.5374	0.09+0.91+0.00	0.5299	0.10+0.90+0.00
周期比 T_t/T_1	1.0282/1.1658=0.88<0.90		1.0144/1.1445=0.88<0.90	
有效质量系数	X 向	Y 向	X 向	Y 向
	100%	100%	100%	100%

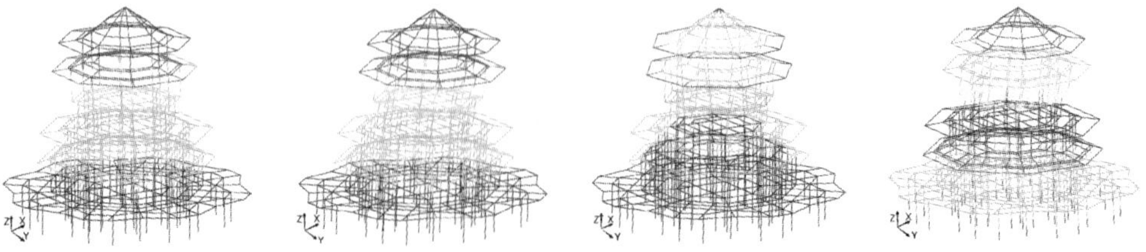

第一振型 T_1=1.1445　第二振型 T_2=1.1310　第三振型 T_3=1.0144　第四振型 T_4=0.5299

图 3.7.2.8　结构前四阶振型

该建筑结构第一振型表现为结构沿 Y 方向的平动，第二振型反映了结构沿 X 向的平动，第三振型则为扭转振型，第四振型仍表现为平动特征。

计算主要结果（表 3.7.2.4）表明，两种计算程序计算结构动力特性结果基本接近，且各项指标满足规范要求。

结构整体分析主要结果　　表 3.7.2.4

			SATWE	MIDAS	规范要求
X 方向	地震荷载	最大层间位移角	1/ 432	1/384	1/250
		最大位移比	1.02	1.01	≤ 1.2
		基底剪力	1479	1556	—
		底层剪重比	5.20%	5.16%	≥ 2.4%
	风荷载	最大层间位移角	1/695	1/682	≤ 1/250
		最大位移比	1.01	1.01	≤ 1.2
		基底剪力	468	475	—
Y 方向	地震荷载	最大层间位移角	1/436	1/390	1/250
		最大位移比	1.01	1.01	≤ 1.2
		底层剪力	1476	1552	—
		基底剪重比	5.20%	5.15%	≥ 2.4%
	风荷载	最大层间位移角	1/697	1/690	≤ 1/250
		最大位移比	1.01	1.01	≤ 1.2
		基底剪力	468	475	—

5）关键节点与构造

项目设计中结合工程特点及使用功能，对局部构件和节点进行细化设计。如柱收分节点（图 3.7.2.9），设计中依据建筑尺度和外形特点，通过合理的型钢规格选用及构造，在柱收分节点处将上柱低端嵌套于下柱内，同时设置柱端节点板和过渡区域加劲肋。该构造不仅满足传统建筑柱收分要求，同时可满足“强节点、弱构件”的抗震要求，简化了收分柱节点施工工序。课题组对该类型节点进行了相关试验[31～33, 51]，试验结果表明：在确保焊缝质量达到设计标准的前提下，该类型节点的滞回曲线饱满，呈纺锤形，极限变形大，抗震性能良好。

在一层楼层标高处，依据结构构件布置及建筑功能布局要求，该处存在钢管混凝土柱与钢筋混凝土梁连接节点（图 3.7.2.10），设计中通过在节点处设置钢筋混凝土环梁，柱侧周围设置栓钉，实现了钢管混凝土柱与钢筋混凝土梁的节点转换。节点构造

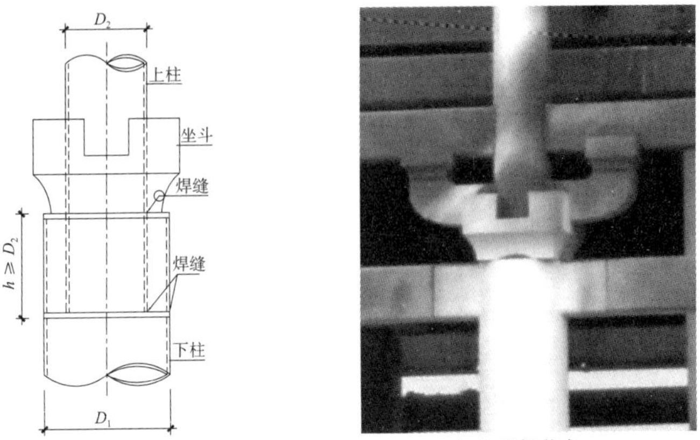

（a）设计节点构造　　（b）现场节点

图 3.7.2.9　檐口柱收分节点

如下：将钢筋沿钢管周圈贴焊作为抗剪环，环梁通过抗剪环将框架梁内力传至钢管；钢筋混凝土环梁与钢管柱结合紧密，纵横向框架梁纵向钢筋锚固在环梁内，借助环梁将内力传递给钢管柱。与常规钢管柱开孔穿梁纵筋钢筋构造相比，该节点构造避免了梁钢筋穿钢管的做法，消除了开洞对钢构件性能的影响，避免削弱柱的承载力；同时该节点构造可缩短工期，降低施工难度。

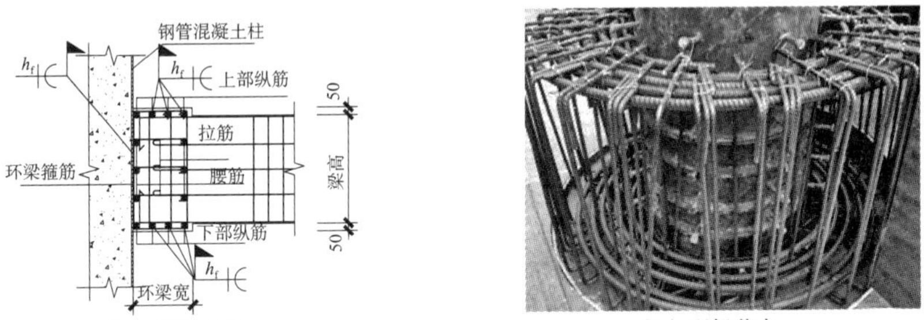

（a）设计节点　　（b）现场节点

图 3.7.2.10　环梁转换节点

由于建筑体型逐层收进，存在较多梁抬柱节点（图 3.7.2.11）。设计中结合构件布置，在平座斗栱上栱和钢次梁交点处设置柱脚节点。在钢次梁高度范围加设水平和竖向加劲肋，通过双头螺栓连接上柱柱脚。该节点构造借助斗栱与环向钢次梁形成的支撑点，将上柱作用合理地传至斗栱，既解决了柱脚连接，又实现了节点隐蔽。

该项目中，对于钢结构梁、柱等构件，设计中优先选用国家标准型材，如 H 型钢，矩形或圆形钢管等，减少工厂或工地加工量。通过构件间螺栓、铆接、焊接等节点设计和相关构件集成化设计，实现梁、柱及集成化构件工厂预制，现场装配化（图 3.7.2.12）。

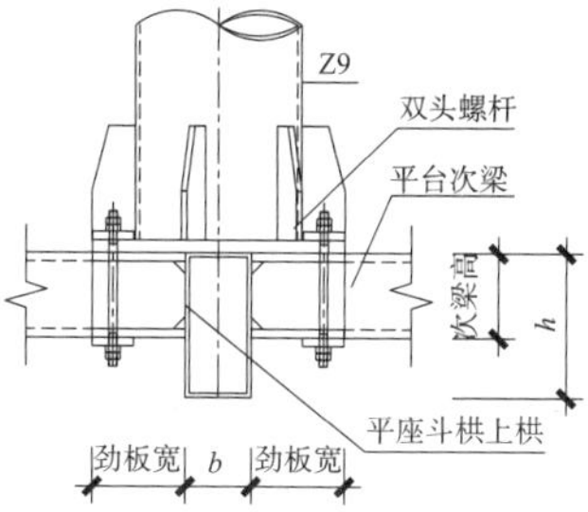

（a）设计节点

（b）现场节点

图 3.7.2.11 柱脚节点

（a）梁、柱预制

（b）梁、柱吊装

（c）集成构件吊装

（d）主体成型

图 3.7.2.12 梁、柱装配化设计及施工

6）实施效果和小结

竣工后的品泉阁俊秀挺拔，空灵剔透，既具有传统风格建筑造型特色，又具有观光、展览等现代功能（图 3.7.2.13）。该工程项目施工周期短、造价合理、结构稳定性好，于 2012 年获得建设工程金属结构金钢奖。

图 3.7.2.13 竣工实景

本工程钢结构的采用，符合绿色环保的社会发展趋势，该结构自重轻、施工快，且钢材为可循环材料，节能环保。本工程用现代建筑材料作为传统建筑的骨架，在保证传统建筑神韵的基础上，使建筑功能满足现代功能需求。

3.7.3 工程实例三：大唐芙蓉园唐市戏楼结构设计

1）工程概况

大唐芙蓉园位于西安市雁塔区芙蓉西路，占地面积 665000m^2，建筑面积 87120m^2，这是一座集唐代文化与古典皇家园林格局为一体，展现唐代建筑风格并传递盛唐文化的主题公园。唐市坐落在园内东南，与紫云楼隔水相望，它是一组高低错落的群体唐风建筑，戏楼位于唐市南面[35]。

作为园内主要的文化演绎之地，戏楼按独立单体设计，设有一层地下室，以及地上为用于戏曲表演区域，屋盖为重檐，分层收进，戏楼建筑实景图见图 3.7.3.1 所示。建筑平面尺寸 15m × 15m，主屋脊标高为 17.640m，平面图形呈轴对称布置，共设置三层斗栱系列，分别位于标高 1.680m、7.100m 和 11.510m，檐口标高 13.060m 处斗栱造型最为复杂。

本工程设计使用年限为 50 年，结构安全等级为二级，结构重要性系数为 1.0。建筑抗震设防分类为丙类，抗震设防烈度为 8 度，设计基本地震加速度为 0.20g，地震分组为第一组，工程场地类别为Ⅲ类，框架抗震等级为二级，设计特征周期为 0.45s。

图 3.7.3.1 戏楼建筑实景图

2）结构方案

戏楼是古今能工巧匠尽展聪明才智的精湛建构，它是典型的中国式传统风格建筑，建筑主要特点是小巧精致、室内少柱、四面开敞、空间较大、构件层叠而上，空间上拥有空灵通透的特质。受建筑造型与使用功能的限制，大唐芙蓉园唐集市戏楼采用了空间结构的设计理念。针对自身结构形式的特殊性，结构设计主要从其振动特性、局部与整体的位移指标及重要构件的内力分析等角度进行分析。结合本工程的实际情况，对关键节点设计进行简单分析，提出此类型传统风格建筑结构设计中的注意事项以及相应的结构做法。为传统风格建筑的现代设计方法提供可行的设计思路以及相对可靠的设计方法。

由于建筑功能对整体造型和结构布局的限制，导致 3.200m 标高以上主体结构构件外露，四面开阔，整体结构通过 20 根圆柱与地下室相连，柱之间填充墙很少。结构形式采用钢筋混凝土框架结构，结构计算时，周期折减系数取为 0.9。受典型的传统风格建筑的限制，结构框架柱截面不能太大，而复杂的屋面造型使得结构自身重量较大，为了满足抗震要求，主要抗侧力构件必须有足够的刚度。经过多种截面试算分析确定，戏楼的地上主体结构部分均采用直径为 550mm 的圆柱，地下部分采用边长为 550mm 的方柱，柱顶斗栱处均采用梭柱形式。

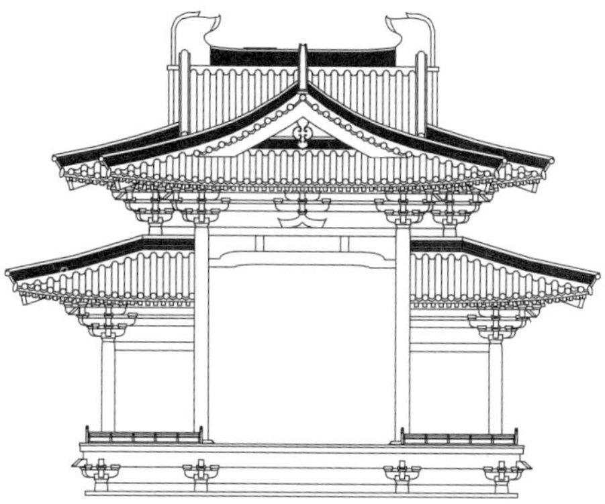
（a）立面图

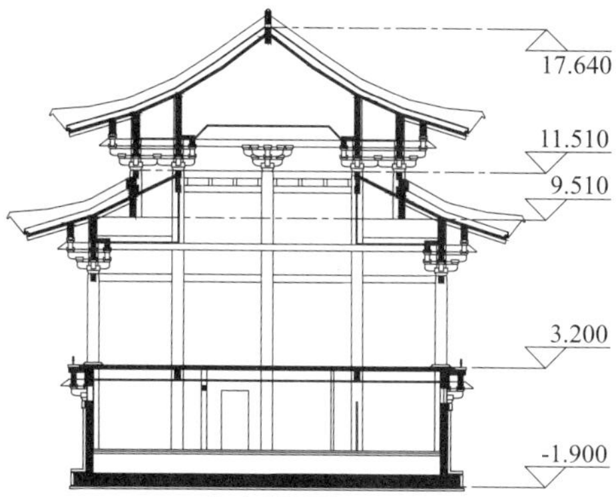

（b）剖面图

图 3.7.3.2 戏楼建筑图

从建筑立面和剖面（图 3.7.3.2）可以看出，在标高 9.510m 处，结构立面开始收进，导致 3-9 轴和 3-12 轴圆柱收至重檐斜板处，从而形成部分竖向构件不连续。在标高 11.510m 处，沿屋檐四周设有斗栱群，为了承担体型较大的斗栱所传递的屋面荷载，在斗栱对应位置均设框架柱。为了满足戏台空旷的设计风格，部分框架柱只能在 9.510m 标高以上生根，最终采用梁抬柱进行转换 [图 3.7.3.3（b）]。考虑到柱底集中力沿斜板方向对中厅两侧结构容易形成巨大推力，在标高 9.510m 处设置截面为 400mm × 990mm 十字交叉平层转换梁，共同支撑其上的圆柱和屋面梁架体系。为了避免超短柱对结构的不利影响，沿斜板方向未设置框架梁。

根据功能需求，戏台中央设置宽度为 7.8m，南北贯通的较高中厅空间，将大屋面以下结构分成两部分。两侧重檐斜板在中厅两侧框架柱处进行收口，在 11.510m 标高处设置斜板收边梁，以及在角部斜板转折处设截面较大的老角梁，同时将角梁、梁上框架柱以及转换梁相交处设计为一个整体，既对柱底提供有效的水平支撑，又可避免超短柱的形成。

整个支撑屋面的竖向结构体系由中厅两侧框架共同支撑，考虑到两侧框架变形容

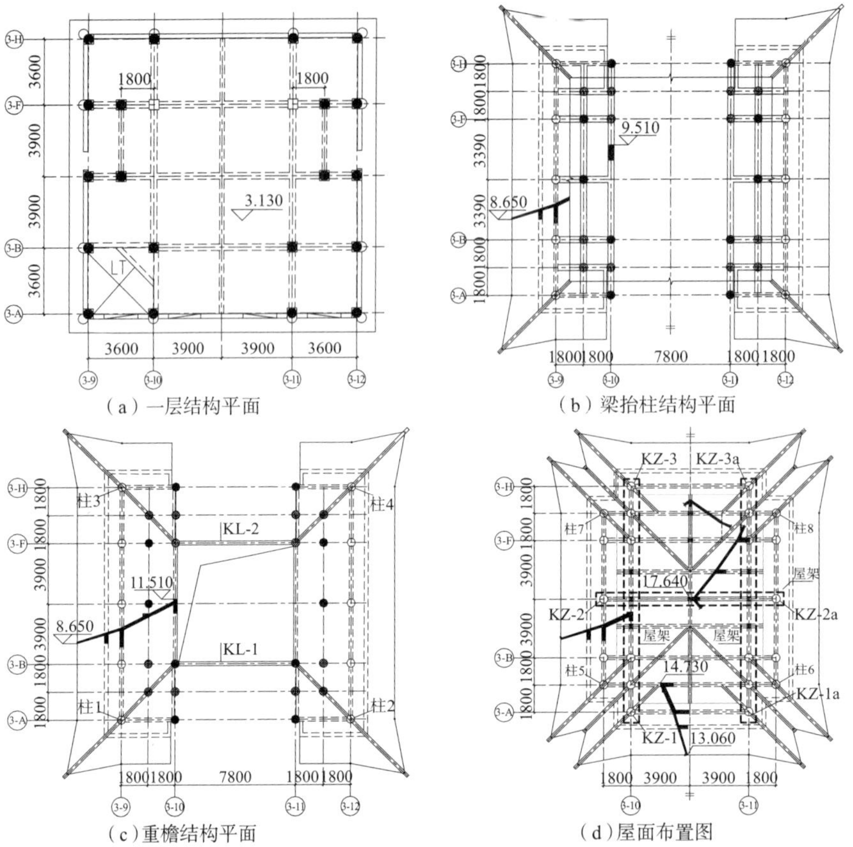
(a) 一层结构平面
(b) 梁抬柱结构平面
(c) 重檐结构平面
(d) 屋面布置图

图 3.7.3.3　戏楼结构平面图

易产生不同步的现象，在不影响使用高度的情况下，在标高 11.510m 处（中厅上空）设置两道截面为 250mm×920mm 矩形大梁 [图 3.7.3.3（c）中 KL-1、KL-2]，将两侧框架拉结为一个整体，协调两部分的位移。

复杂的大屋面 [图 3.7.3.3（d）] 主要由四边歇山坡面构成，依据建筑造型设计，主屋脊沿 *X* 方向布置，次屋脊沿 *Y* 方向变标高布置。从建筑立面可以看出，主屋脊上的做法复杂，荷载较大，且跨度接近 10m，因此沿水平屋脊设置一榀完整屋架。考虑到整个屋顶自重和跨度都比较大，为了更有效承担屋面巨大内力，又沿竖直方向对称设置两榀完整屋架，分别位于 3-10 轴和 3-11 轴。通过三榀屋架十字交错布置在屋面中心与外周，形成了明确的、有效的传力途径。在标高 14.730m 处，沿屋面内圈框柱设置了环向框架梁，并沿屋面坡度设置折梁将外圈框柱与屋架体系拉结在一起，从而把屋面组合成一个稳定的、可靠的整体。

综上，戏楼作为典型的传统风格建筑，建筑设计限制了结构构件布置与截面的选取，使得结构竖向分布没有明确的层概念，而是连接为一个整体。为了满足这种传统风格建筑的设计需求，本工程按空间结构整体计算分析。

3）结构分析与计算

针对戏楼特殊的空间结构体系，主要采用 YJK、PMSAP 计算软件对其振动方式、关键点位移、整体位移角和局部构件内力进行分析，同时也对受限制结构构件与整体结构框架薄弱部位进行验算和优化设计。地上主体结构按空间模型整体计算，结构大屋面及标高 9.510m 处中厅两侧斜板均采用弹性楼板进行模拟分析。计算模型见图 3.7.3.4。

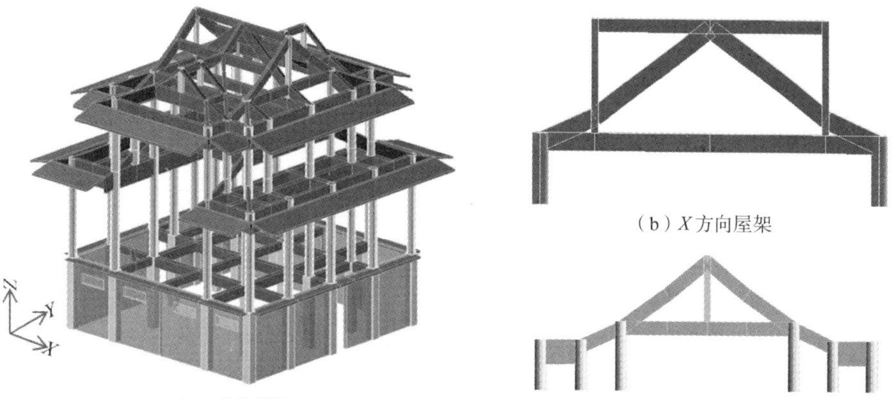

（a）整体模型　（b）*X* 方向屋架　（c）*Y* 方向屋架

图 3.7.3.4　结构计算模型

（1）首先对空间结构整体振动进行分析，表 3.7.3.1 给出两种软件计算的结构前 3 阶振型对应的结果，由表可知，以扭转为主的第 1 周期 T_t 与平动为主的第 1 周期 T_1 比值（T_t/T_1）分别为 0.88、0.86，两种软件计算结果相近。结构 *X* 向平动振型质量参与系数分别为 95.1%、92.1%，最小剪重比分别为 8.29%、9.21%；结构 *Y* 向平动振型质量参与系数分别为 94.9%、91.8%，最小剪重比分别为 8.46%、9.57%，均满足规范设计要求。

结构前 3 阶振型结果　　表 3.7.3.1

振型	1		2		3	
	YJK	PMSAP	YJK	PMSAP	YJK	PMSAP
周期（s）	0.58	0.63	0.57	0.61	0.51	0.54
平动系数	0.99	1.00	1.00	1.00	0.02	0.01
扭转系数	0.01	0.00	0.00	0.00	0.98	0.99
振动类型	*X* 向平动	*X* 向平动	*Y* 向平动	*Y* 向平动	扭转	扭转

经过两种软件前3阶振型结果对比，对应的平动系数与扭转系数接近1.0，该空间结构整体的水平抗侧刚度分布比较合理；两个主轴方向平动时对应周期基本相等，说明该空间结构在两个方向的动力特性相近，即X、Y方向的总抗侧刚度基本相同。根据结构振型结果分析，刚度分配比较均匀，设计方案合理。

（2）因该结构竖向连接复杂，质量分布不均匀，构件连续性较差，通过两种软件先对两个标高对应的角部柱顶位移进行统计（柱位置见图3.7.3.3），并给出两种计算结果的最大相对位移，获取单个竖向构件的相对最大位移角（表3.7.3.2）；同时从10根通高框架柱中选取具有代表性的6根（柱位置见图3.7.3.3），分别采用振型分解反应谱、弹性时程分析和弹塑性时程分析方法，计算了其空间整体位移（表3.7.3.3），最终求得该空间结构整体的相对位移角。

各标高柱顶位移统计 表3.7.3.2

标高	编号	最大位移（mm）		最大相对位移（mm）	计算高度（m）	最大相对位移角
		YJK	PMSAP			
9.510	1	9.64	9.20	9.64	6.39	1/663
	2	9.65	9.19	9.65	6.39	1/662
	3	10.02	10.47	10.47	6.39	1/610
	4	9.98	10.46	10.46	6.39	1/611
13.92	5	14.01	13.56	4.37	3.53	1/807
	6	14.11	13.56	4.46	3.53	1/791
	7	13.85	13.27	3.83	3.53	1/921
	8	13.85	13.26	3.87	3.53	1/912

由表3.7.3.2可知，在标高9.510m、13.920m处，结构四周角部柱顶同标高位置的位移相近，单个构件的相对位移角均大于1/550，且沿着标高的变化，位移角逐渐减小。

由表3.7.3.3可知，从结构整体角度分析，最大相对弹性位移角与相对弹塑性位移角分别为1/715、1/85，均满足规范设计要求。

综上，结构的局部位移角与整体位移角均满足规范指标，且随着标高增加，位移角变化不突出，表明体型收进并未引起侧向刚度发生明显变化，整体符合抗震设计原则。

整体弹性位移与弹塑性位移 表3.7.3.3

柱编号	整体相对位移（mm）			最大弹性位移角	弹塑性位移角
	CQC	弹性时程	弹塑性时程		
KZ-1	14.9	14.9	125.6	1/724	1/86

续表

柱编号	整体相对位移（mm）			最大弹性位移角	弹塑性位移角
	CQC	弹性时程	弹塑性时程		
KZ-1a	14.7	14.7	124.8	1/735	1/87
KZ-2	13.2	13.2	120.3	1/818	1/89
KZ-2a	12.9	12.9	121.5	1/837	1/89
KZ-3	15.1	15.1	127.1	1/715	1/85
KZ-3a	14.9	14.9	126.8	1/725	1/85

（3）由于戏台中厅上空 11.510m 标高处重檐斜板未连续布置，仅靠 KL-1 与 KL-2 连接两侧框架，为了分析该梁的受力机理及其对整体空间结构的作用，对其在弹性工作时的轴力与弯矩进行统计。内力结果见表 3.7.3.4。

KL-1 与 KL-2 弹性工作时的内力　　表 3.7.3.4

荷载工况	KL-1		KL-2	
	轴力（kN）	弯矩（kN·m）	轴力（kN）	弯矩（kN·m）
恒荷载	44.3	23.3	42.5	28.5
活荷载	–3.5	1.2	–2.3	0.5
地震作用	–5.1	87.0	–1.3	107.8

注：压力为负，拉力为正。地震作用考虑正负方向。

根据表 3.7.3.4 可知，在恒荷载作用下，梁内力呈现为轴向拉力，且相对较大；在地震作用下，KL-1、KL-2 存在轴向压力，但数值很小。

从 KL-1 与 KL-2 的内力结果来看，在水平外力作用下，中厅两侧框架自身变形基本一致，对连接构件的作用不明显，两部分抗侧刚度分配合理；在竖向荷载作用下，梁承受一定的轴向拉力，故该梁可以协调两侧框架的水平变形，保证整个空间结构的稳定性和整体性。总体来看，KL-1、KL-2 对整个空间结构连接有明显作用，二者内力相近，且设计容易满足其实际受力，说明设计思路与实际相符。

4）重要部位加强措施

针对整体结构计算结果的分析，本工程着重对结构关键部位、薄弱部位进行加强处理，具体做法如下：

（1）由于结构整体呈现出头重脚轻的现象，且扭转周期与平动周期接近，表明其抗扭刚度较弱，故在满足建筑造型与功能的同时，增加外围连系梁的刚度，提高空间结构的整体性。

（2）由于该结构体型在标高 9.510m 处收进，因此重檐斜板设计厚度增加至 200mm，钢筋为双层双向 ⌀ 12@150（配筋率大于 0.3%）。同时在斜板与梁上立柱相交处设置加厚区域，其目的在于加大该区域楼板刚度，提高立柱内力有效传递的能力，使该层平面达到整体受力的效果。

（3）为了控制结构的整体刚度，避免产生明显的扭转效应，防止局部构件位移过大造成的连续性破坏，采取必要的措施保证刚度的整体性。本设计主要是采取加大空间连系梁截面，加强梁通长纵筋，配置足够的腰筋等措施予以保证。

5）戏楼施工技术要点

（1）逐层核对斗栱详图和屋面翼角。

（2）结构施工同步配合，如控制中心线、翼角 45°线，控制标高，各层柱从收分起的预埋件，校核柱子几何尺寸等。

（3）斗栱系列加工，因本工程斗栱系列主要是自身强度、稳定和刚度的控制，因此要头、栱在预制时分解制作要考虑到安装。如栱侧面留设预埋件，以便被分解的要头构件焊接等。

（4）预制椽子加工因翼角较多，重点是椽子的长度控制和削头控制。

（5）瓦瓦是戏楼屋面的关键，因四个方向的歇山屋面要求作对一致，所以要充分重视中心线和屋面囊势的控制。

6）关键节点与构造

（1）大挑檐设计

对传统风格建筑而言，斜挑檐的设计无疑是一大难题，由于结构檐口檐椽尺寸及间距需满足建筑造型要求，若仍延续以往设计做法，会导致要么施工繁琐，工程质量不易保证，要么檐口构件自重较大，结构材料性能未充分发挥[13]。

该项目采用了钢筋混凝土预制椽，既可以批量制作，又可避免椽与板整体浇筑带来的施工难度，可缩短施工周期，提高施工质量。椽尺寸及间距根据建筑设计要求，椽的长度根据不同规格分批制作。

椽构件提前在地面预制，并预留与钢筋相连的箍筋，故待施工屋面挑檐时，椽混凝土已达到设计要求的强度，用预留的箍筋与挑檐叠合板钢筋连接（图 3.7.3.5）。方椽与挑檐板有很好的叠合能力，二者可以整体受力，对于外挑长度过大的挑檐板，按叠合板设计，降低板厚度。本设计大挑檐设计采用变厚度

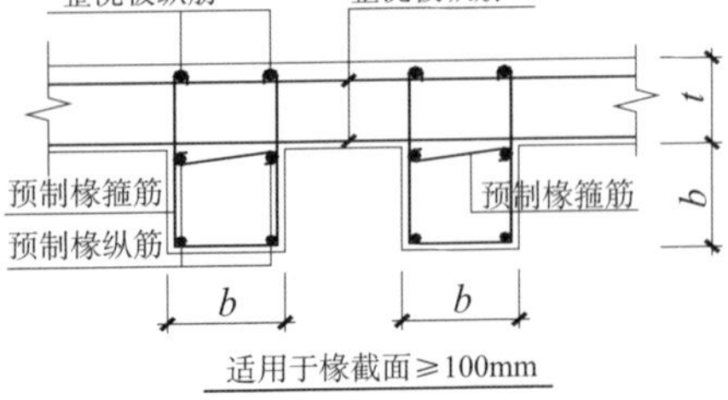

图 3.7.3.5　椽与板连接节点

叠合板，根部厚度 150mm，端部 100mm，有效减轻楼板自重，满足结构设计的合理性、经济性与安全性。

（2）斗栱处柱头收分

在 7.100m 标高，戏楼的各立面造型要求外圈圆柱在斗栱处柱头“收分”，柱截面逐渐变小，而柱顶处既有截面较大的楼层梁（梁上托着屋顶圆柱），又有较厚的挑檐斜板，以及预制斗栱的集中荷载，从而造成一层柱头部位刚度小、内力大的现象。在未设置其他竖向构件的情况下，为了保证计算高度较高的首层柱有足够的抗震能力，在该标高处采取相应的措施予以加强。经过几种类型的计算分析以及结合建筑造型的需求，最终确定在整个斗栱高度范围内，将建筑部分造型与结构构件同时浇筑成型，从而形成一道截面较高的梁，梁底与柱顶收分处基本在同一标高，避免柱顶出现薄弱部位。

7）小结

（1）传统风格建筑往往限制了结构构件布置与截面的选取。自重较大的复杂屋面体系对抗震要求较高，且抬梁式的结构形式容易造成竖向构件不连续，使得结构竖向分布没有明确的层概念，而是连接为一个整体，为了满足这种传统风格建筑的设计需求，应按空间结构整体计算分析。

（2）对空间结构而言，主要针对振动特性、位移大小及分布情况进行整体指标控制，尽量保证两方向刚度分配均匀，并提高抗扭刚度。同时保证空间结构外围竖向构件的位移满足设计要求。

（3）结构体型收进容易导致侧向刚度不规则，对结构抗震性能是不利的，竖向构件的内力也会明显增大，收进处结构的层间位移会有突变。针对此类问题，要具体分析其收进特征，应尽量避免较大程度的收进，加强竖向构件的配筋，保证在地震作用下的结构安全。

（4）对于空间不连续的薄弱部位，容易出现较大拉应力，在中、大震下易拉裂混凝土，设计上应采取必要的措施保证结构的刚度和整体性。可采取楼板局部加厚及梁板配筋加强，并增加周边梁的刚度与延性。

（5）方椽与挑檐板有很好的叠合能力，二者可以整体受力，对于外挑长度过大的挑檐板，按叠合板设计，降低板厚度，减轻自重。

（6）柱顶斗栱高度范围之内，水平结构构件与造型构件整体浇筑，保证柱头收分处与水平传力构件有可靠的连接，既有效降低框架柱的计算高度，也可提高核心区的空间刚度，增强戏楼的结构整体性，减小柱头收分的不利影响。

3.7.4 工程实例四：洛阳龙门钟楼结构设计

1）工程概况

洛阳龙门钟楼坐落于龙门商业街中心，东邻伊河、南眺龙门石窟核心景区，是一座特色鲜明的传统风格建筑，也是龙门商业街的标致性建筑（建筑效果图见图 3.7.4.1）。建筑下部为城台，上部为重檐歇山十字脊城楼。城台高 10.85m，室外地坪至城楼屋脊高 23.86m，建筑面积约 733.5m^2，建筑平、立、剖图见图 3.7.4.2 ~图 3.7.4.5。

工程结构设计使用年限为 50 年，建筑结构安全等级为二级，结构重要性系数为 1.0。建筑抗震设防烈度为 7 度，设计基本地震加速度值为 0.1g，设计地震分组为第二组。工程场地类别为Ⅱ类，设计特征周期值为 0.40s。建筑抗震设防类别为标准设防类（丙类），框架结构抗震等级为三级。地基基础设计等级为丙级。基本风压取 0.40kN/m^2（n=50 年），基本雪压取 0.35kN/m^2（n=50 年）。

图 3.7.4.1　建筑效果图

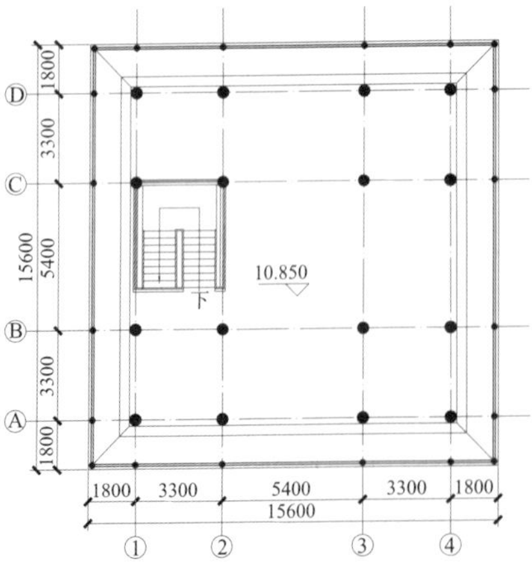

图 3.7.4.2　10.850m 平座平面图

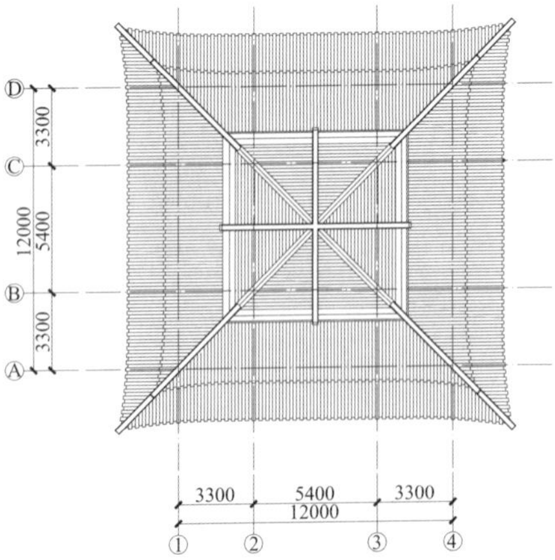

图 3.7.4.3　屋面平面图

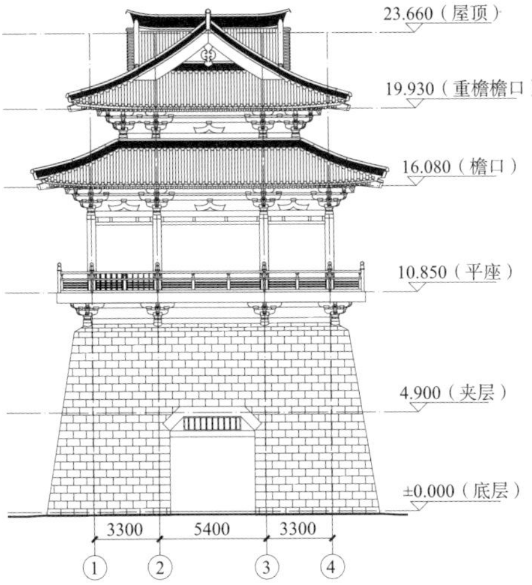

图 3.7.4.4 建筑立面图

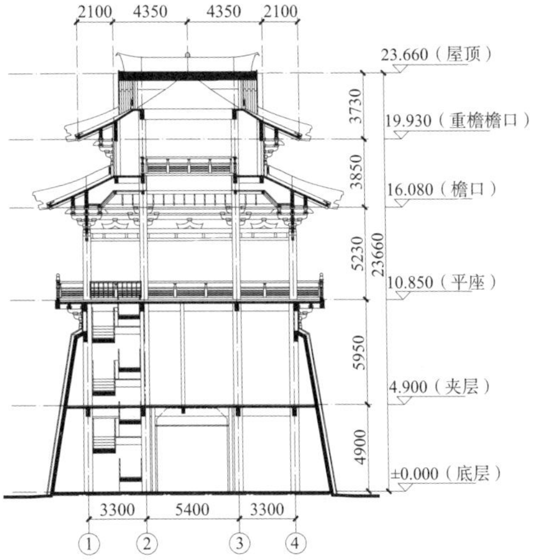

图 3.7.4.5 建筑剖面图

2）结构方案

建筑分为下部城台和上部城楼两部分。下部城台墙体为斜墙，坡度约为 1∶6，为了保证建筑效果，建筑师要求城台斜墙必须采用传统青砖砌筑工艺。由于斜墙坡度较大，通过砌体构造措施无法保证青砖直接砌筑。因此关于斜墙的设计和结构形式的选择主要有两种方案。方案一：斜墙内侧采用钢筋混凝土剪力墙作为依托，设置一些构造拉结措施，外侧直接用青砖砌筑，整体结构设计按框架 - 剪力墙结构考虑。方案二：斜墙内侧采用预制斜墙板，与主体结构分离，内侧青砖砌筑方法同方案一。

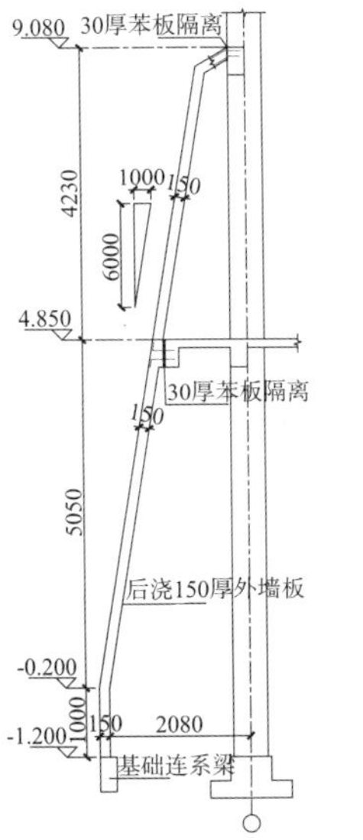

图 3.7.4.6 后浇斜墙剖面图

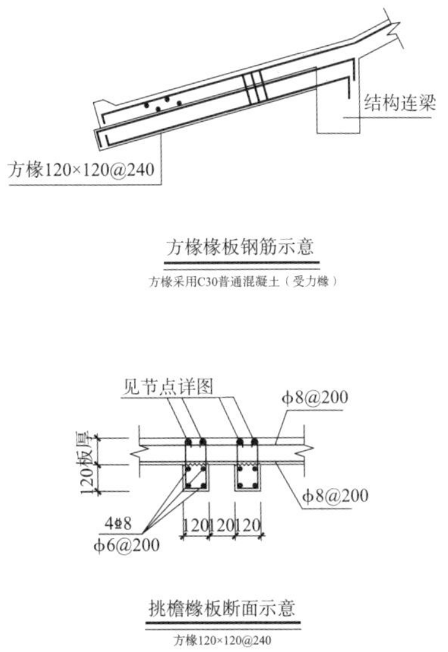

图 3.7.4.7 椽板叠合详图

方案一优点是结构整体性好、施工工艺成熟，缺点是城台刚度大、刚度突变严重、计算复杂、结构造价高；方案二优点是结构体系明确、计算简单、施工方便、结构造价相对较低，缺点是预埋件施工复杂、预埋连接处质量不易保证。经过与建设单位、施工单位沟通决定在方案二的基础上进行改进：结构形式采用框架结构，斜墙待主体结构封顶之后采用150mm厚钢筋混凝土后浇，斜墙底部生根于基础上，中间及顶部采用柔性材料（本工程采用30mm厚苯板）与主体结构隔离（图3.7.4.6）。从而使斜墙既满足建筑砌墙要求，又符合结构受力要求，达到施工简单，降低造价的目的。

上部城楼为仿唐式单层重檐歇山十字脊建筑，建筑中心（5.4m × 5.4m）范围放置大钟，四周为参观平台，建筑四周不设置围护墙体。整个建筑延续了唐风建筑的特点：斗栱尺寸大、檐口出挑长、柱头通透。城楼结构体系为钢筋混凝土框架结构，柱径根据计算及建筑效果综合确定。斗栱不考虑受力，仅作为装饰构件，通过预埋件与框架柱连接。为了满足唐式建筑出挑大的要求，檐口悬挑板采用预制方椽与现浇板叠合的受力方式（图3.7.4.7）。

3）结构分析与计算

城楼建筑效果要求仿古构件全露明，柱头斗栱、柱间“人字栱”、“额枋”等一些古建筑鲜明特点的构件必须展示。由于钢筋混凝土结构无法像传统木结构一样采用斗栱系统受力，柱头收分必定导致钢筋混凝土结构不连续。因此重檐下檐柱头节点设计成了本工程的重点。钢筋混凝土传统风格建筑中斗栱一般作为装饰构件，如何利用斗栱范围有限的空间布置结构受力构件，工程界进行了不同构造方式的尝试[60, 61]。本工程中利用斗栱中心位置布置钢管混凝土短柱，具体构造如图3.7.4.8所示，实景照片如图3.7.4.9所示。方钢管柱截面尺寸为160mm × 160mm × 12mm（Q235-B），内灌C30混凝土。方钢管下插入混凝土柱800mm，上伸入屋面梁400mm。为了使方钢管与混凝土构件更好地协同工作，方钢管进入混凝土构件部分四面布置单排ϕ12栓钉。

本工程采用YJK软件对下檐柱头节点进行两种连接假定计算分析，并与PMSAP空间实际模型进行对比。方案一：把方钢管柱作为节点域，下檐柱顶按铰接假定计算分析；方案二：把方钢管柱作为节点域，下檐柱顶按刚接假定计算分析；方案三：把方钢管柱和混凝土柱分两层建模，利用软件合并层功能进行实际连接计算分析，方钢管柱上下连接均按刚接考虑。

（1）YJK计算结果及分析

悬挑板厚按叠合板等刚度计算输入模型，由于阳角悬挑板模型中无法真实建立，因此将荷载导算成节点荷载施加于各个角柱顶。经简化后YJK模型见图3.7.4.10。

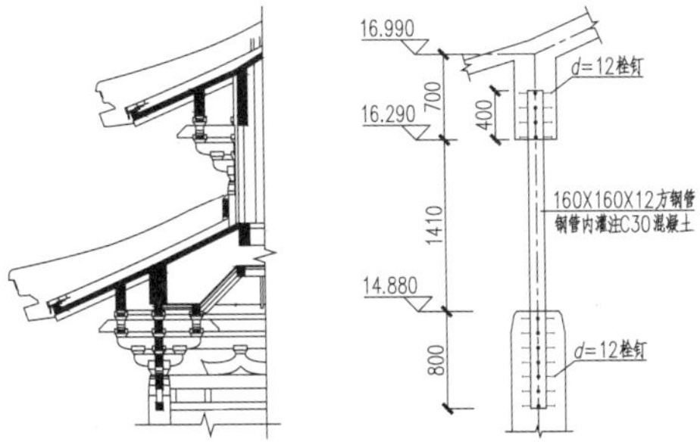

（a）建筑节点示意　　（b）结构节点构造

图 3.7.4.8　下檐柱顶节点

图 3.7.4.9　实景照片

图 3.7.4.10　方案一、方案二计算模型

方案一的结构前 3 阶振型计算结果见表 3.7.4.1。

方案一的结构前 3 阶振型计算结果　　表 3.7.4.1

振型	周期（s）	平动系数（$X+Y$）	扭转系数
1	1.230	1.00（0.00+1.00）	0.00
2	1.225	1.00（1.00+0.00）	0.00
3	0.868	0.00（0.00+0.00）	1.00

方案一地震作用下位移计算结果见表 3.7.4.2。由表可知：① X 方向地震作用下的最大层间位移角为 1/839，X 方向规定水平力作用下（考虑偶然偏心）最大位移与层平均位移的比值为 1.08；X 方向规定水平力作用下（考虑偶然偏心）最大层间位移与平均层间位移的比值为 1.10。② Y 方向地震作用下的最大层间位移角为 1/820，Y 方向规定水平力作用下（考虑偶然偏心）最大位移与层平均位移的比值

为 1.09；*Y* 方向规定水平力作用下（考虑偶然偏心）最大层间位移与平均层间位移的比值为 1.10。

方案一地震作用下位移计算结果 **表 3.7.4.2**

方向	*X* 向	*Y* 向	规范限值
层间最大位移角	1/839（3 层）	1/820（3 层）	1/550
Ratio-（X）	1.08（3 层）		1.5
Ratio-（Y）	1.10（3 层）		1.5
Ratio-Dx	1.09（3 层）		1.5
Ratio-Dy	1.10（ 3 层）		1.5

方案二的结构前 3 阶振型计算结果见表 3.7.4.3。

方案二的结构前 3 阶振型计算结果 **表 3.7.4.3**

振型	周期（s）	平动系数（*X*+*Y*）	扭转系数
1	1.418	1.00（0.00+1.00）	0.00
2	1.414	1.00（1.00+0.00）	0.00
3	0.940	0.00（0.00+0.00）	1.00

方案二地震作用下位移计算结果见表 3.7.4.4。由表可知：① *X* 方向地震作用下的最大层间位移角为 1/452，*X* 方向规定水平力作用下（考虑偶然偏心）最大位移与层平均位移的比值为 1.07；*X* 方向规定水平力作用下（考虑偶然偏心）最大层间位移与平均层间位移的比值为 1.10。② *Y* 方向地震作用下的最大层间位移角为 1/449，*Y* 方向规定水平力作用下（考虑偶然偏心）最大位移与层平均位移的比值为 1.08；*Y* 方向规定水平力作用下（考虑偶然偏心）最大层间位移与平均层间位移的比值为 1.10。

方案二地震作用下位移计算结果 **表 3.7.4.4**

方向	*X* 向	*Y* 向	规范限值
层间最大位移角	1/452（3 层）	1/449（3 层）	1/550
Ratio-（X）	1.07（3 层）		1.5
Ratio-（Y）	1.103（层）		1.5
Ratio-Dx	1.08（3 层）		1.5
Ratio-Dy	1.10（3 层）		1.5

（2）PMSAP 计算结果及分析

利用 YJK 与 PKPM 接口功能将已有模型导成 PMSAP 空间模型（图 3.7.4.11），并将方钢管层按实际建模，对悬挑板采用 YJK 建模相同方法简化。

图 3.7.4.11 PMSAP 计算模型

PMSAP 模型的结构前 3 阶振型计算结果见表 3.7.4.5。

PMSAP 模型的结构前 3 阶振型计算结果 表 3.7.4.5

振型	周期（s）	平动系数（X+Y）	扭转系数
1	1.337	1.00（0.00+1.00）	0.00
2	1.332	1.00（1.00+0.00）	0.00
3	1.140	0.00（0.00+0.00）	1.00

PMSAP 模型地震作用下位移计算结果见表 3.7.4.6。由表可知：① *X* 方向地震作用下的最大层间位移角为 1/601，*X* 方向规定水平力作用下（考虑偶然偏心）最大位移与层平均位移的比值为 1.09；*X* 方向规定水平力作用下（考虑偶然偏心）最大层间位移与平均层间位移的比值为 1.14；② *Y* 方向地震作用下的最大层间位移角为 1/591，*Y* 方向规定水平力作用下（考虑偶然偏心）最大位移与层平均位移的比值为 1.09；*Y* 方向规定水平力作用下（考虑偶然偏心）最大层间位移与平均层间位移的比值为 1.14。

PMSAP 模型地震作用下位移计算结果 表 3.7.4.6

方向	*X* 向	*Y* 向	规范限值
层间最大位移角	1/601（3 层）	1/591（3 层）	1/550

续表

方向	X向	Y向	规范限值
Ratio-（X）	1.09（3层）		1.5
Ratio-（Y）	1.14（3层）		1.5
Ratio-Dx	1.09（3层）		1.5
Ratio-Dy	1.14（3层）		1.5

由表3.7.4.1至表3.7.4.6数据对比分析可知：PMSAP模型前两阶主振型周期，X、Y向最大层间位移角均介于YJK刚接和铰接模型之间，因此可以判定本工程下檐柱头连接节点属于半刚性连接节点。为了简化结构设计，本工程结构设计时，整体位移指标取铰接、刚接平均值，配筋按铰接、刚接包络设计。

（3）钢管混凝土柱承载力验算

为了检验该节点构造是否可靠，根据计算模型内力结果验算钢管混凝土柱的承载力，根据《钢管混凝土结构技术规范》GB 50936—2014，应验算钢管混凝土柱在单一受力状态下受压、受剪、受弯承载力以及在复杂应力状态下承载力[62]。

①根据规范公式（5.1.10-1）和公式（5.1.2-1）验算钢管混凝土柱轴心受压稳定承载力设计值。

$$N_u=\varphi N_0, N_0=A_{sc}f_{sc}, A_s=7104\text{mm}^2, A_c=18496\text{mm}^2, A_{sc}=25600\text{mm}^2, f=215\text{N/mm}^2, f_c=14.3\text{N/mm}^2$$

经计算N_u=1597kN，由PMSAP计算得N=551kN，构件满足轴心受压稳定承载力要求。

②根据规范公式（5.1.4-1）验算钢管混凝土柱受剪承载力设计值$V_u=0.71f_wA_{sc}$。

经计算V_u=1677kN，由PMSAP计算得V=257kN，构件满足受剪承载力要求。

③根据规范公式（5.1.6-1）验算钢管混凝土柱受弯承载力设计值$M_u=\gamma_m A_{sc}f_{sc}$。经计算$M_u$=82kN·m，由PMSAP计算得$M$=35kN·m，构件满足受弯承载力要求。

④根据规范5.3.1条验算钢管混凝土柱承受压、弯、扭、剪共同作用时承载力：

$$\frac{N}{N_u}=0.345,\quad 0.255\left[1-\left(\frac{T}{T_u}\right)^2-\left(\frac{V}{V_u}\right)^2\right]=0.249$$

当$\frac{N}{N_u}\geqslant 0.255\left[1-\left(\frac{T}{T_u}\right)^2-\left(\frac{V}{V_u}\right)^2\right]$时，需满足

$$\frac{N}{N_u}+\frac{\beta_m M}{1.5M_u(1-0.4N/N_E')}+\left(\frac{T}{T_u}\right)^2+\left(\frac{V}{V_u}\right)^2\leqslant 1$$

$\beta_m=0.747$，$N_E'=11.6k_E f_{sc}A_{sc}/\lambda^2=19603\text{kN}$，0.345+0.215+0.153=0.713<1。

构件在复杂应力状态下满足承载力要求。

⑤根据规范 4.1.8 条：钢管混凝土柱的钢管在浇筑混凝土前，其轴心应力不宜大于钢管抗压强度设值的 60%，并应满足稳定性要求。由 PMSAP 计算可知恒 + 活组合下 N_{max}=450kN，轴心应力为 63.345N/mm^2<215 × 0.6=129N/mm^2，满足规范要求。

综上该节点连接构造满足规范相关性能要求，安全可靠。

4）小结

（1）由于传统风格建筑外形的特点，结构存在平面和竖向的不规则性。结构设计时，应采用多模型、多软件进行对比计算分析，对结构进行包络设计。

（2）传统风格建筑斗栱一般为装饰构件，柱头节点存在刚度突变，为提高节点的受力性能，应采用更高强度的材料加强节点设计，如钢管混凝土、钢骨混凝土等。同时斗栱等装饰构件在满足自承重和连接要求的情况下应尽量采用轻质材料，如泡沫混凝土、GRC 预制件。

（3）对于传统风格建筑坡屋面应进行弹性板计算假定分析，提高板的构造配筋率，对受轴向力的斜梁，梁底、梁面应通长配筋并提高配筋率。对与悬挑板根部相连的边梁，应加大抗扭纵筋和箍筋的配筋面积。对于存在截面突变的柱应加大柱纵筋配筋面积，并且箍筋按全高加密设置。

（4）采用钢管混凝土进行节点设计构造建议：方钢管边长 d 不宜小于 160mm；方钢管下连接混凝土圆柱直径不宜小于 2.5d，方钢管上连接梁宽不宜小于 2d，梁高不宜小于 4d；方钢管下插入混凝土柱不宜小于 5d，上伸入混凝土梁不宜小于 2.5d；为了增强方钢管与混凝土梁、柱的连接性能，方钢管插入混凝土部分应布置栓钉；方钢管中应灌入混凝土，混凝土等级不应小于下部混凝土柱；钢管混凝土柱承载力应按《钢管混凝土结构技术规范》GB 50396 进行验算。

3.7.5　工程实例五：上都阁楼结构设计

1）工程概况

大中华上都阁楼位于内蒙古自治区锡林郭勒盟正蓝旗。建筑主楼为十层阁楼，主要功能为展厅，平面为四边形，规则，对称，塔楼底层外轮廓尺寸为 28.2m × 28.2m，顶层为 23.4m × 23.4m，呈逐渐收拢的趋势，外檐柱从底层至顶层内退 2.4m。阁楼高约 63m（屋脊高度，至檐口高度为 53.39m），沿竖向明层和暗层间隔分布，出檐由暗层层间挑出。建筑平、立、剖面图见图 3.7.5.1。

结构设计使用年限为 50 年，建筑结构安全等级为二级（γ_0=1.0）；抗震设防类别为丙类，抗震设防烈度为 6 度，设计地震分组为第二组，场地类别为Ⅱ类，设计基本地震加速度为 0.05g，场地特征周期 T_g=040s。考虑到建筑隔墙沿竖向分布不均匀，暗层建筑隔墙较多而明层隔墙较少，斗栱等附属构件较多，较为不利，周期折减系数取为 0.6。基本风压 ω_0 =0.55kN/m^2，地面粗糙度类别为 B 类。由于建筑外存在出檐，挡风面较为复杂，承载力设计时按基本风压的 1.1 倍采用，风荷载体型系数按照《建筑结构荷载规范》GB 50009—2012 表 8.3.1 第 30 项取值。

（a）效果图

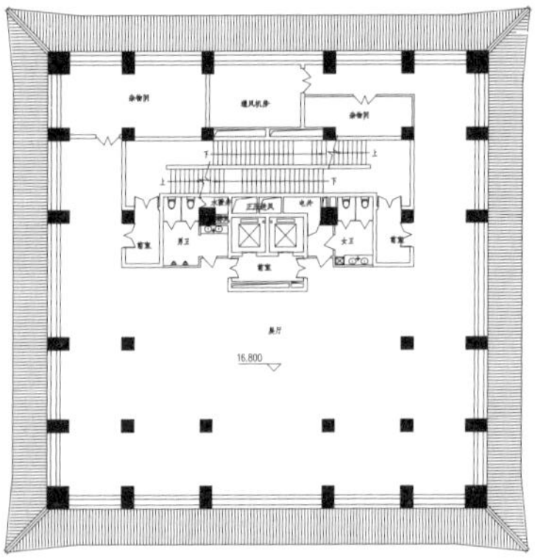
（b）四层平面图（暗层）

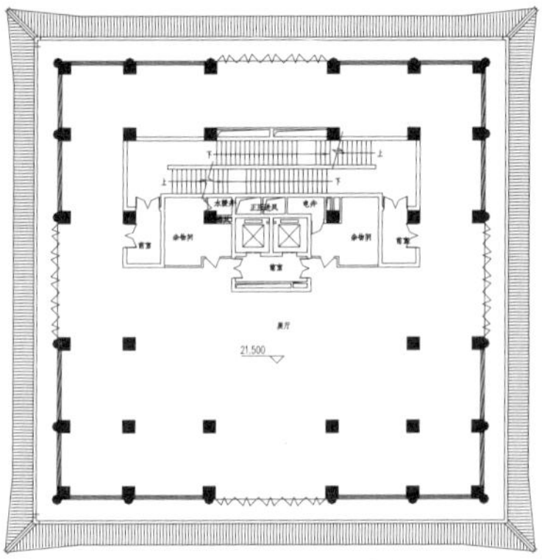
（c）五层平面图（明层）

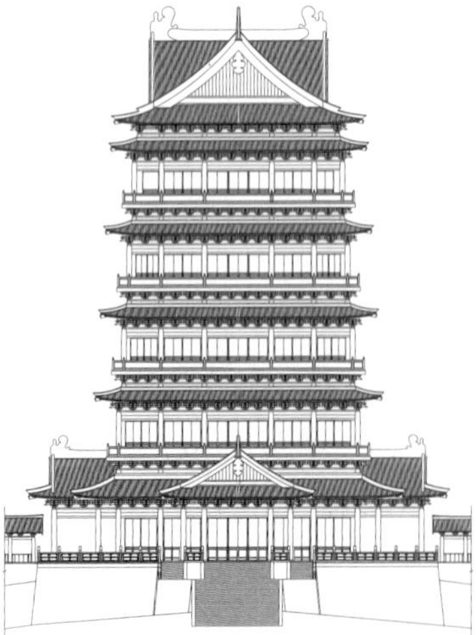
（d）立面图

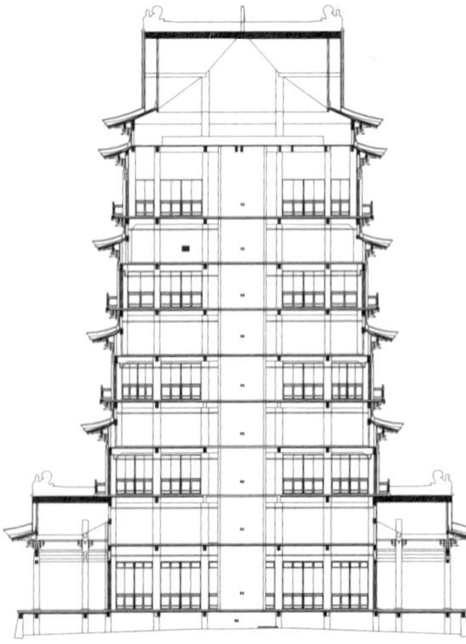
（e）剖面图

图 3.7.5.1　元上都阁楼平、立、剖面图

2）结构方案

大中华上都阁楼依据建筑功能要求及结构布置，主体结构采用了框架结构体系，结构高度满足 A 级高度钢筋混凝土高层建筑的最大适用高度 60m。

上都阁楼属于塔类阁楼式建筑，其建筑形式有着塔类建筑的明显特征——从下至上呈逐渐收拢的趋势，这将导致外檐柱从下至上不连续。外檐柱不连续可以采用梁转换、斜柱或者搭接柱等方式处理。应县木塔（释迦塔）[63, 64]、西安世园会长安塔均采用了梁式转换和牛腿式转换[14]，杭州雷峰塔新塔[52]采用了斜柱。

傅学怡等[65]通过福建兴业银行大厦整体结构模型振动台试验研究、转换层结构模型试验、整体结构两种楼板假定计算分析、局部有限元分析和工程应用揭示了搭接柱转换结构的优越抗震性能，总结了搭接柱转换结构的工作机理和设计要点，见图 3.7.5.2。

上都阁楼外围竖向构件（占总柱数近 60%）结合出檐采用了一种新型“绑扎式”搭接进行转换，避免了整层搭接柱转换影响建筑使用功能、造成结构刚度和承载力突变，与梁式转换相比可以节省层高，且传力更为直接，见图 3.7.5.3。外围竖向构件（外檐柱）从三层开始每两层进行一次竖向构件缩进（退台），共四处。由于外围竖向构件占总的竖向构件比例较大，故竖向构件截面尺寸的变化会影响竖向构件的规则性（薄弱层和软弱层）。

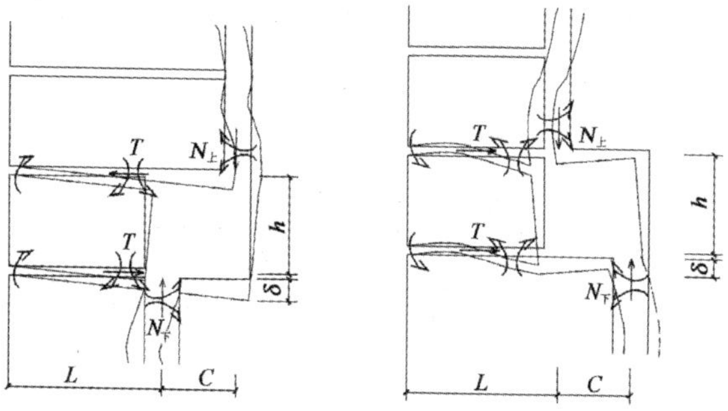

（a）外悬搭接　　（b）内收搭接

图 3.7.5.2　搭接柱转换结构的主内力和主变形

3）结构分析与计算

（1）计算简图处理

结构分析采用 YJK 软件进行整体计算。基于阁楼式建筑的特殊性，采用了以下简化计算：①出檐处存在层间梁，建模型时采用两层建模。层间梁为双梁，建模时梁宽取 2 倍的单根层间梁梁宽，梁高取层间梁梁高以实现刚度和承载力的等效；②搭接块及上柱均采用斜撑构件模拟，以考虑出檐退台处搭接柱节点偏心的影响，整体计算模型见图 3.7.5.4。

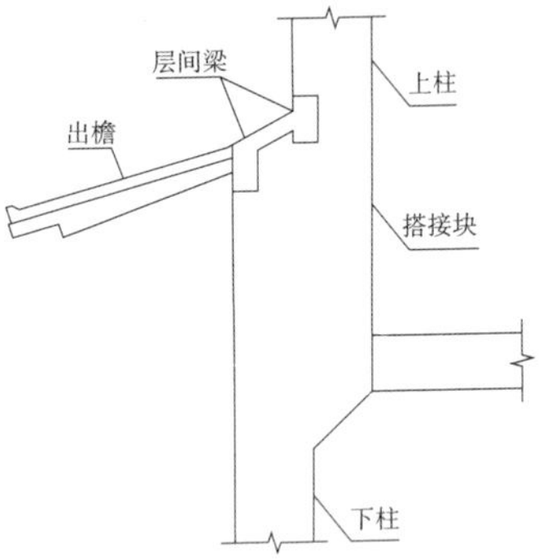

图 3.7.5.3 “绑扎式”搭接柱

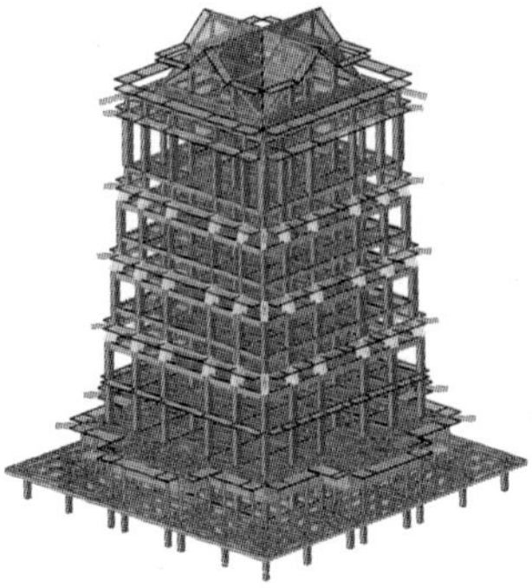

图 3.7.5.4 主体结构计算模型

（2）主要计算结果

对结构主体进行分析，考虑到建筑隔墙平面布置的不对称性及竖向布置的不均匀性，整体计算时主体结构地震作用同时考虑双向地震扭转效应和质量的偶然偏心；配筋计算时，为了考虑斜撑轴力的影响，楼板采用弹性板进行模拟计算；屋盖为折板，采用弹性板进行模拟计算。主要计算结果见表 3.7.5.1 及图 3.7.5.5。

从表 3.5.5.1 可以看出，周期比、最大层间位移角、位移比等各项指标均满足高规要求。地震作用和风荷载作用下结构的刚重比大于 10，满足整体稳定性要求，但小于 20，需要考虑重力二阶效应的不利影响。

阁楼主要计算结果　　表 3.7.5.1

计算指标		YJK 计算结果		规范限值
自振周期（s）	T_1	2.05	X 向平动	
	T_2	1.99	Y 向平动	
	T_3	1.65	扭转	
扭转平动周期比		0.81		0.9
地震作用下最大层间位移角（楼层）	X 向	1/1395(3 层)		1/550
	Y 向	1/1508(3 层)		
考虑偶然偏心时最大扭转位移比	$X\pm5\%$	1.14		宜 ≤ 1.2 应 ≤ 1.4
	$Y\pm5\%$	1.13		
地震作用下剪重比	X 向	1.10%		0.8%
	Y 向	1.13%		

续表

计算指标	YJK 计算结果		规范限值
风荷载作用下最大层间位移角（楼层）	X 向	1/1170（3 层）	1/550
	Y 向	1/1319（3 层）	
刚重比	X 向地震	15.4	宜 ≥ 20 应 ≥ 10
	Y 向地震	16.8	
	X 向风	15.2	
	Y 向风	16.6	

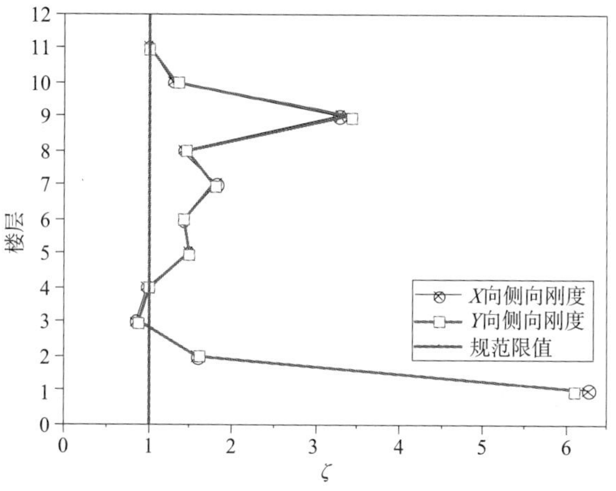

图 3.7.5.5　侧向刚度比

图 3.7.5.5 中 ζ 表示本层侧移刚度与上一层相应楼层侧移刚度 70% 的比值或上三层平均侧移刚度 80% 的比值中之较小者。暗层考虑柱子变截面及层间出檐的影响，模型计算时按照两层建模，出檐处楼层内部无楼板，刚度比计算时按照“串联”模型进行楼层侧向刚度换算，换算见公式（3.7.5.1）。

$$K = \frac{K_1 K_2}{K_1 + K_2} \tag{3.7.5.1}$$

公式（3.7.5.1）中 K_1、K_2 分别表示分层模型第一层、第二层楼层侧向抗推刚度；K 表示 K_1、K_2 按照刚度串联模式计算的折算楼层侧向刚度。

从图 3.7.5.5 可以看出，综合层高、层间梁及柱子截面尺寸等原因，其楼层刚度有所增加，导致三层、四层为软弱层，采用弹性时程分析法进行多遇地震作用下的补充计算。

根据《建筑抗震鉴定标准》GB 50023—2009、《构筑物抗震鉴定标准》GB 50117—2014 附录 C.0.2，钢筋混凝土结构楼层受剪承载力按下式计算。

$$V_{cy1}=\frac{M_{cy}^{u}+M_{cy}^{L}}{H_{n}} \tag{3.7.5.2}$$

$$V_{cy2}=\frac{0.16}{\lambda+1.5}f_{ck}bh_{0}+f_{fvk}\frac{A_{sv}}{s}h_{0}+0.056N \tag{3.7.5.3}$$

$$V_{cy}=\min(V_{cy1},V_{cy2}) \tag{3.7.5.4}$$

从公式（3.7.5.2）可以看出，可以采取适当增大框架柱上下端弯矩的方式增大楼层受剪承载力，这一方式更有利于“强柱弱梁”的实现。从公式（3.7.5.3）可以看出，可以通过提高箍筋的体积配箍率来增大楼层的受剪承载力，这一措施有利于“强剪弱弯”的实现。

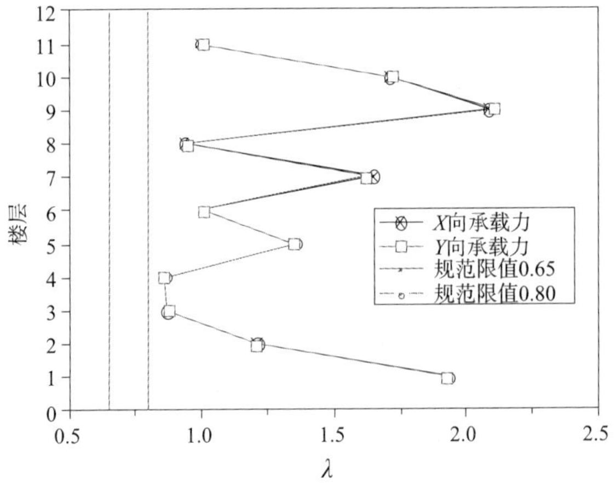

图 3.7.5.6 受剪承载力比

图 3.7.5.6 中 λ 表示本层与上一层的承载力之比。根据《高层建筑混凝土结构技术规程》JGJ 3—2010 第 3.5.3 条，楼层抗侧力结构的层间受剪承载力不宜小于其相邻上一层受剪承载力的 80%，不应小于其相邻上一层受剪承载力的 65%。楼层抗侧力结构的层间受剪承载力是指在所考虑的水平地震作用方向上，该层全部柱、斜撑的受剪承载力之和。按照“串联”模型进行楼层承载力换算时，楼层承载力取两分层的较小值作为合并层的楼层抗剪承载力。

$$V_{c}=\min(V_{c1},V_{c2}) \tag{3.7.5.5}$$

公式（3.7.5.5）中 V_{c1}，V_{c2} 分别表示分层模型第一层、第二层楼层抗剪承载力，V_{c} 表示 V_{c1}、V_{c2} 按照承载力串联模式折算的楼层抗剪承载力。

从图 3.7.5.6 可以看出，由于层间梁及柱子截面的影响，暗层楼层承载力较明层楼层承载力大，但不至于形成薄弱层。考虑到竖向隔墙分布的不均性，暗层外围为填充墙而明层外围为幕墙，将明层设置为薄弱层，对其楼层地震力进行放大以缓解隔墙造成的不利影响。

（3）弹性时程分析

根据《高层建筑混凝土结构技术规程》JGJ 3—2010 规定，采用时程分析法进行多遇地震作用下的补充计算。采用 7 组时程曲线进行计算，计算结果取 7 组时程曲线的平均值与振型分解反应谱法的较大值。地震波的选取须满足频谱特性、有效峰值和持续时间的相符。输入地震加速度时程曲线的有效持续时间，一般从首次达到时程曲线最大峰值的 10% 那一点算起，到最后一点达到峰值的 10% 为止，约为结构基本周期的 5 ~ 10 倍。本工程采用 YJK 软件进行弹性时程计算，计算时选用 5 条天然波和 2 条人工波。

根据弹性时程分析，楼层层间位移角均满足规范要求。楼层地震力放大系数见图 3.7.5.7，可见结构顶部有一定的鞭梢效应。计算时，将该增大系数导入模型以对 CQC 法计算的楼层地震力进行放大。

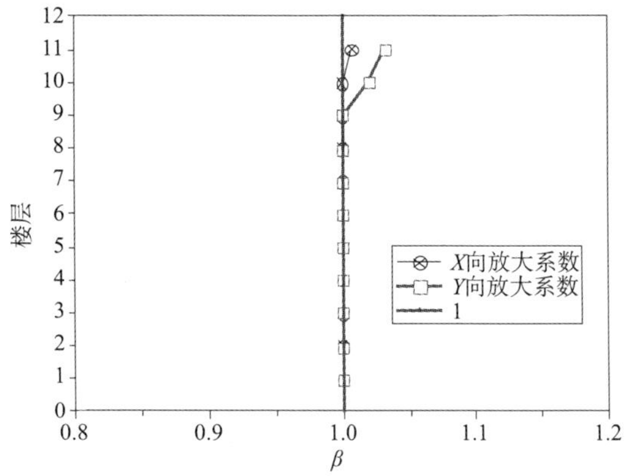

图 3.7.5.7　多波平均值与 CQC 法结果楼层地震力放大系数

4）动力弹塑性时程分析

对结构进行罕遇地震作用下的动力弹塑性时程分析，分析采用 2 条天然波和 1 条人工波，以考察结构在罕遇地震作用下的变形形态和破坏情况。罕遇地震计算时，加速度峰值 $a_g=125cm/s^2$，选取时程地震波时，频谱特征值按照 $T_g=0.45s$ 考虑。层间位移角计算时按照分层模型考虑以体现分层时层间梁处的弹塑性层间位移角，结构楼层弹塑性层间位移角见图 3.7.5.8、图 3.7.5.9。从图 3.7.5.8、图 3.7.5.9 可以看出，楼层弹塑性层间位移角满足规范要求。

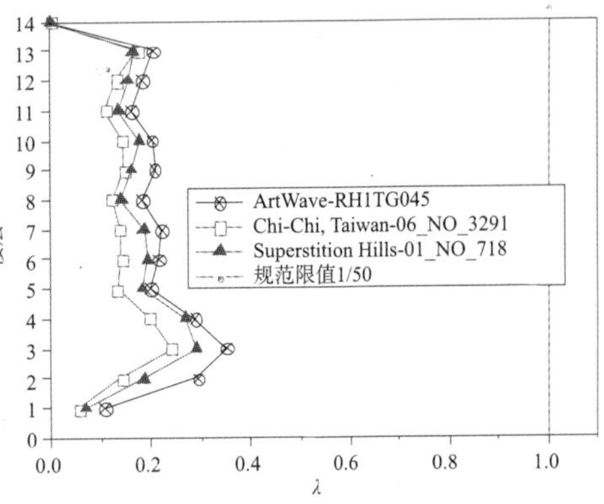

图 3.7.5.8　*X* 向结构楼层层间位移角

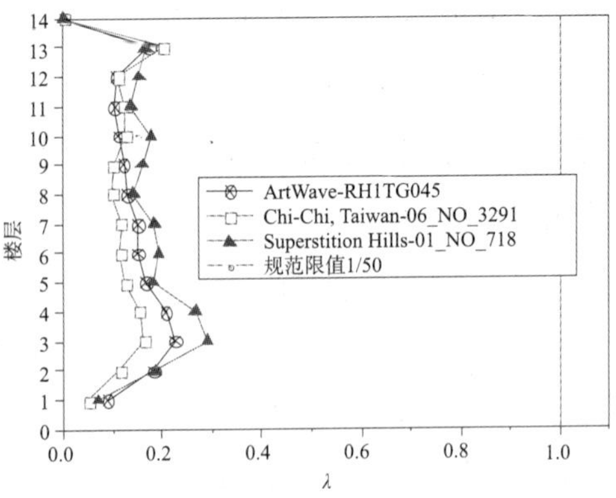

图 3.7.5.9　*Y* 向结构楼层层间位移角

5）关键节点与构造

“绑扎式”搭接柱保证了竖向构件较为顺利的内力传递，其振动特性及地震作用下的工作状态与直接落地柱无异。

采用有限元软件对搭接节点进行分析，混凝土强度等级为 C30，相关构件截面尺寸见图 3.7.5.10。分析工况包括竖向荷载、水平荷载，在不同分析工况下搭接节点应力状态，并根据应力状态进行配筋并采取相关构造措施（图 3.7.5.11）。在竖向和水平荷载作用下，其应力状态见图 3.7.5.12、图 3.7.5.13。

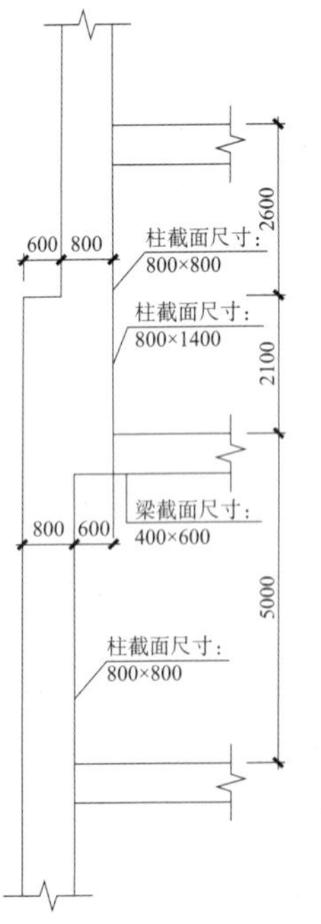

图 3.7.5.10　几何模型

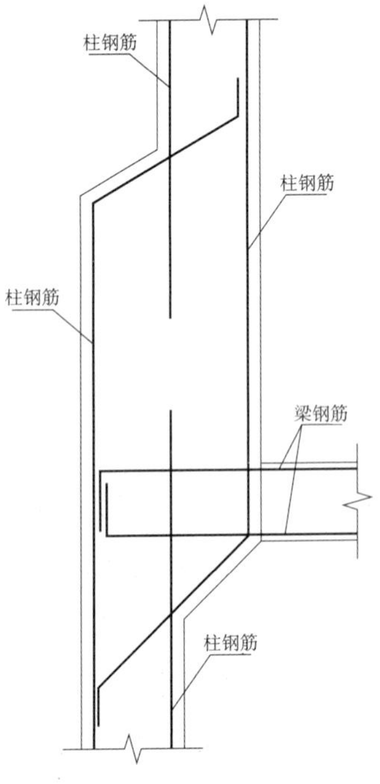

图 3.7.5.11　搭接块配筋构造

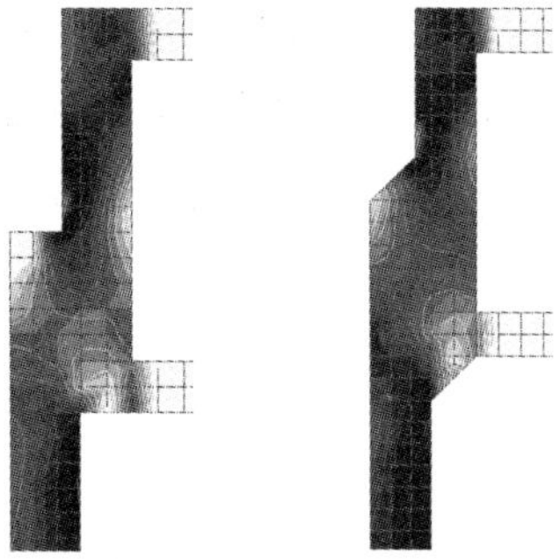

（a）　（b）

图 3.7.5.12　竖向荷载作用下等效应力云图

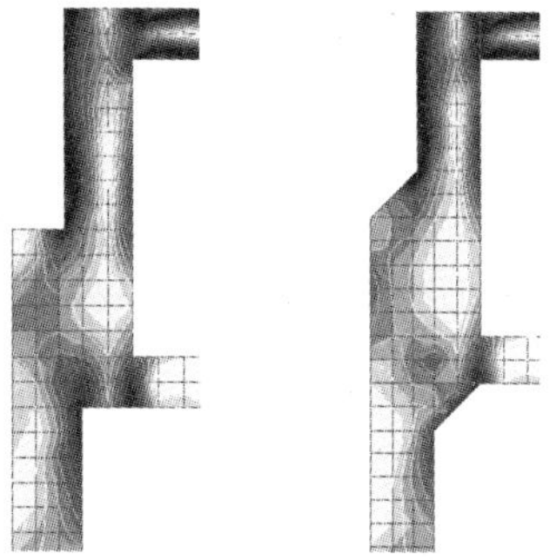

（a）　（b）

图 3.7.5.13　水平荷载作用下等效应力云图

从图 3.7.5.12 可以看出，在竖向荷载作用下，应力呈上下柱中心线连线传递的趋势，本文中采用上下柱中心线连线的斜撑进行模拟搭接柱是合适的。搭接柱搭接处存在应力集中，设计时采用了加腋处理以缓解应力集中的影响。根据图 3.7.5.12、图 3.7.5.13 应力云图布置搭接块节点的钢筋构造，具体配筋构造见图 3.7.5.11。

6）小结

（1）塔类阁楼式建筑造型从下至上呈收拢的趋势，结合建筑造型采用“绑扎式”搭接柱进行竖向构件的转换传力路径直接，抗震性能良好。

（2）根据“绑扎式”搭接柱受力机理，结构整体计算时，搭接柱可以简化为斜撑，并通过刚度、承载力的“串联”模式进行换算以验证其竖向的规则性。

（3）“绑扎式”搭接柱节点配筋构造可以较为直接地传递构件的内力。

3.8　具有特殊现代功能、空间要求的传统风格建筑

中国建筑文化源远流长，有几千年的悠久历史。传统建筑以其非凡的意境，独特的建筑韵味，被世人称颂。当代建筑设计需要做好对传统建筑文化的总结、归纳及拓展，在更好地传承传统建筑设计风格的基础上进行再创新，不断地借鉴和继承传统建筑中对于自然、人文表达的典型代表要素。在建筑设计中继承传统文化时，需侧重理解其内在精神。建筑创作在继承中创新，适应现代化发展。设计时需对传统文化进行抽象化、建筑化的提炼，用适合当下的建筑语言去表达，从而才能使传统风格建筑更好地融入当代的社会文化中，被公众接受和喜爱，成为地域性文化符号的一部分。传统风格建筑设计应立足于传统建筑的根基上，应用现代的观念以及先进的材料、技术，设计出具有中国文化特色的优秀作品。

以往众多的传统建筑中，砖木结构是常见的结构形式。但受木材资源紧缺、造型

特殊要求，以及结构耐久性、防火功能、大空间展示等问题的困扰，传统的结构形式已不能完全满足建筑设计的需要，越来越多的传统建筑中融入钢筋混凝土结构、钢结构、组合结构的影子，为传统建筑结构设计注入新的活力。挖掘传统建筑资源、对传统建筑风格进行集成和创新是我国建筑界的一个学术研究重点。

传统风格建筑现代设计是对传统建筑的整体形式或者局部构造的提取和创新的表现方式，将传统形式或结构经过选择和再加工，采用新的技术和材料，使其符合现代的功能和要求，将传统建筑形式原型加以抽象、简化运用到现代建筑中。对于传统文化和地域文化的理解，需要透彻理解和领悟传统文化和地域文化的内涵与外延，将这种感悟升华，转化成一种精神。只有这样，建筑符号语言才能在不断再生中得以延续，传统文化在当代建筑设计中才有正确的表达方式，才能设计出具有自己风格、具有民族精神的优秀作品。本节给出较多的工程实例，抛砖引玉，以供设计人员借鉴。

3.8.1 工程实例一：大唐芙蓉园紫云楼结构设计浅析

1）工程概况

大唐芙蓉园取盛唐曲江“芙蓉园”之名，建设选址既考虑了“芙蓉园”历史原址与唐大雁塔的方位和距离，同时回避了遗址保护、故旧恢复等一系列问题。规划与设计力求做到历史风貌、现状地形与现代化旅游功能三者有机结合。建成的大唐芙蓉园令国人震撼，世界惊奇，体现了大唐气象，传达着一种精神上的向往和需求[16，35]。

历史上的紫云楼，据载建于唐开元十四年，每逢曲江大会，唐明皇必登临此楼，欣赏歌舞，赐宴群臣，凭栏观望园外万民游曲江之盛况，与民同乐。现在的紫云楼（图3.8.1.1），位于大唐芙蓉园中心位置，气势宏伟，是全园最大、最具代表性的传统风貌建筑单体。主体建筑共有三层，连接主楼和阙楼之间设有弧形长桥，像一道彩虹，横跨两楼之间。紫云楼高大恢弘，雕梁画栋，廊亭曼徊，高角飞檐，真实再现了千年前皇家的大气、威严与奢华。

紫云楼设计于2003年，结构采用框剪结构体系，主体高度约38m，基础采用钢筋混凝土梁筏基础。工程设计基准期为50年，结构安全等级为二级，抗震设防烈度8度，设计基本地震加速度为0.2g，设计地震分组为第一组，场地类别为Ⅲ类，场地特征周期为0.45s，抗震设防类别为丙类。50年一遇基本风压取ω_0=0.35kN/m^2，地面粗糙度为B类，结构体型系数、风压高度变化系数、风振系数等均按照规范取值。

2）建筑特点和使用要求

紫云楼建筑立面、平面及剖面见图3.8.1.2～图3.8.1.4所示。该建筑由一幢主楼、

图 3.8.1.1　建筑效果

四个角楼、长廊、配房、大门等单体组成，其中主楼与角楼通过拱桥相连。紫云楼主楼为高台式建筑，采用重檐庑殿式四坡屋面，其含设备夹层共 6 层，建筑功能以展厅为主。由建筑平、立、剖图可见，该建筑一、二层外围护竖向构件倾斜；四层与三层柱错位、不贯通，需做退柱处理，且具有梭柱、檐口出挑、起翘等复杂构造。

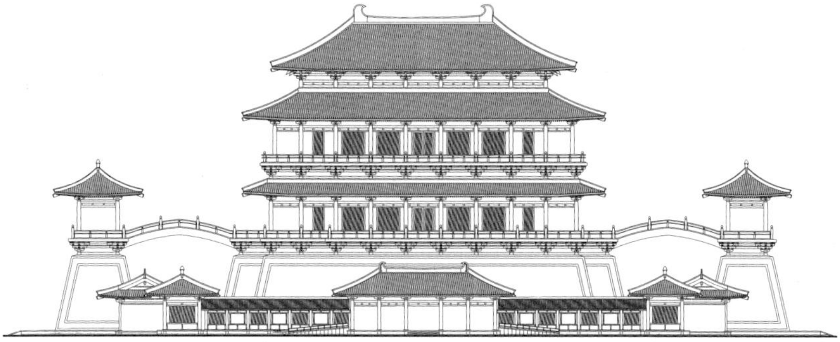

图 3.8.1.2　建筑立面

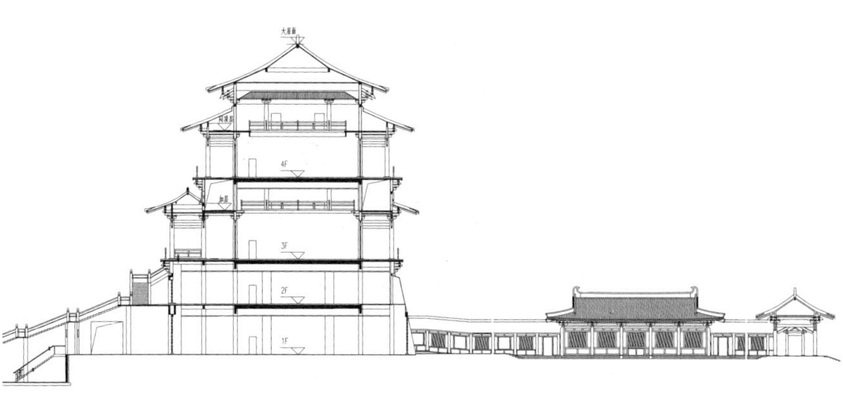

图 3.8.1.3　建筑剖面

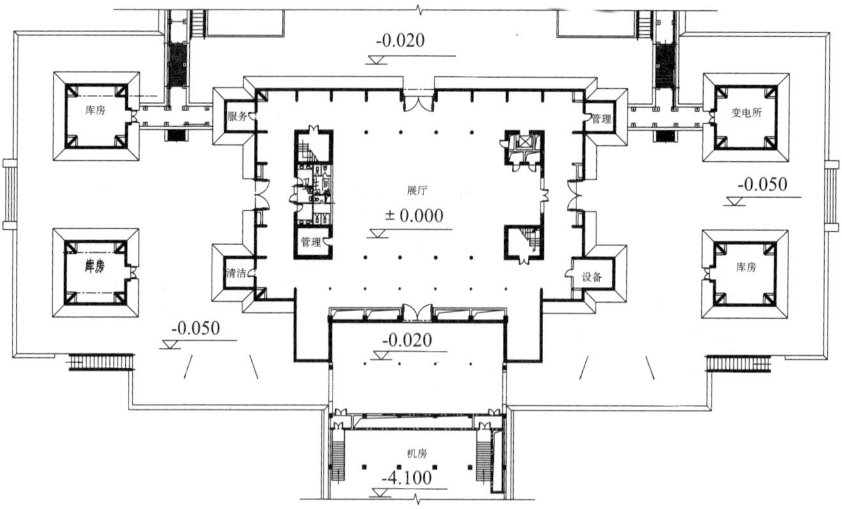

图 3.8.1.4　一层平面

3）结构方案

（1）地基及基础

由岩土工程勘察报告知，建筑场地为Ⅱ级自重湿陷性黄土，湿陷土层厚度约12m，建筑场地临近芙蓉湖，蓄水后地基土会遇水湿陷，因此设计中采用 DDC 灰土桩法（孔内深层强夯法）对湿陷性土层进行整片处理，以全部消除地基土的湿陷性并提高地基承载力。

DDC 桩布置（图 3.8.1.5）：桩距 1.0m，成孔直径 0.4m，成桩直径不小于 0.55m，孔内夯填料为 1：9 灰土，桩身土压实系数不小于 0.95，桩间土压实系数平均值不小于 0.90，施工桩长 10m，有效桩长 8.8m，有效桩顶标高 -4.000m，桩顶设 1.2m 厚 3：7 灰土垫层，处理后地基承载力特征值为 250kPa，DDC 桩布置由基础边外放 4.5m，桩总数为 7851 根。

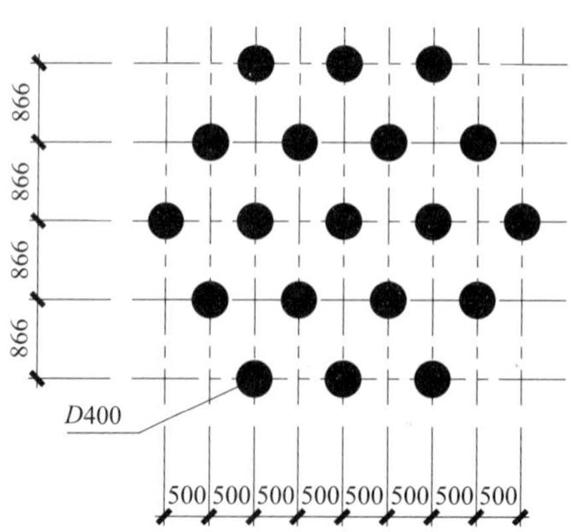

图 3.8.1.5　DDC 桩位布置示意

DDC 桩施工工艺参数：采用螺旋钻成孔，夯锤锤长约 2.5m，锤径 0.38m，锤重 1.8t，锤尖 33°，夯击时 1/2 桩长以下每次填料 8 击，1/2 桩长以上每次填料 10 击，锤落距 4m，每次填料虚方为 $0.12m^3$。

基础布置：主楼基础采用钢筋混凝土梁筏基础，基础梁最大高度 1200mm，筏板厚度 400mm，中间无柱范围不设置梁筏；长廊、大门及配房采用独立基础，砌体填充墙下设置拉梁。

（2）结构体系与布置

该建筑造型独特，逐层有退台处理，建筑内部依据建筑功能需设大空间，且楼层层高较大。依据上述特点，主楼结构采用钢筋混凝土框架 - 剪力墙结构（图 3.8.1.6），利用楼、电梯周边设置剪力墙。同时，一~二层设置斜向剪力墙（图 3.8.1.7），既可满足建筑造型需要，又可形成安全可靠的建筑高台。该结构体系和布置可有效解决建筑结构刚度突变及部分竖向构件不连续问题，确保高烈度区建筑结构的安全性和可靠性。

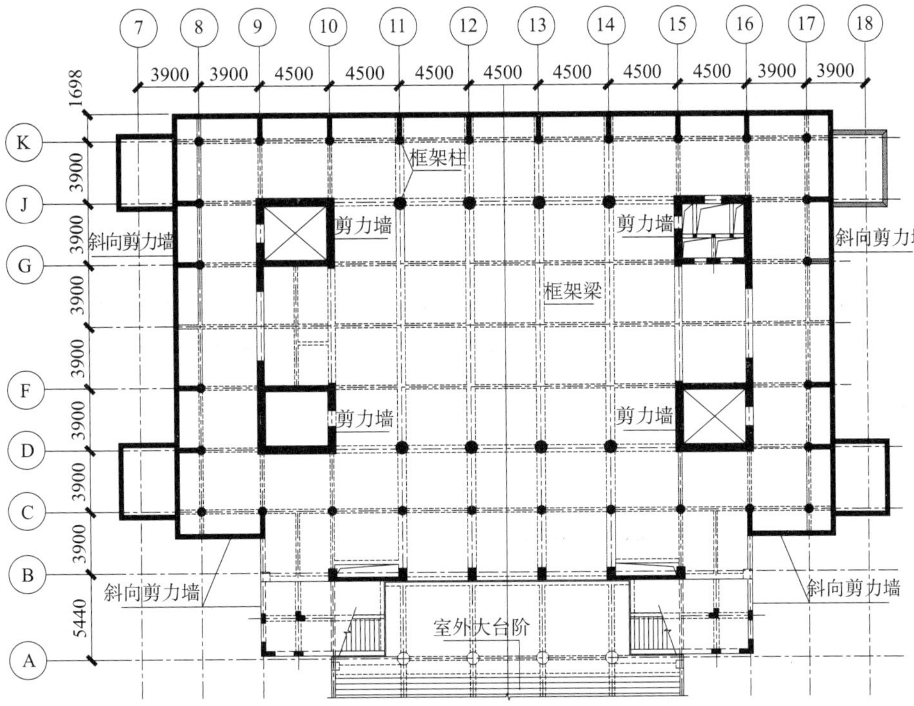

图 3.8.1.6　二层平面

鉴于建筑三层以上体型缩进明显，且剪力墙数量急剧减少，导致结构刚度突变，构件内力及结构侧移增大，结构配筋设计困难。设计中，依据建筑功能布置，分别对 C 轴、

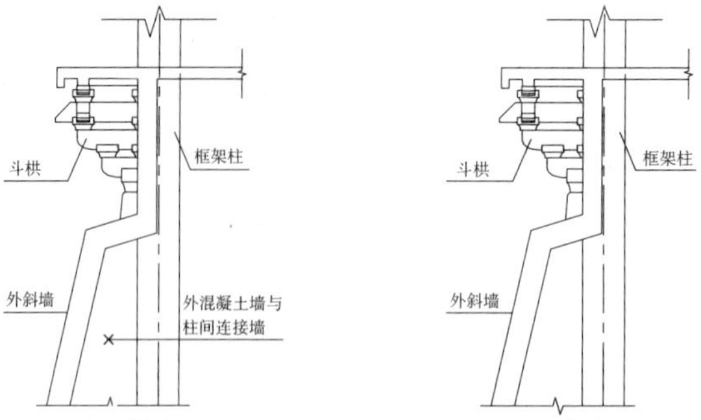

（a）构造一　　（b）构造二

图 3.8.1.7　斜墙构造示意

K 轴交 8 ~ 17 轴竖向构件进行加强（图 3.8.1.8），即将标高 11.440m 以下 *D*900 的钢筋混凝土框架柱伸至标高 11.440m 以上后利用建筑窗间墙转换为剪力墙柱，支撑于规格为 700mm × 1200mm 的钢筋混凝土转换梁上。通过该措施,结构层刚度及侧移得到有效改善。

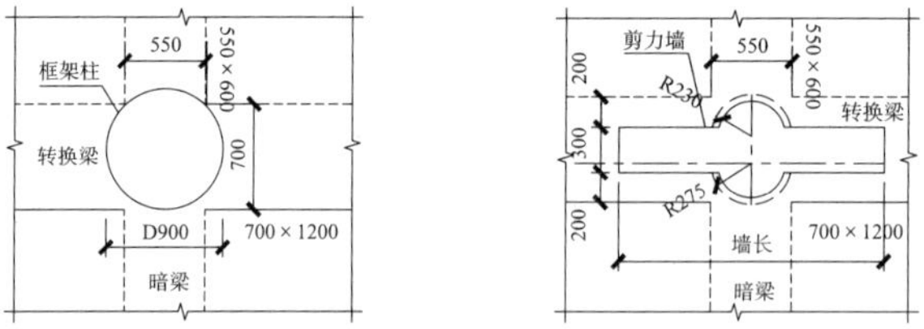

（a）构造一　　（b）构造 2

图 3.8.1.8　墙 – 柱转换构造

针对建筑标高 17.450m（加层）和标高 21.450m（4F）楼层外围柱不连续、错位，结构设计时采用斜柱退柱转换（图 3.8.1.9），该措施在满足建筑造型布置的基础上实现结构安全可靠。

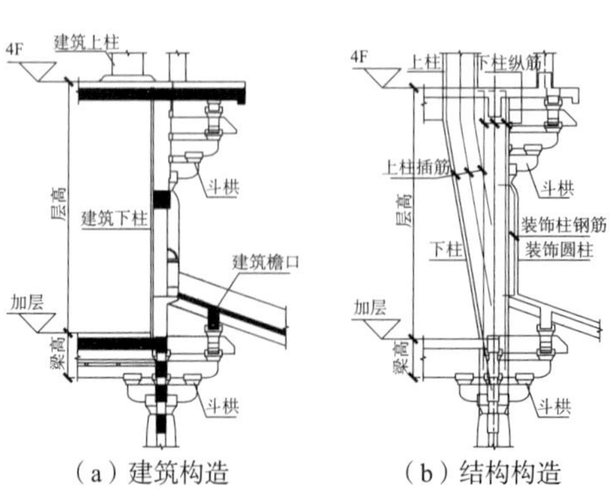

（a）建筑构造　　（b）结构构造

图 3.8.1.9　退柱节点构造

依据建筑二、三、四层功能布置，相关部位需满足大开间、大层高要求。结构设计时，对大跨度区域采用 GBF 现浇混凝土网格空心板（图 3.8.1.10），板总厚取 600mm，肋宽约 80mm，板跨按千分之三起拱。该措施大大减轻了结构自重，有效提高了建筑净高，较好地满足了建筑功能的大跨、大空间要求。

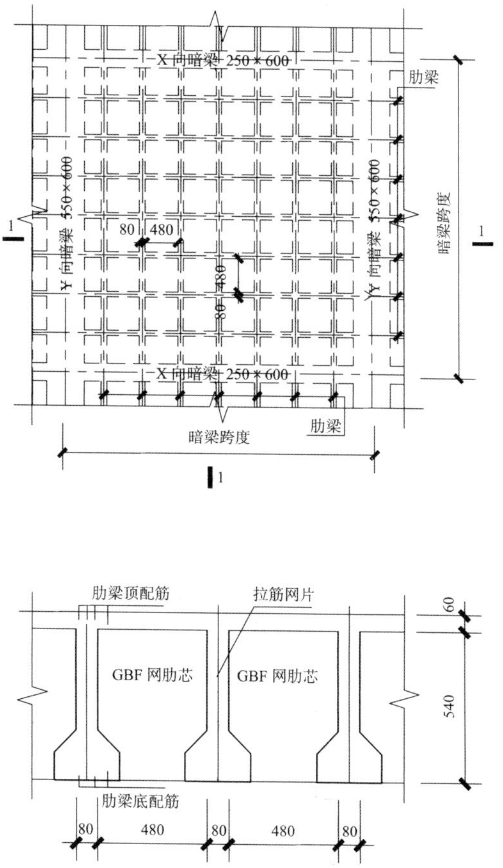

1-1

图 3.8.1.10　GBF 现浇混凝土网格空心板示意

该项目屋面为庑殿式四坡屋面（图 3.8.1.11），屋面自重大，椽口檐板出挑约 3.3m 且椽子依据古法布置，椽数量多且间距小。鉴于上述因素，设计中大悬挑屋面椽板采用叠合椽板，斗栱及椽子采用现场预制后安装的方案；斗栱、椽子及现浇坡屋面板均采用轻骨料陶粒混凝土以减轻自重。同时，由于建筑 4F 层距屋顶高度大，且坡屋面较陡（图 3.8.1.12），为增强该层抗侧刚度，保证结构整体性，在闷顶层设置钢筋混凝土框撑体系（图 3.8.1.13），作为屋架下弦，保证屋架层结构整体稳定，提高了该层刚度。

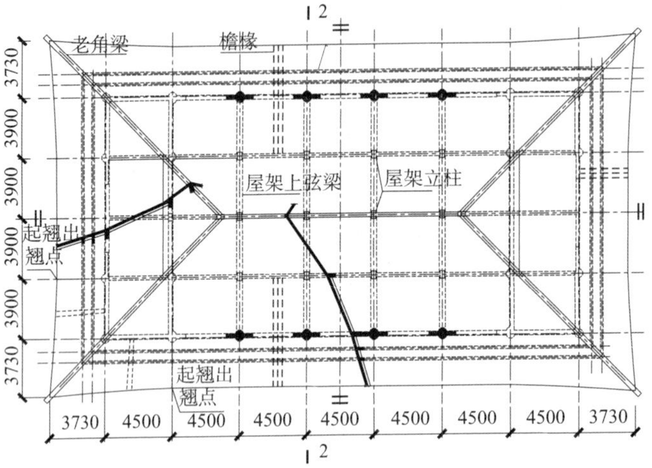

图 3.8.1.11　大屋面结构布置示意

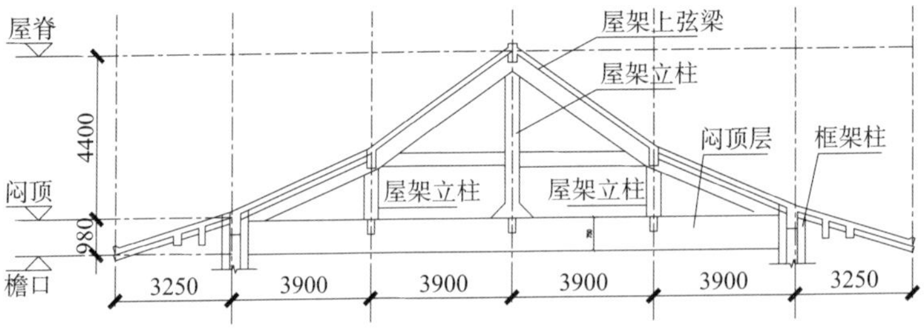

图 3.8.1.12　2-2（屋架示意）

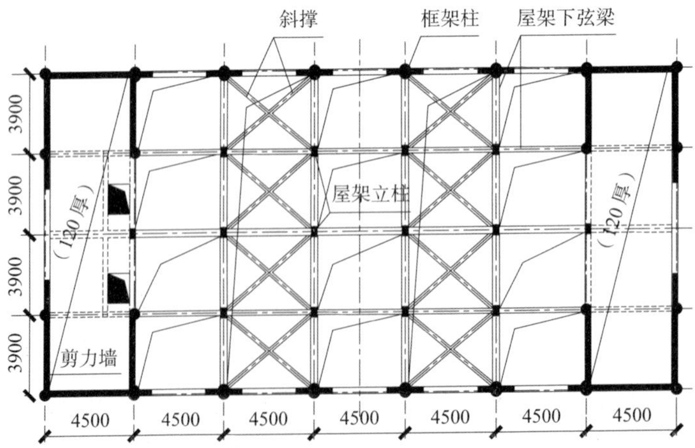

图 3.8.1.13　闷顶结构布置示意

4）结构分析与计算

结构整体模型如图 3.8.1.14 所示，分别采用 SATWE 和 YJK 两种不同力学模型的三维空间程序进行结构整体内力、位移计算。计算模型中，主要参数见表 3.8.1.1 所示。

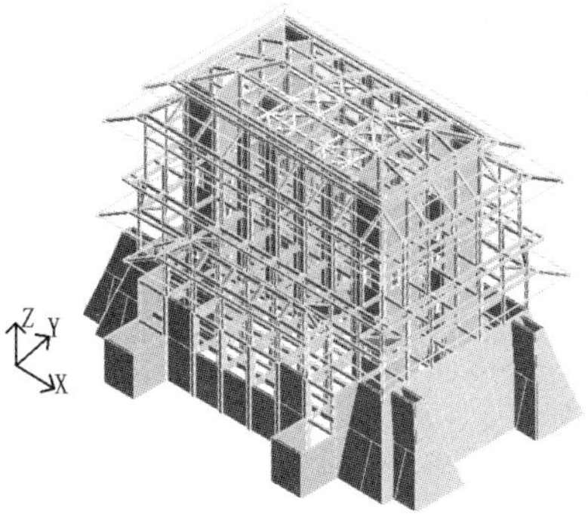

图 3.8.1.14　计算模型

结构的设计相关参数　　　　表 3.8.1.1

建筑结构安全等级	二级	设计基本地震加速度	0.20g
结构重要性系数	1.0	黄土地区建筑物分类	乙类
建筑抗震设防分类	丙类	建筑场地类别	Ⅲ类
设计使用年限	50 年	特征周期值	0.45s
地基基础设计等级	乙级	框架 / 剪力墙抗震等级	二 / 一级
抗震设防烈度	8 度	基本风压	0.35kN/m^2
设计地震分组	第一组	基本雪压	0.25kN/m^2
基础形式	梁筏基础		

进行多遇地震反应谱分析时，整体参数分析采用刚性楼板假定，构件设计采用非强制刚性楼板假定。结构前三阶振型见图 3.8.1.15 所示，结构周期计算结果见表 3.8.1.2。

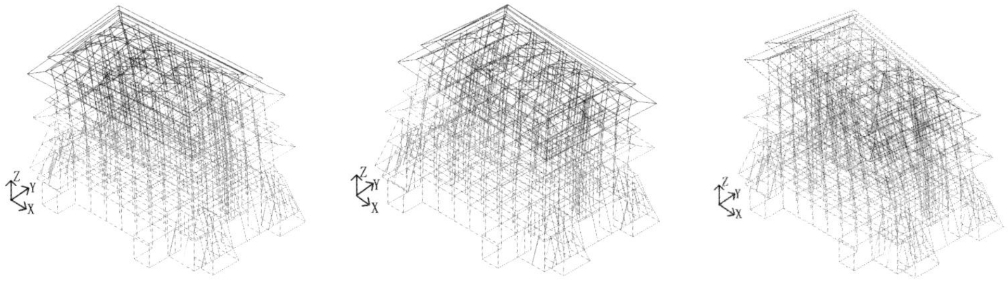

第一振型 T_1=0.5040　　第二振型 T_2=0.4649　　第三振型 T_3=0.4421

图 3.8.1.15　结构前 3 阶振型

图 3.8.1.15 和表 3.8.1.2 结果表明：该建筑结构第一振型表现为结构沿 *Y* 方向的平动，第二振型反映了结构沿 *X* 向的平动，第三振型则为扭转振型。

模态周期与振型 **表 3.8.1.2**

振型	SATWE		YJK	
	周期（s）	平扭系数（*X*+*Y*+*T*）	周期（s）	平扭系数（*X*+*Y*+*T*）
1	0.4827	0.02+0.86+0.12	0.5040	0.00+0.78+0.22
2	0.4618	0.94+0.01+0.05	0.4649	0.85+0.04+0.11
3	0.4227	0.06+0.05+0.89	0.4421	0.14+0.17+0.69
周期比 T_t/T_1	0.4227/0.4827=0.88<0.90		0.4421/0.5040=0.88<0.90	
有效质量系数	*X* 向	*Y* 向	*X* 向	*Y* 向
	92%	95%	91%	93%

结构整体分析计算主要结果（表 3.8.1.3）表明，两种计算程序计算结构动力特性结果基本接近，且各项指标满足规范要求。

结构整体分析主要结果 **表 3.8.1.3**

			SATWE	YJK	规范要求
X 方向	地震荷载	最大层间位移角	1/ 1804	1/1896	1/800
		最大位移比	1.14	1.10	≤ 1.2
		基底剪力	13083	13813	—
		底层剪重比	8.83%	9.06%	≥ 3.2%
	风荷载	最大层间位移角	1/9999	1/9999	≤ 1/800
		最大位移比	1.15	1.06	≤ 1.2
		基底剪力	813	746	—
Y 方向	地震荷载	最大层间位移角	1/1528	1/1477	1/800
		最大位移比	1.10	1.04	≤ 1.2
		底层剪力	12891	12525	—
		基底剪重比	8.70%	8.22%	≥ 3.2%
	风荷载	最大层间位移角	1/9999	1/9999	≤ 1/800
		最大位移比	1.03	1.03	≤ 1.2
		基底剪力	1154	1147	—

5）实施效果和小结

传统风格建筑高层楼阁结构形式复杂，需通过概念设计方法对整体结构体系及布置进行优化，采用现代建筑材料和当代技术建造，设计中应结合建筑功能及布置对相关构件、节点进行细化。

本项目通过剪力墙合理设置、斜向剪力墙设置、墙 - 柱转换、退柱设置、空心大板及轻骨料陶粒混凝土使用等技术措施，有效满足了建筑体型及功能要求。结构受力与变形均符合现行国家标准、规范要求，结构安全可靠，经济合理。

竣工后的紫云楼（图 3.8.1.16）从容优雅、雄奇俊逸，该传统建筑成为大唐芙蓉园内的一道亮丽风景线。紫云楼经过使用，结构各项指标良好，很好地达到了设计预期，其传统建筑外观造型获得了众多中外游客的好评。

图 3.8.1.16　建成效果

3.8.2　工程实例二：大唐芙蓉园御宴宫结构设计浅析

1）工程概况

中国传统建筑拥有辉煌的历史，传统建筑中的大跨度建筑一般在皇家宫廷建筑中才会涉及，它既要满足建筑对于皇权的象征作用，又要满足皇家处理朝政和日常起居的功能。但受制于中国古代生产力的发展，以及中国古人抱有“安于新陈代谢之理，以自然生灭为定律”的传统思想[1]，木材成为了中国古代建筑的主角。随着现代社会的发展，人们对建筑功能和空间要求越来越高，由于木材的稀缺，环境保护要求的不断提升，以及木材原料受力性能的不稳定，用木材作为中国传统建筑的材料已难于满足现代人的需求，尤其是在大跨度结构设计中，无论是抬梁式还是穿斗式，其跨度根据现行《木结构设计规范》[66]7.1.1 条若采用木下弦，对于原木其跨度不宜大于 15m，方木不宜大于 12m，这样就严重制约了大空间传统风格建筑的发展。因此就需要对传统建筑的大空间大跨度结构加以研究分析。本文以大唐芙蓉园御宴宫项目为例，针对不同跨度采用了不同的建筑材料和结构体系加以分析，供业内人士参考。

大唐芙蓉园御宴宫（图 3.8.2.1、图 3.8.2.2），建筑面积约 $15600m^2$，为典型的传统风格建筑。设计时采用分段设计，共分四段，一段共六个宴会厅，二段为畅观楼，三段为和鸣堂、琴瑟堂、碧云天等，四段为益青厅、万福厅等。三段、四段设有一层地下室。

图 3.8.2.1　御宴宫鸟瞰效果图

图 3.8.2.2　御宴宫实景图

工程结构设计使用年限为 50 年，建筑结构安全等级为二级，建筑主体采用钢筋混凝土框架结构，部分屋面为钢屋架、轻钢屋面，建筑抗震设计分类为标准设防类（丙类），框架结构抗震等级为二级，建筑抗震设防烈度为 8 度，设计基本地震加速度为 0.20g，设计地震分组为第一组，地基基础设计等级为丙级，工程场地类别为Ⅲ级。

2）结构方案

近代以来，混凝土材料、钢材越来越多地应用于传统风格建筑中，混凝土材料具有可塑性、整体性、耐久性好等优点，易于就地取材，但其自重较大从而限制了大跨梁的发展。一般民用建筑中，柱网尺寸受跨度的限制，梁跨度一般在 6m ~ 9m 为宜。

钢材同混凝土材料相比，具有材料均匀，建筑总重轻，施工速度快等优点，跨度较小时，可采用实腹式梁（常用工字形截面），当跨度在 18m 以上时可采用空间结构形式，如桁架或网架。

当设计跨度在 25m 以上的屋盖时，网架结构是优先考虑的方案。网架结构通过空间工作，传力途径简捷，实现的跨度大，是一种较好的大跨度、大柱网结构体系，同时又兼具重量轻、经济指标好、施工安装简便等特性。

因此在传统建筑的现代结构设计中，应根据实际情况进行设计研究，选用合适的建筑材料与结构形式，使得建筑在功能与美学上效果最大化，同时也使得结构方案得以优化。下面以御宴宫项目中不同跨度为例选用不同的结构形式进行分析。

（1）宴会厅的结构体系与布置

为了满足更多的用餐和宴会需求，御宴宫一段宴会厅（图 3.8.2.3）在建筑方案阶段设计了许多小开间大进深的宴会包间，宴会包间开间尺寸均为 4m，进深尺寸则有 9m、10.6m、13m 等多种规格，详见图 3.8.2.4。如果结构形式采用常规的混凝土屋架结构，屋架自重大，与柱连接时为保证“强柱弱梁”的设计思路，柱截面亦需相应加大，这样既影响了建筑的使用功能，增加了建设成本造成不必要的浪费，又会因为结构周期减小引起结构地震反应增大和延性的减弱。为了解决上述问题，设计时在宴会包间进深方向上隔间设置了截面尺寸为 250mm × 2000mm 的混凝土片墙，详见图 3.8.2.5，这样进深跨度便“化大为小”，并利用屋脊设置框架梁作为主梁，其余为分割次梁，有效地改变了屋面荷载的传力路径，减小了水平构件的跨度。另一方面混凝土墙设置于宴会包间的建筑隔墙内，弱化了结构构件的存在感，使得整个宴会包间无凸角，也达到了建筑效果的和谐统一。

图 3.8.2.3　御宴宫宴会厅立面实景图

坡屋顶相对于竖向构件刚度大，并会给竖向构件传递较大的水平推力。传统木屋架无论是穿斗式还是抬梁式都是通过增加屋架下弦来平衡屋架传递给竖向构件的水平推力。宴会厅设计时在屋脊下设置的混凝土片墙有效地将屋顶处的水平推力转化为竖向压力，使竖向构件的受力方式更为有利。由于传统建筑立面的要求，柱顶处须进行收分，加设斗栱，但受制于材料和施工的原因通常设计时斗栱不受力，因此柱截面削弱过多，无法形成合理的框架。设计时参考进深方向增加混凝土墙的做法，在窗间墙位置处满足传统建筑尺寸的基础上，大量使用了弱化外包圆柱的短肢剪力墙，详见图 3.8.2.6。这样做既有效地解决了柱截面削弱对结构的不利影响，并且增强了结构纵向的刚度，又保证了建筑功能的完整性，从建筑立面上看依然保持了传统建筑的尺寸模数。外包圆柱实际上虚化了柱的作用，起到了满足建筑立面及造型的要求（图 3.8.2.7）。

对于平面较为规则的大跨度建筑，例如宴会厅、办公楼等，应合理利用建筑隔墙增设混凝土墙等结构构件，“化大为小”减小框架梁跨度从而减小框架梁截面尺寸，使结构布置与构件设计合理化。

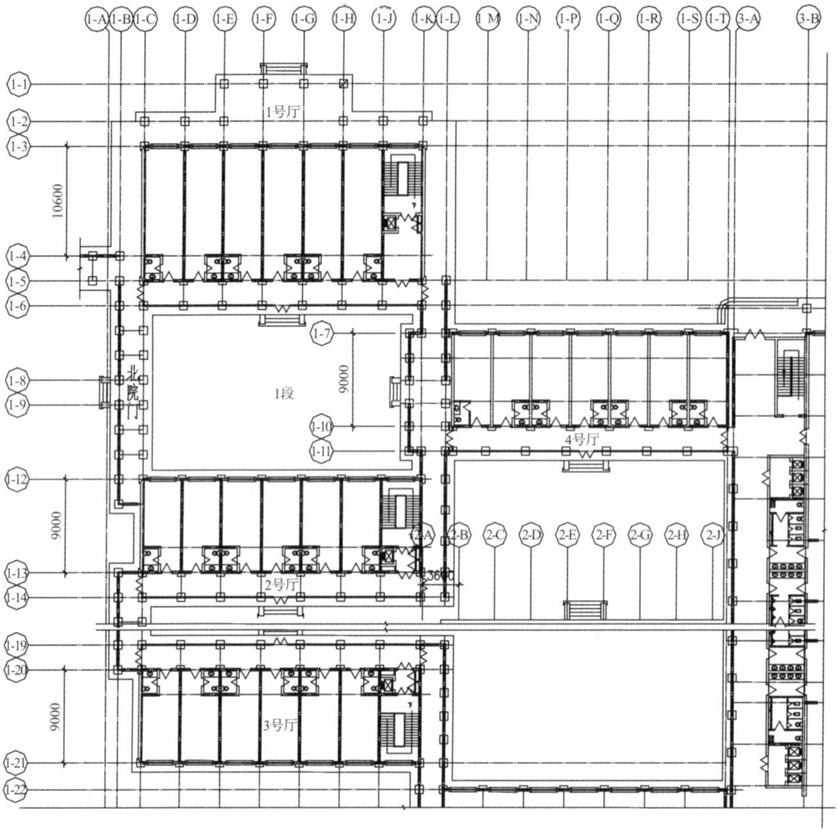

图 3.8.2.4　宴会厅建筑平面示意图

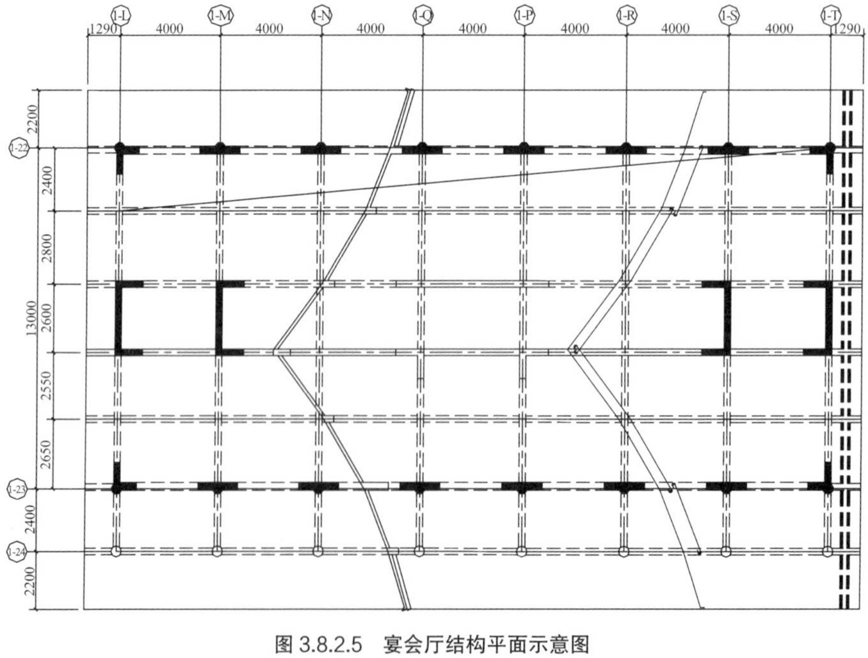

图 3.8.2.5　宴会厅结构平面示意图

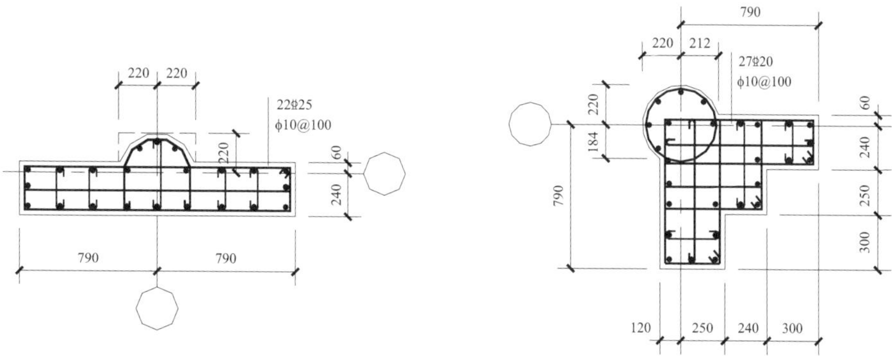

图 3.8.2.6　短肢剪力墙 / 异形柱详图

图 3.8.2.7　宴会厅建筑立面实景图

（2）钢结构屋架的设计

为了满足大型宴会的需求，御宴宫四段的益青厅与万福厅建筑面积均为 600m²，最大跨度 16.9m，且要求空间内部无结构竖向构件，如图 3.8.2.8 所示。这样的空间及跨度使得钢筋混凝土屋架已难于满足设计要求，因此在设计时不得不考虑新的建筑材料及结构形式。

为了满足大空间大跨度的建筑要求，益青厅（图 3.8.2.11）与万福厅在设计时采用了钢筋混凝土竖向构件，坡屋面为三角形钢屋架的混合结构体系。利用钢结构材料均匀，总重轻等优点实现了较大跨度的结构体系。以益青厅钢屋架为例，屋架跨度 16.9m，采用三角形钢屋架轻钢屋面，屋架上弦采用 H300 × 200 × 6 × 8，下弦采用普[20a，节点竖杆及斜杆采用普[20a，屋面采用 720 型 1.0mm 厚镀锌压型钢板，如图 3.8.2.10 所示。

由于钢材的材料属性，屋架上弦为两条通长的斜直线，无法表达传统古建筑的举折线，从而也在一定程度上限制了三角形钢架在仿古建筑上的应用。本工程采用在钢屋架上弦设钢檩支座的方法，通过支座调节钢檩两端高度，从而达到建筑举折线的要求。

设计荷载时，屋面恒荷载取值按照 5kN/m^2，活荷载取值按照 0.5kN/m^2。设计时为了有效地控制结构的位移和变形以及增强水平方向的抗侧刚度，利用建筑的窗间隔墙设置异形柱，以达到两个方向刚度的平衡以及解决三角形钢屋架的连接锚固等问题，如图 3.8.2.9 所示。

益青厅三角形钢屋架与柱顶采用 ϕ30M30 的锚栓连接。杆件的轴向力较大，钢架节点竖杆及斜杆与屋架上下弦采用节点板连接。

当混凝土结构无法满足空间要求，且无条件增设竖向支撑减小跨度时，应考虑其他建筑材料及结构形式，如钢屋架、桁架、空间网架等。这样既能满足大空间大跨度的建筑要求，又能减小水平构件的自重及水平推力，从而减小竖向构件的截面尺寸，有效控制用钢量等工程经济指标。

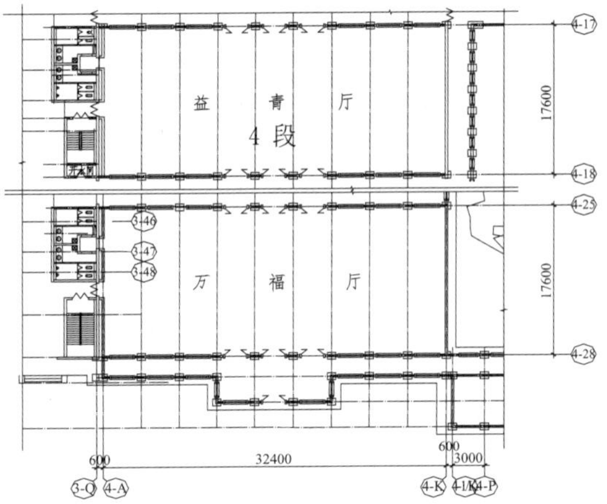

图 3.8.2.8 益青厅建筑剖面图

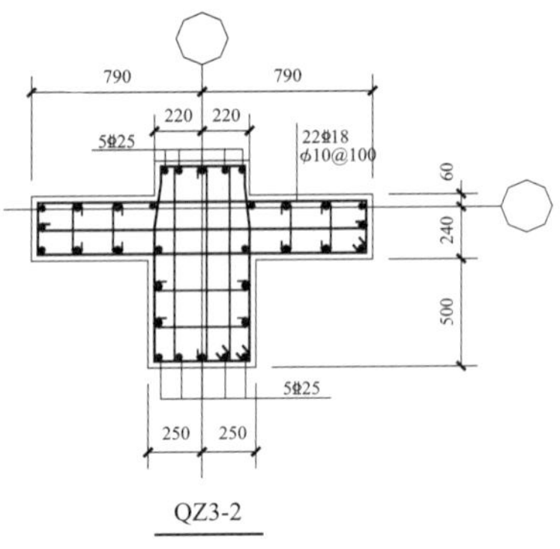

图 3.8.2.9 窗间异形柱

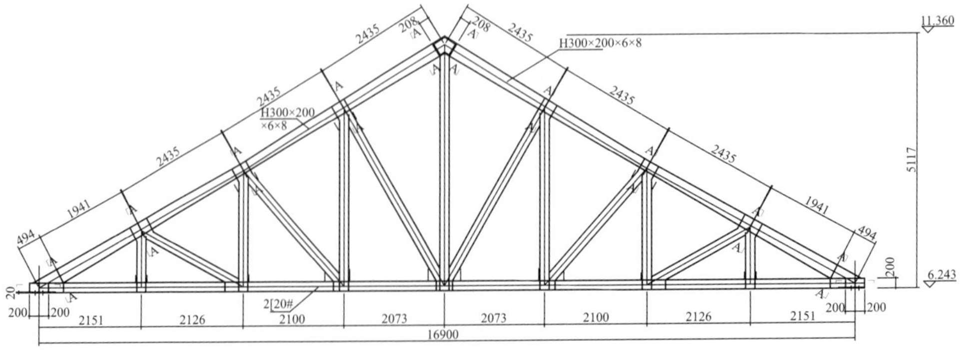

图 3.8.2.10 益青厅钢结构屋架详图

图 3.8.2.11　益青厅内景实景图

（3）网架在传统建筑中的应用

御宴宫中最大的宴会厅——碧云天（图 3.8.2.12），建筑面积 $1150m^2$，最大跨度 27m，要求正厅中无结构竖向构件以满足举行大型会议宴会的空间要求（图 3.8.2.11）。碧云天屋面跨度偏大，采用普通混凝土梁、钢梁甚至型钢梁均很难实现，故设计时考虑采用空间整体工作，可实现大跨度的网架结构体系。

结合碧云天周边柱网布置，如图 3.8.2.14 所示，设计时采用空间网架作为主受力

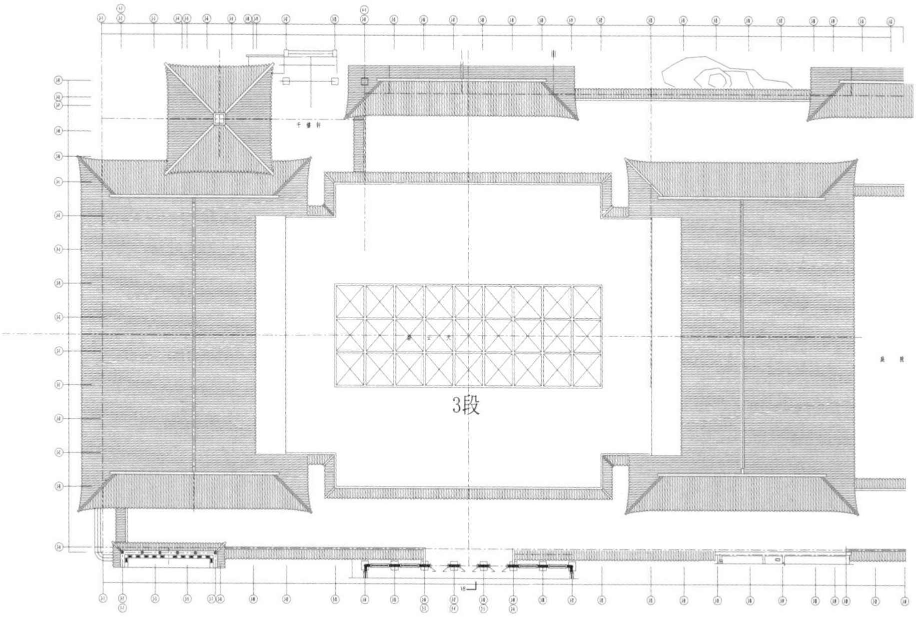

图 3.8.2.12　碧云天屋面平面图

结构，结合网架腹杆位置在网架顶部布置间距为 1760mm 的钢檩条，为达到建筑效果，屋面板采用金字塔形玻璃上罩。网架纵向支座设在柱顶，采用上弦支撑条件，螺栓球节点的正放四角锥网架。网架上弦恒荷载取值按照 0.5kN/m^2，上弦活荷载取值按照 0.5kN/m^2，基本风压取值按照 0.35kN/m^2，下弦荷载取值按照 0.5kN/m^2，温度作用

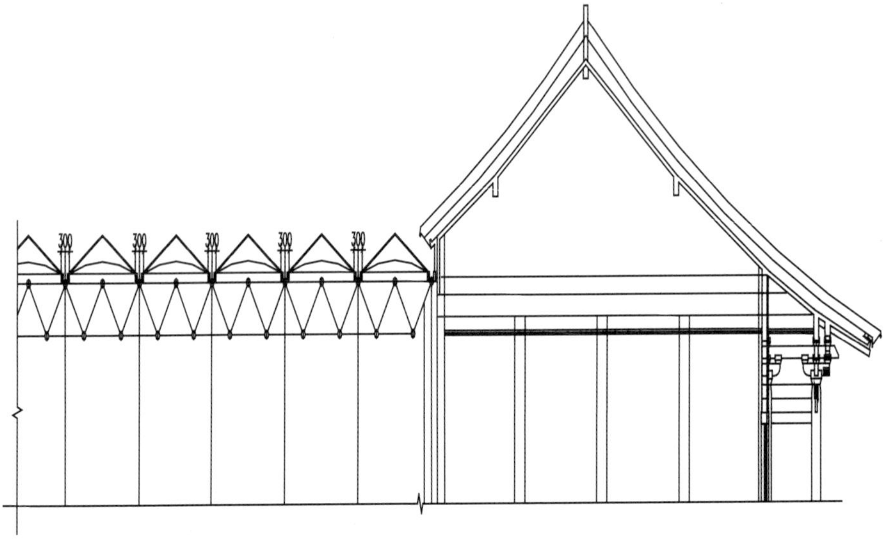

图 3.8.2.13　空间网架内嵌柱廊示意图

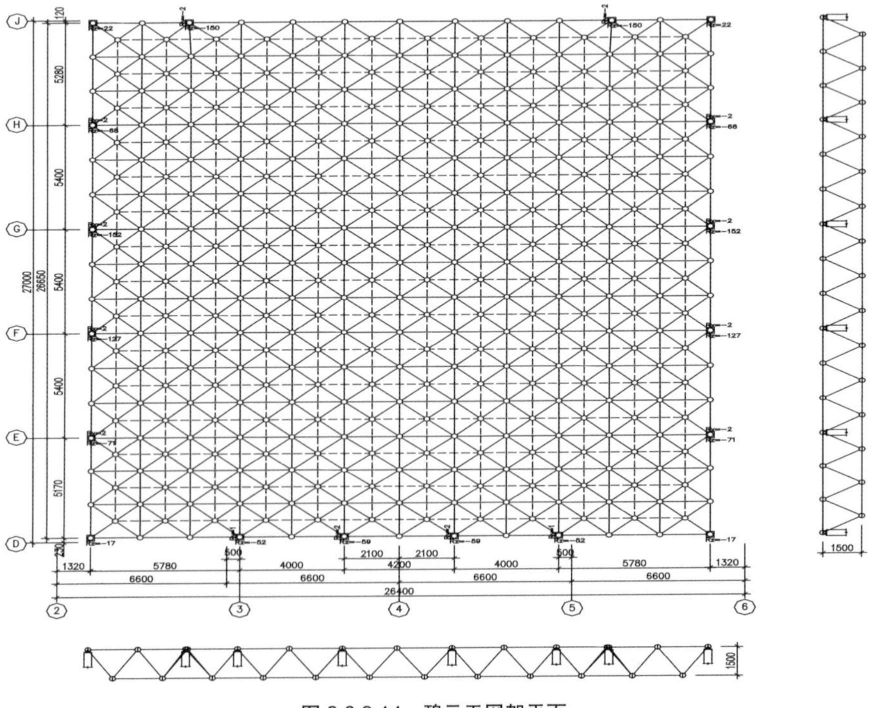

图 3.8.2.14　碧云天网架平面

考虑 ±25℃温度变化作用。根据《空间网格结构技术规程》，网架高度一般取跨度的 1/18 ~ 1/10，本工程网架跨度为 27.0m，网架高度可取 1.5m ~ 2.7m，实际取值为 1.5m。本工程网架支座采用隔二支一，网架支座均支撑在框架柱顶。计算得最大支座反力为 152kN。

网架的出现在有效地解决了大空间屋盖问题的同时，也带来了网架的现代感与传统古建的时代感格格不入的问题。因此本工程中考虑隐蔽网架的存在感，利用外围建筑群使整个网架内嵌于其中，如图 3.8.2.13 所示，外部不可见，以达到和谐统一的建筑效果。

3）小结

在以传统建筑作为载体的现代大空间结构设计中，应合理利用建筑隔墙在跨中设置隐蔽性好的支撑以减小跨度和构件尺寸，如无法加设时，应利用传统建筑特有的坡屋面设置钢筋混凝土或钢屋架。结合建筑立面在不破坏建筑效果的基础上利用窗间墙增设异形柱或短肢剪力墙增强结构水平方向刚度，同时满足不同形式屋架的连接锚固问题。当跨度超过 25m，钢筋混凝土结构满足设计需求较为困难，且无法设置跨中支撑减小跨度时，应考虑新的建筑材料及结构形式，如空间网架、网壳等，并应通过外檐高度的遮挡和网架形式的处理达到建筑要求的整体效果。应合理利用建筑隔墙设置结构构件，以减小跨度，并利用不同的建筑材料因地制宜、因建筑制宜地选择合理的结构形式，经济实用地设计当代的传统建筑。

3.8.3　工程实例三：咸阳博物院结构隔震设计及分析

1）工程概况

咸阳博物院建于陕西省咸阳市西咸新区秦汉新城，建筑面积约 37170m^2。咸阳博物院建筑外观为高台建筑，布置属于传统风格现代建筑，总体布局呈北斗七星状，象征秦朝宫殿的“象天法地”的浪漫主义规划思想。咸阳博物院从北斗七星建筑群的斗柄到斗口依次分为一至七区，其中一至五区功能主要为陈列和公共服务区；六区功能为藏品库区，藏品保护技术、业务与科研区和展品制作维修区；七区功能为行政管理、设备用房和武警宿舍。各个单体建筑之间通过钢结构连廊连接。建筑平面、立面如图 3.8.3.1 所示，建筑效果图如图 3.8.3.2 所示。

2）结构方案

项目单体建筑较多，其中三区秦文化展馆是七个单体中规模最大、功能最复杂的，建筑面积 13100m^2，建筑总高度 28.5m。本文以三区为例介绍其结构特点。

（1）地震作用大。按照《建筑抗震设计规范》GB 50011—2010（以下简称《抗规》）

的规定，工程抗震设防烈度为 7 度（0.10g），设计地震分组为第一组，按照《咸阳市建设工程抗震设防管理暂行规定》，本工程抗震设防烈度定为 8 度（0.20g），设计地震分组为第一组，场地类别为Ⅱ类。

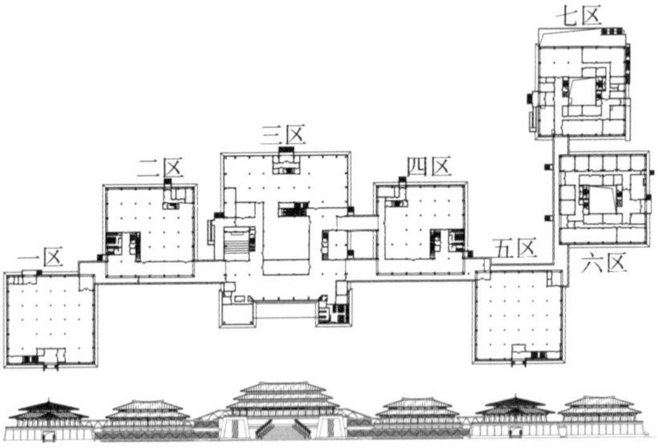

图 3.8.3.1　一至七区平面、立面图

图 3.8.3.2　建筑效果图

各单体建筑概况见表 3.8.3.1。

咸阳博物院各区建筑概况　　　　表 3.8.3.1

	一区	二区	三区	四区	五区	六区	七区
建筑功能	临展馆	汉唐壁画馆	秦文化馆	汉兵马俑馆	珍品馆	藏品库区	行政管理区
层数	地上 2 层	地上 3 层	地上 5 层	地上 3 层	地上 2 层	地下 2 层	地下 2 层
						地上 3 层	地上 3 层
建筑面积（m^2）	2321.6	3772.9	11947.2	3773.3	2352.6	7234.36	5201.06
结构类型	基础隔震钢筋混凝土框架结构					钢筋混凝土框架结构	

（2）设计使用年限高。考虑到该博物馆作为国家级博物馆的重要性，以及业主对于该项目的定位，在进行结构设计时，将该建筑的设计使用年限定为 100 年，由此带来以下几个方面的影响：①结构重要性系数取为 1.1；②根据《抗规》3.10.3 条条文说明，对地震作用进行调整，调整系数取值为 1.4；③风荷载、雪荷载取值提高；④活荷载折减系数由 1.0 提高至 1.1。

（3）建筑功能复杂。建筑存在较多大跨度空间，最大跨度达到 23.4m；局部两层通高大厅造成楼板开洞以及竖向构件不连续；建筑立面竖向向内收进，造成倾斜柱；建筑屋面采用大悬挑屋檐。结构各层平面布置如图 3.8.3.3 所示。

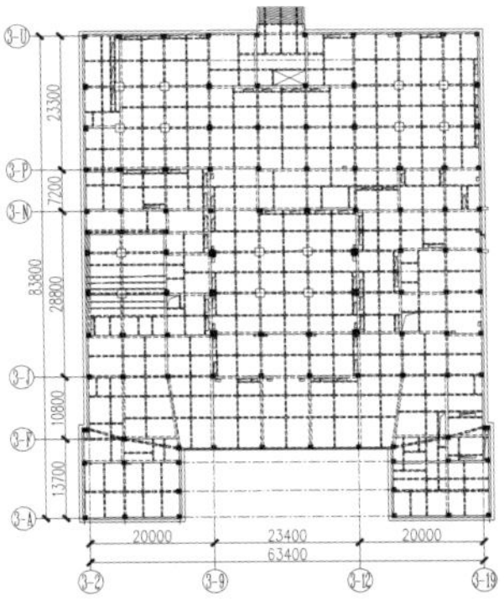

（a）秦文化馆一层结构平面

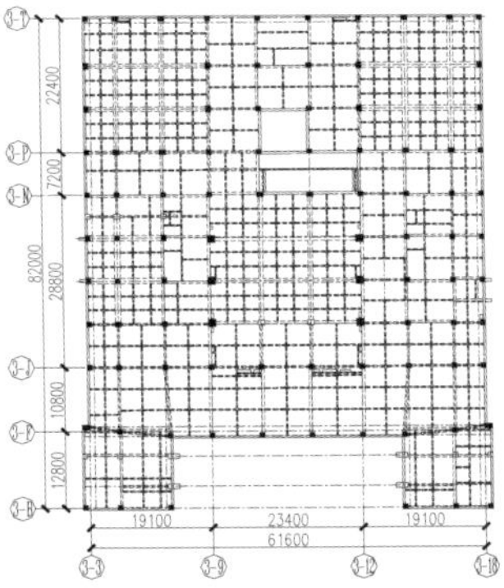

（b）秦文化馆二层结构平面

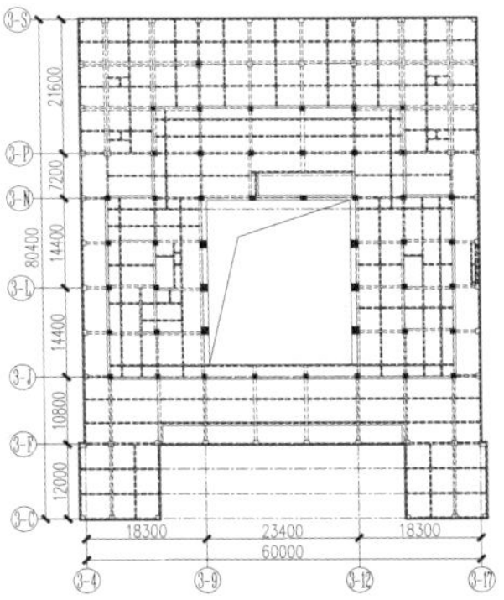

（c）秦文化馆三层结构平面

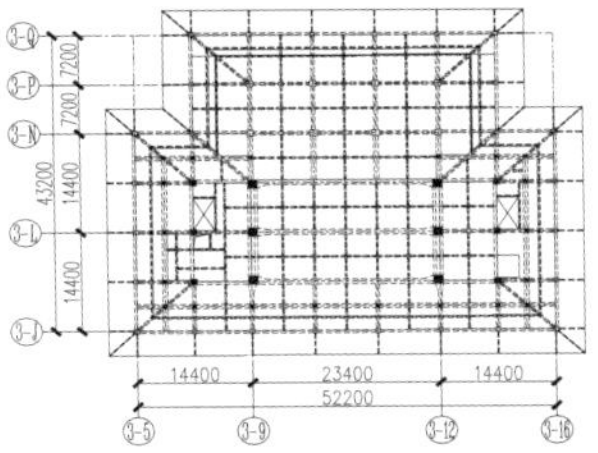

（d）秦文化馆四层结构平面

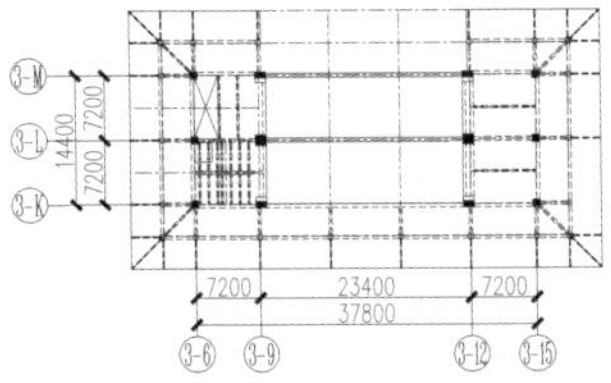

（e）秦文化馆23.650标高结构平面

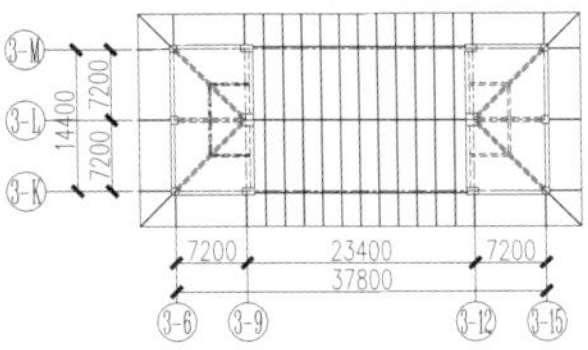

（f）秦文化馆屋面结构平面

图 3.8.3.3　秦文化馆各层结构平面

建筑剖面如图 3.8.3.4 所示。

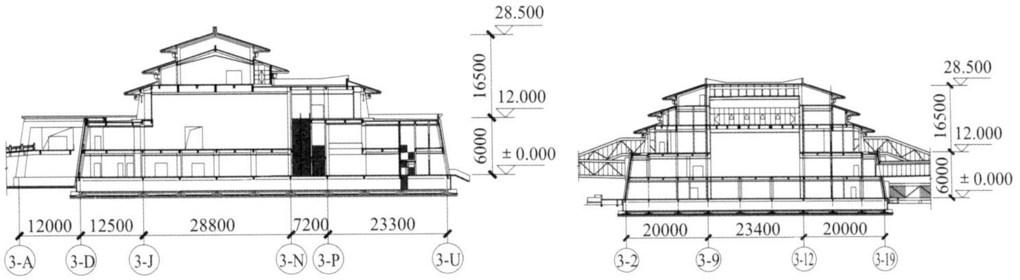

图 3.8.3.4　建筑剖面图

为了解决上述结构特点所带来的问题，分别试算了两种不同的结构方案（表 3.8.3.2）。方案一采用普通钢筋混凝土框架结构，方案二采用基础隔震钢筋混凝土框架结构。

结构方案比较　　　　**表 3.8.3.2**

	方案一	方案二
结构类型	普通抗震框架结构	隔震框架结构
结构特点	硬抗地震 断面大，刚度大，地震作用大	以柔克刚，改变结构动力响应 减小地震输入

续表

	方案一	方案二
主要构件尺寸	柱：900mm × 900mm ～ 1400mm × 1400mm 梁：400mm × 800mm	柱：800mm × 800mm ～ 1200mm × 1200mm 梁：350mm × 700mm
主要计算结果	自振周期：0.65s 混凝土量：15382.8m^3 钢筋重量：1433.66t	自振周期：2.33s 混凝土量：12077.2m^3 钢筋重量：1194.72t

方案一：普通钢筋混凝土框架结构。采用传统的结构形式，通过结构自身具有的强度、延性、耗能能力来抵抗地震。为了提高结构的抗震性能，结构构件的断面往往需要做得很大，这样造成的结果是结构刚度变大，地震作用也就随之增大。通过试算一般柱截面尺寸为 1000mm × 1000mm，一般框架梁截面为 400mm × 800mm，结构总自重约 38457t，结构混凝土体积约 15382.8m^3，结构钢筋重量约 1433.66t。

方案二：隔震钢筋混凝土框架结构。通过设置隔震层来改变结构在地震作用下的动力响应，减小地震输入，以柔克刚从而达到抗震的目的。通过试算一般柱截面尺寸为 800mm × 800mm，一般框架梁截面为 350mm × 700mm，结构总自重约 30193t，结构混凝土体积约 12077.2m^3，结构钢筋重量约 1194.72t。

通过试算综合比较分析，方案一梁柱截面尺寸较大，部分位置构件尺寸影响建筑功能，梁柱配筋量较大，节点施工困难；方案二能够在保证安全的前提下，大幅降低构件截面尺寸及配筋量，便于施工，综上考虑，本项目采用基础隔震钢筋混凝土框架结构。

3）隔震结构计算分析

隔震结构就是在基础和上部结构之间设置一个由橡胶隔震支座组成的水平刚度较小的隔震层，可以延长结构周期，降低结构在地震作用时的动力反应。整个隔震结构体系分成上部结构、隔震层、隔震层以下结构和基础这几部分，如图 3.8.3.5 所示。其中最主要的部分就是隔震层，主要由橡胶隔震支座组成。橡胶隔震支座主要由以下几个部分构成：①上下连接钢板，②叠层钢板橡胶，③中间的铅芯，④外侧的保护层，如图 3.8.3.6 所示。

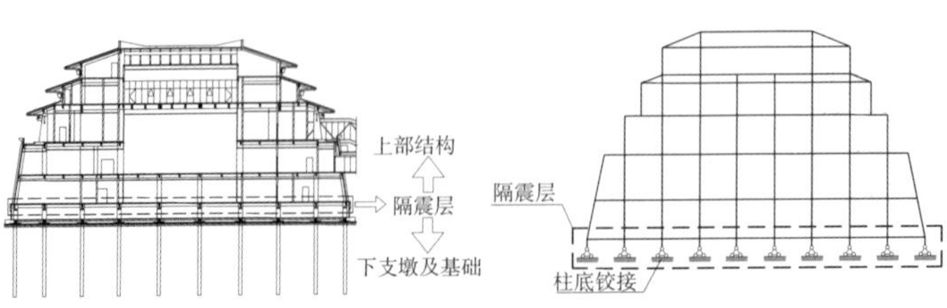

图 3.8.3.5　隔震结构计算简图

图 3.8.3.6 橡胶隔震支座

隔震结构的计算分析流程如图 3.8.3.7 所示。首先第一步确定减震目标，我们假定通过布置合理数量的隔震支座，可以达到降一度的减震效果，也就是按照设防烈度 7 度进行计算。第二步是上部结构的试算，根据隔震支座的特点，我们在建模时，将结构的隔震层定义为第一结构标准层，柱脚定义为铰接。计算时，按照之前假定的减震目标降低一度，即 7 度 0.10g 进行上部结构计算。根据计算得到的柱底内力，结合支座的设计竖向承载力，初步布置支座。支座布置完成后就要进行整体结构的计算。通过整体计算，比较隔震结构与非隔震结构在时程分析中的平均最大层间剪力比，可以得到结构的减震系数。利用计算得到的减震系数，上部结构计算采用按设防烈度 8 度降低一度设计，各层即可按照常规结构计算。在计算时，需要注意的是，由于隔震支座不隔离竖向地震作用，《抗规》中对于隔震结构中竖向地震作用的要求要比普通抗震结构高出许多。

本工程采用基础隔震，隔震层设置于一层楼板与基础之间，隔震层层高为 2.9m。每个框架柱下设置一个隔震支座，在建筑的外侧周边以及水平变形较大的位置优先布置带铅芯的橡胶支座（LRB），可显著增大结构的阻尼，在中部以及水平变形较小的位置可布置经济性更好的无铅芯橡胶支座（LNR）。本工程的隔震支座布置如图 3.8.3.8 所示。

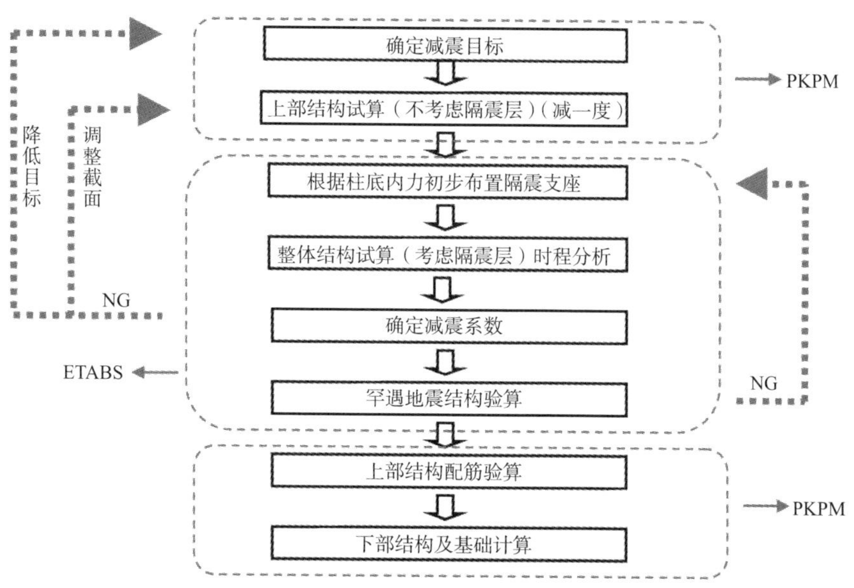

图 3.8.3.7　隔震结构计算分析流程

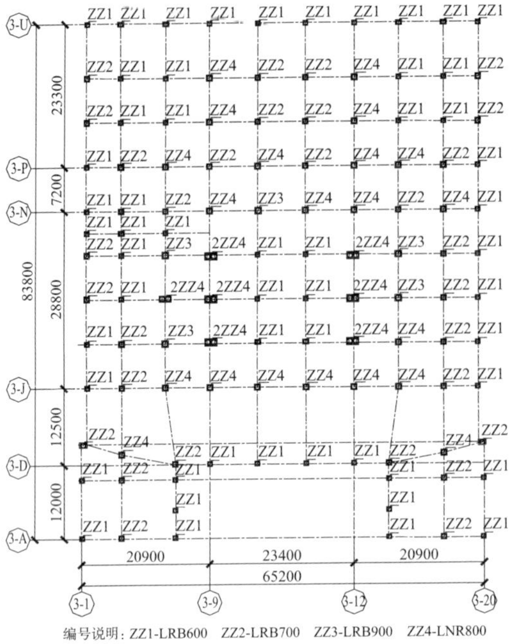

图 3.8.3.8 支座布置图

通过合理布置隔震支座，可最大限度地发挥隔震效果，同时隔震支座应满足规范规定的力学性能及变形指标 [67]，具有足够的竖向刚度及承载能力，隔震支座设计参数见表 3.8.3.3。

采用有限元软件 ETABS 对隔震与非隔震结构模型进行计算分析，ETABS 模型如图 3.8.3.9 所示。分析时，将结构的隔震层定义为第一结构标准层，柱脚采用连接单元“isolator1”模拟橡胶隔震支座。

隔震支座参数 **表 3.8.3.3**

型号		LRB600	LRB700	LRB900	LNR800
设计荷载（12MPa）（kN）		3391	4616	7611	6013
竖向刚度（kN/mm）		2700	4150	5820	4410
屈服前刚度（kN/m）		9590	13055	16310	—
屈服力（kN）		76.5	103.5	172	—
屈服后刚度（kN/m）		1612	2210	2730	—
100% 水平性能	等效水平刚度（kN/m）	1672	2272	2840	1440
	等效阻尼比（%）	30.36	30.36	30.36	6.5
数　量		63	27	9	29

图 3.8.3.9 ETABS 有限元计算模型

计算时根据建筑自振特性及场地特点，选取了 5 条天然波和 2 条人工波，地震波的 α_{max}：多遇地震取 70gal，设防地震取 200gal，罕遇地震取 400gal，同时考虑设计使用年限为 100 年对 α_{max} 的调整。所选地震波反应谱在结构主要自振频率区段内与规范反应谱吻合较好，如图 3.8.3.10 所示。经计算弹性时程分析时，每条时程曲线计算所得结构底部剪力均大于振型分解反应谱计算结果的 65%，时程曲线计算所的结构底部剪力的平均值也均大于振型分解反应谱法计算结果的 80%。

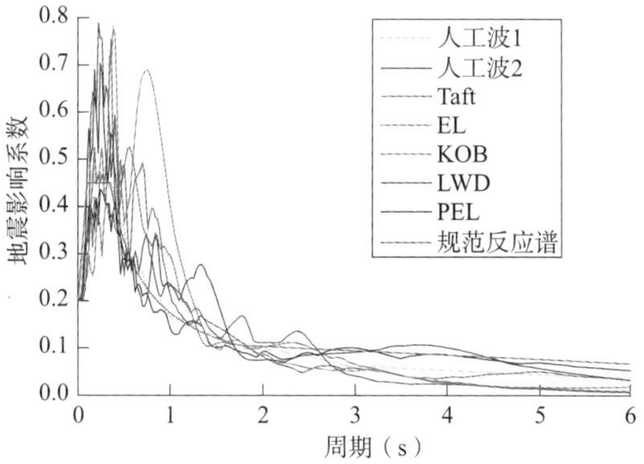

图 3.8.3.10 时程分析与规范反应谱对比（8 度设防）

通过 ETABS 模型进行模态分析，比较了多遇地震作用下隔震模型和非隔震模型的基本自振周期见表 3.8.3.4。由计算结果可知，隔震结构的自振周期约为非隔震结构的 2.73 ~ 3.14 倍，采用隔震方案后，两个方向的基本周期相差很小，表明隔震支座布置合理，刚度分布均匀。

多遇地震作用下隔震结构与非隔震结构自振周期　　表 3.8.3.4

振型	结构自振周期（s）		比值
	隔震结构	非隔震结构	
第 1 阶	2.3432	0.8597	2.73

续表

振型	结构自振周期（s）		比值
	隔震结构	非隔震结构	
第 2 阶	2.2689	0.8432	2.69
第 3 阶	2.1627	0.6879	3.14

将结构隔震前后的自振周期表示到本工程设计反应谱中，如图 3.8.3.11 所示。从图中可以看出，采用隔震方案的结构自振周期被大幅度延长，α_{max} 减小约 50%，相应的水平地震作用大幅度降低。

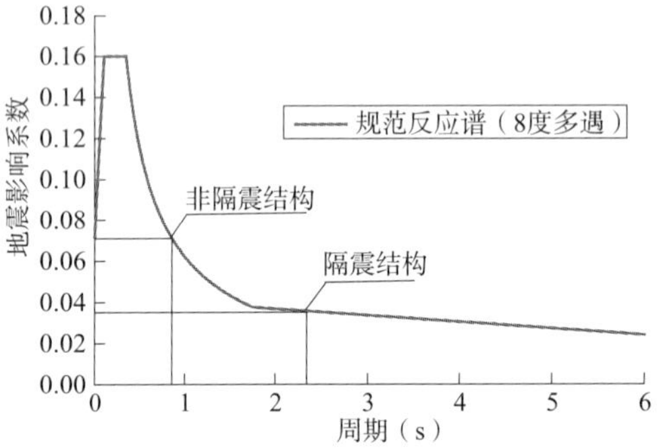

图 3.8.3.11　隔震结构与非隔震结构周期对比

《抗规》12.2.5 条规定，结构水平向减震系数 β 取隔震与非隔震各层层剪力最大比值。时程分析计算得到设防地震（中震）作用下，隔震结构与非隔震结构平均最大层间剪力比为 0.297，计算结果见表 3.8.3.5。

非隔震结构与隔震结构层间剪力比　　表 3.8.3.5

楼层		X 向层剪力（kN）					Y 向层剪力（kN）				
		2	3	4	5	6	2	3	4	5	6
人工波 1	非隔震	49254	35703	30673	14014	5443	45639	34676	30191	13255	4295
	隔震	16429	11231	7448	3448	1532	17140	11671	7360	3335	1257
人工波 2	非隔震	53840	44918	26726	11568	4764	53678	44972	24783	11783	4293
	隔震	18723	16130	9700	4322	1782	18892	16421	10067	4152	1370
Taft	非隔震	104910	77887	57300	21039	7342	95742	75409	52096	18563	5753
	隔震	19964	16963	12762	5593	2140	20077	17566	13114	5156	1707
EL	非隔震	90267	65424	43547	16883	6762	84799	62946	41459	16240	5321
	隔震	19161	14575	12908	6699	2751	19222	15277	13389	6496	2194

续表

楼层		X向层剪力（kN）					Y向层剪力（kN）				
		2	3	4	5	6	2	3	4	5	6
KOB	非隔震	151380	119910	80149	29480	10058	145850	113340	76411	25995	7415
	隔震	23868	20392	12393	5791	2302	23975	21186	12928	5727	1911
LWD	非隔震	74205	47907	40395	16956	6823	68425	45518	38167	15172	4891
	隔震	17299	13748	10725	4703	1888	17621	14235	10765	4439	1435
PEL	非隔震	90695	69439	40804	18688	7336	79170	64333	40104	19167	6618
	隔震	24555	15761	9658	4220	1628	24834	15971	9884	3914	1220
层剪力比平均值		0.249	0.257	0.255	0.283	0.297	0.271	0.275	0.275	0.286	0.294

注：结构1层为隔震层，层剪力比值从二层开始。

计算得到设防地震作用下的非隔震结构与隔震结构的层间剪力对比见图3.8.3.12。计算结果表明，采用隔震结构后，底层 X 向层间剪力降低约77%，底层 Y 向层间剪力降低约75%。根据《抗规》第12.2.5条，水平地震作用可以降低一度进行设计。

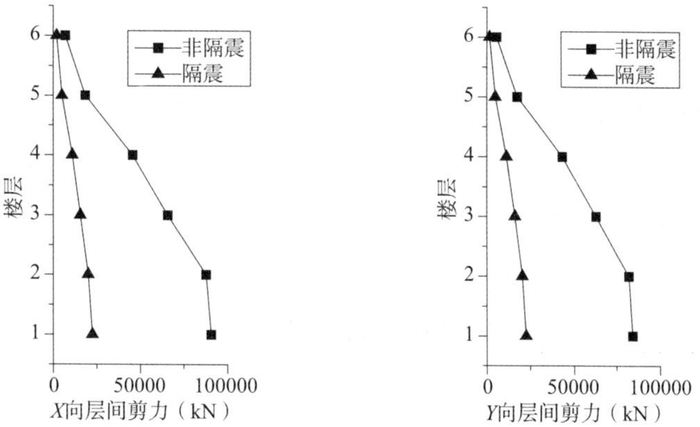

图3.8.3.12　非隔震结构与隔震结构层间剪力

《抗规》第12.2.5条规定，8度且结构水平向减震系数 β 不大于0.3时，隔震层以上结构应进行竖向地震作用的计算。由于本工程属于8度大跨度结构，因此对隔震层以上结构采用PKPM-SATWE软件进行竖向地震验算。计算过程中，按降低一度进行设计，即 α_{max} 取值为0.08，但同时造成的问题是竖向地震作用相应地被降低，因此通过调整程序水平地震影响系数最大值 α_{max} 及全楼地震力放大系数，既保证了水平地震作用按降低一度即7度设计，又保证了竖向地震按8度进行设计。经过试算，将程序水平地震影响系数最大值 α_{max} 取为0.28，全楼地震力放大系数取为0.4。

4）隔震层及以下结构分析

通过对结构在罕遇地震作用下的受力分析，得到隔震支座在罕遇地震作用下的支座位移。根据《叠层橡胶支座隔震技术规程》CECS 126—2001 第 4.3.5 条规定，各隔震支座在罕遇地震作用下的最大水平位移不应大于 0.55 倍支座直径和 3 倍支座厚度的较小值。本工程罕遇地震作用下隔震支座位移见表 3.8.3.6。

由表 3.8.3.6 可知，在罕遇地震作用下，隔震支座水平向最大平均位移均小于支座的最大允许变形，支座选取满足结构在罕遇地震作用下水平变形要求。

罕遇地震作用下隔震支座位移 表 3.8.3.6

支座型号	支座最大平均位移 d（mm）		最大允许变形（mm）
	X 向 d_x	Y 向 d_y	
LRB600	273	273	330
LRB700	272	273	385
LRB900	271	271	495
LNR800	272	272	440

《抗规》12.2.4 条规定，隔震橡胶支座在罕遇地震的水平和竖向地震同时作用下，拉应力不应大于 1MPa。其中竖向地震作用按《抗规》12.2.1 条要求，取重力荷载代表值的 20%。计算结果表明：罕遇地震作用下本工程隔震支座均受压，满足《抗规》12.2.3 条相关要求，分析结果见表 3.8.3.7。

罕遇地震作用下隔震支座轴力 表 3.8.3.7

支座型号	支座轴力 N（kN）	
	N_{max}	N_{min}
LRB600	-6541（压）	-2（压）
LRB700	-4987（压）	-317（压）
LRB900	-7156（压）	-5583（压）
LNR800	-10606（压）	-2809（压）

根据以上分析，可以得到以下结论：

（1）该工程结构隔震与非隔震平均最大层间剪力比是 0.297，对应的减震系数为 0.5，上部结构的水平地震作用按设防烈度 8 度降低一度设计，即水平地震影响系数的最大值为 0.5 × 0.16=0.08；

（2）在罕遇地震作用下，隔震层的水平向最大平均位移为 273mm ＜ 330mm，即最小直径（600mm）支座的最大允许变形。选取最小直径支座满足结构在罕遇地震作用下的水平变形要求，满足规范要求；

（3）隔震支座在罕遇地震作用下的最大平均拉应力均小于 1MPa,满足规范要求。

5）下部结构及基础验算

隔震层的支墩、支柱及相连构件，应采用隔震结构罕遇地震下隔震支座底部的竖向力、水平力和力矩进行承载力设计，计算简图如图 3.8.3.13 所示。

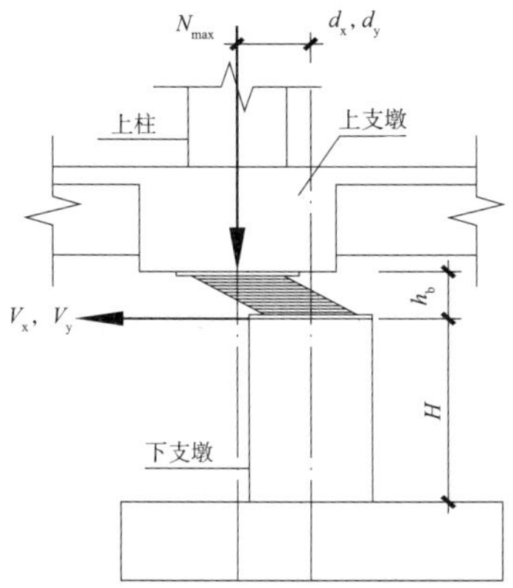

图 3.8.3.13　下支墩计算简图

其中 N_{max} 为罕遇地震作用下支座最大轴力，d_x、d_y 为罕遇地震作用下支座最大位移，V_x、V_y 为罕遇地震作用下支座最大剪力，h_b 为支座高度，H 为下支墩高度。下支墩按悬臂柱进行设计，底部弯矩按下式计算：

$$M=Nd/2+V(H+h_b/2)$$

下支墩应满足嵌固的刚度比和隔震后设防地震的抗震承载力要求，并按罕遇地震进行抗剪承载力验算。本工程地基基础的抗震验算和地基处理按本地区抗震设防烈度进行。

6）关键节点与构造

隔震建筑与传统建筑不同的是，隔震建筑在地震作用时会有水平向的大变形，应采取措施保证隔震层在罕遇地震下能够发生大变形，在上部结构与室外地面之间，应设置水平隔震缝，如图 3.8.3.14 所示。隔震支座在罕遇地震下的最大水平位移为 273mm,因此设置了 300mm 宽的隔震缝,上部结构和下部结构可以在缝宽范围内变形。隔震缝采用 2cm 的泡沫苯板填充。

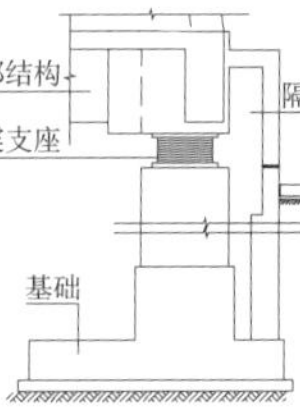

图 3.8.3.14　水平隔震缝

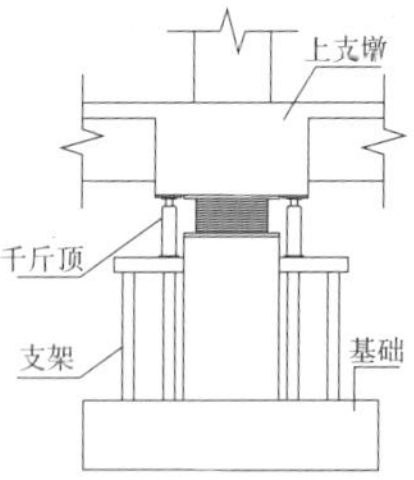

图 3.8.3.15　支座更换装置（上支墩）

当支座在地震作用后发生较大移动变形时，或支座出现问题需要更换时，在支座顶部设计了上支墩，如图 3.8.3.15 所示，可通过千斤顶顶撑上支墩完成检修。

图 3.8.3.16　室外悬挑踏步

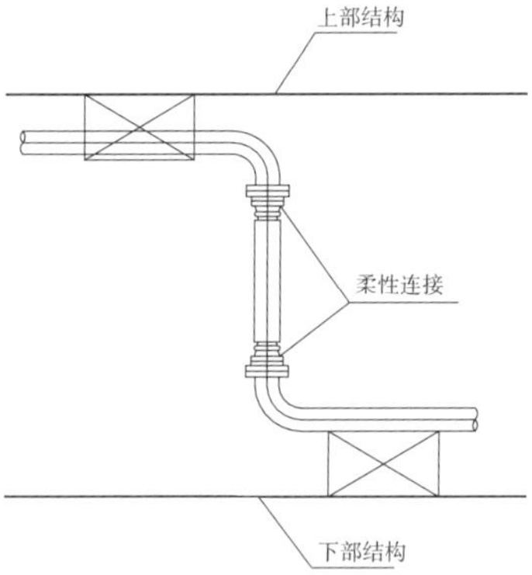

图 3.8.3.17　管线柔性连接示意图

当建筑布置有室外楼梯时，可采用从主体结构悬挑的办法，踏步底部留有滑动的间隙，如图 3.8.3.16 所示。穿过隔震层的竖向管线，在隔震层处要采用柔性管材。避免在地震大变形时造成管线破坏，如图 3.8.3.17 所示。

7）小结

隔震结构与非隔震结构平均最大层间剪力比是 0.297，水平地震作用按降低一度即 7 度设计，地震作用被大幅度降低，结构隔震效果良好。

在罕遇地震作用下，隔震层的水平向最大平均位移小于支座的最大允许变形。选取最小直径支座满足结构在罕遇地震作用下的水平变形要求，满足规范要求。隔震支座在罕遇地震作用下的最大平均拉应力均小于 1MPa，满足规范要求。

采用隔震结构罕遇地震下隔震支座底部的竖向力、水平力和力矩进行承载力设计，下支墩满足嵌固的刚度比和隔震后设防地震的抗震承载力要求。

3.8.4　工程实例四：大唐西市酒店结构设计

1）工程概况

传统建筑是我们五千年文明的载体之一，融合了历史的沉淀和文明的更迭。现存的传统建筑已成为各个城市的宝贵遗产，是城市文化及历史不可或缺的一部分，具有很高的历史价值。西安作为丝绸之路的起点，现存的大雁塔、小雁塔等都是传统建筑的杰出代表。本书介绍的大唐西市五格金市酒店就隶属于以丝路风情和文化为特色的综合性商业地产项目的大唐西市建筑群。

西市酒店（图 3.8.4.1）占地面积 9000m^2，地下两层，地上五层，局部六层。其中塔楼居于中心，地上五层通过连廊分别与阙楼第五层、第六层相连，连接方式采用橡胶支座连接。同时阙楼亦通过连廊与南北两个客房分别在第五层和第六层相连。南北两侧和西侧均为酒店客房，其中西侧客房与塔楼脱缝，南北两侧客房通过连廊与塔楼连接，形成以塔楼为中心，向东南西北辐射发展的建筑群。建筑物平面和立面布置图见图 3.8.4.2 ~图 3.8.4.4。塔楼为平面八边形的楼阁式传统风格建筑，分为地上和地下两部分，地上部分高 41.080m。阙楼为交通核，设有楼、电梯，总高 32.84m。连廊位于标高 17.550m 以上，连接塔楼和阙楼。塔楼平面外侧为观光走廊，走廊下方及外侧均有传统飞檐斗栱。

项目设防烈度为 8 度，建筑设防类别属于乙类建筑，基本风压为 0.35kN/m^2，地面粗糙度类别为 C 类，设防地震分组为第一组，场地类别为Ⅱ类，特征周期为 0.35s，水平地震影响系数最大值为 0.16。

图 3.8.4.1　西市酒店

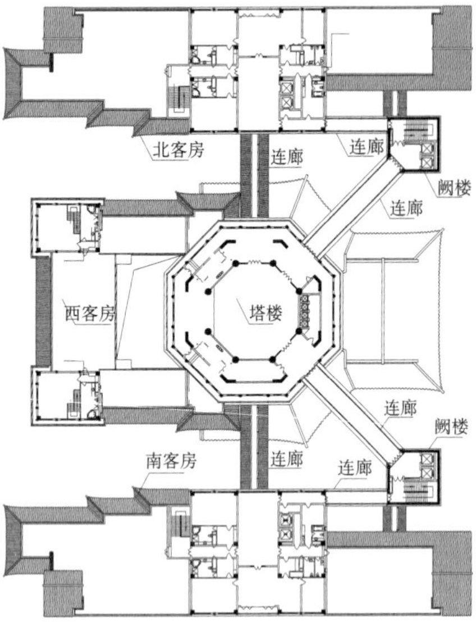

图 3.8.4.2　平面布置图

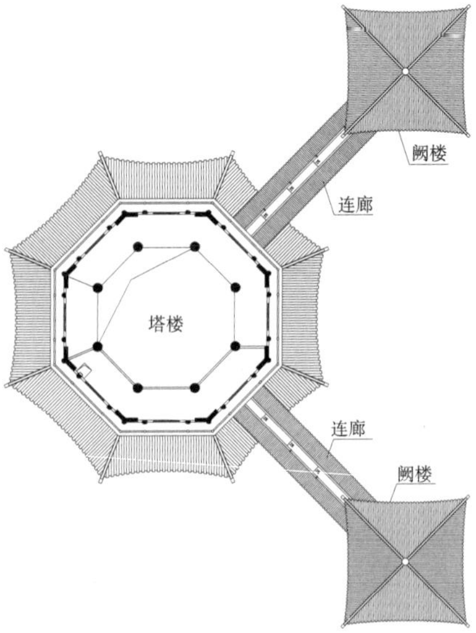

图 3.8.4.3　屋面布置图

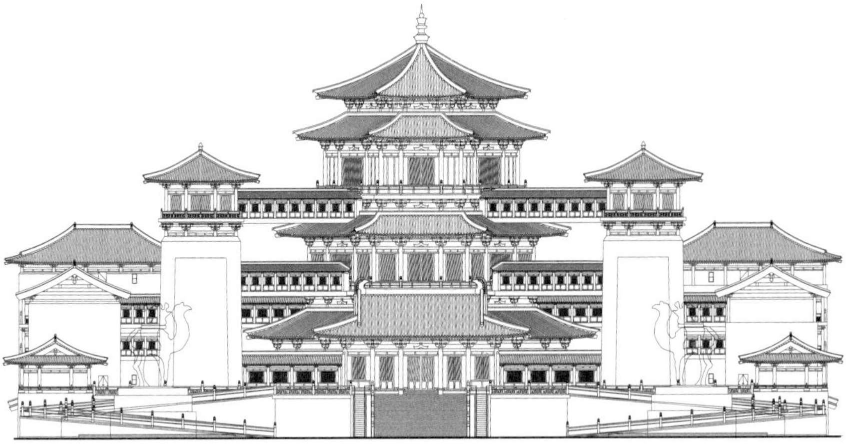

图 3.8.4.4　立面布置图

2）结构定案

（1）地裂缝设计

本项目建设位置位于地裂缝范围内（图 3.8.4.5）。根据陕西省地质环境监测总站报告，西安地裂缝活动量及活动速率自 1995 年开始逐年减小并趋于稳定。1995 年沉降量为 55.05mm，1996 年为 36.12mm，1997 年为 33.29mm，1998 年为 25.68mm，1999 年则为 23.30mm，沉降量大约为 1 ~ 6mm/ 年。并且根据近几年的使用和观察，建筑物未出现较大问题，因此采取有效的措施即可减少地裂缝对建筑物的影响。各建筑的布置位置具体为：主楼、阙楼等重要建筑布置在地裂缝外侧，避让距离满足规范要求；附属建筑如地下通道、上部连廊和平台等采取相应处理措施后可设于地裂缝上。表现为塔楼和阙楼等其他建筑布置于地裂缝北侧，客房区域布置于地裂缝南侧，两个建筑群以上部连廊、平台和地下通道连接，同时，在地裂缝上设置钢台阶。

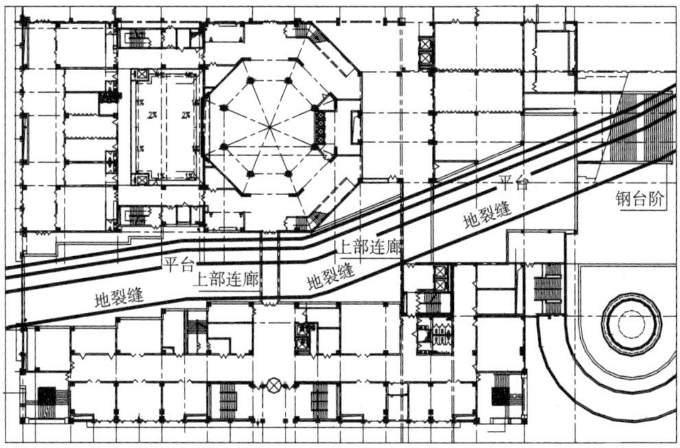

图 3.8.4.5　地裂缝

具体处理措施为：

①连接地裂缝两侧建筑物的通道分段布设上部连廊，在连廊地下一层顶板上铺设500mm 厚砂垫层，其上做筏板基础。当地裂缝活动造成基础一侧下沉时，通过砂垫层的变形可有效地减少基础不均匀变形引起的内力，如图 3.8.4.6 所示。这种处理方式有效地避免了地裂缝对建筑的破坏性影响。

② ±0.000m 平台处，在其基础支座位置设置橡胶支座，通过橡胶支座的水平位移释放地基变形时引起的内力，同时设置止水带，避免水进入地裂缝产生次生灾害。

③布设于地裂缝上的台阶采用轻型结构（钢结构），在满足整体刚度的要求下减小了结构的自重。钢柱位于变形区，因此梁柱节点未采用刚性连接，采用铰接连接以释放地基变形时引起的内力。

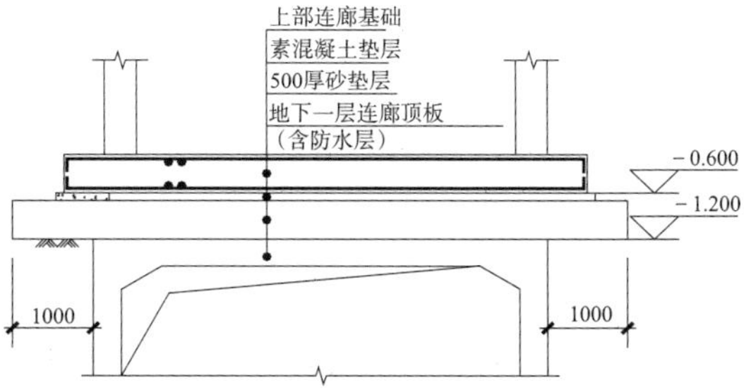

图 3.8.4.6　地裂缝处连廊基础

（2）塔楼、阙楼及连廊设计

①塔楼

塔楼采用楼阁式传统建筑，共6层，总高为41.080m。塔楼平面为八边形，平面布置规则且对称，因此塔楼的结构形式可选为框架结构和框剪结构。在设计初期选择为框架结构，计算简图如图3.8.4.7所示。在满足建筑外部节点样式的要求下，在局部的柱截面采用梭柱处理，这种设计思路的局限性在于：受建筑外部体形的限值，框架柱的尺寸须与窗间墙同高，因此所选柱截面过小，根据计算结果可知由于柱截面过小导致轴压比过大，延性不足。同时，缩柱导致竖向构件不连续，出现“断柱”现象，须在楼层处进行转换处理，然而由于建筑功能限制，“断柱”处内侧无楼层，因此无法实现转换处理。综合上述两方面原因，最终确定塔楼的结构形式从框架结构演变为框剪结构。

对于框剪结构的塔楼，我们将剪力墙布置于窗间墙处（如图3.8.4.8所示），这种布置不仅满足了建筑的功能要求，同时避免了楼层处“断柱”现象。根据计算结果，结构强度、顶点最大位移、层间变形、剪力墙等各项指标均满足规范要求。

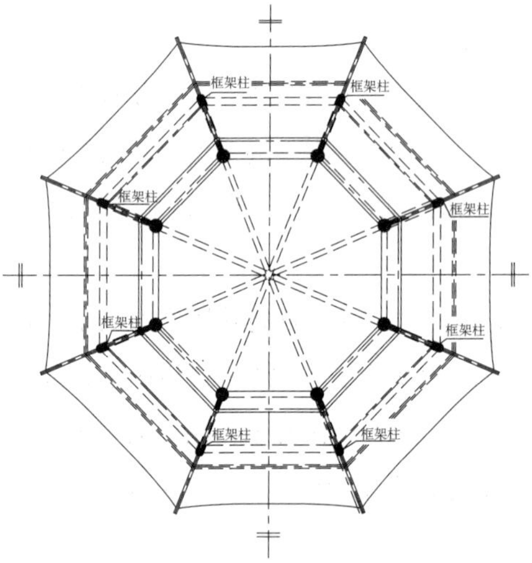

图3.8.4.7　框架结构布置图

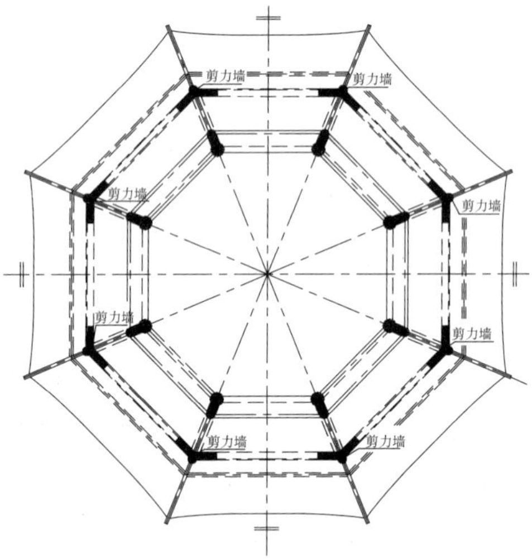

图3.8.4.8　框剪结构布置图

②阙楼

阙楼总共32.84m，塔楼 - 钢连廊 - 阙楼连体结构的整体变形受连体结构侧向刚度的影响，而阙楼体量小，为了提高其侧向刚度，阙楼结构形式可选择筒结构（如图3.8.4.9所示）；同时，阙楼作为交通核，设有楼梯和电梯，如果采用框架结构则在层间处会布置较多的层间梁和梯柱。综合上述两种因素，根据连体计算和单体计算的结果，结构强度、顶点最大位移、层间变形、剪力墙等各项指标均满足规范要求，最终阙楼确定为筒结构，这种结构形式提高了阙楼的整体刚度和抗剪承载力。屋面采用四角攒尖的结构形式，满足建筑屋面要求（图 3.8.4.10）。同时阙楼外墙立面为斜墙，为了解决施工难度，最终结构墙采用垂直布置，外侧斜立面由建筑干挂石材调整完成。

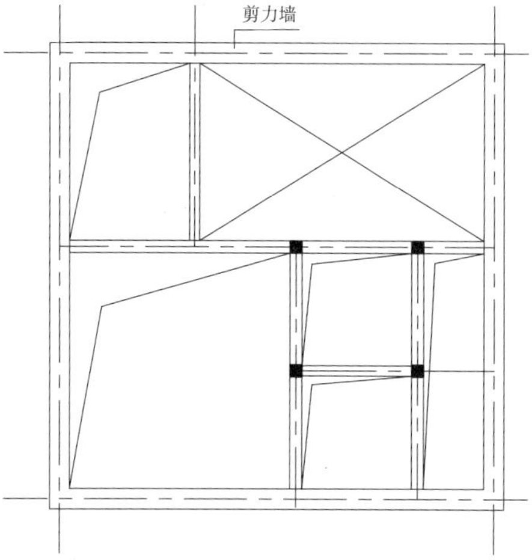

图 3.8.4.9　阙楼平面布置图

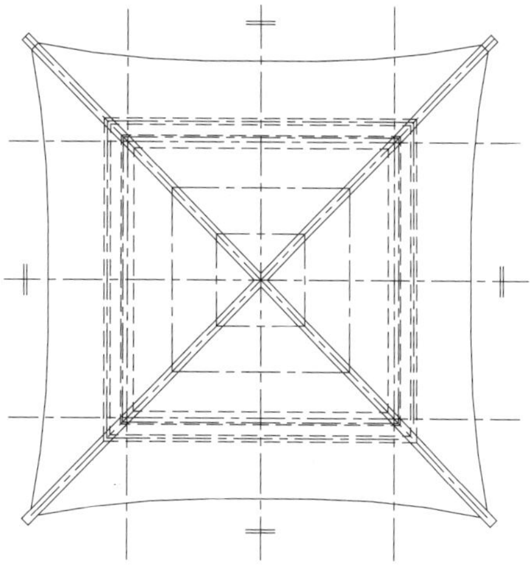
图 3.8.4.10　阙楼屋面布置图

③连廊

连廊作为较弱的连接体结构，其选型及设计方案受连体结构整体刚度的影响。通常情况下，在温度变化、风荷载以及地震作用下，连廊两端的塔楼和阙楼会发生水平位移。为了确保连廊两端建筑物能够相互独立的产生水平位移又彼此不影响，决定在连廊与塔楼和阙楼之间采用板式橡胶支座进行连接，连廊支座滑移量要求满足罕遇地震的位移要求。这种设计可以简化计算，连廊设计独立于整体设计计算之外，地震作用下，通过橡胶支座的滑移（图 3.8.4.11），吸收地震能量，释放位移，避免塔楼和阙

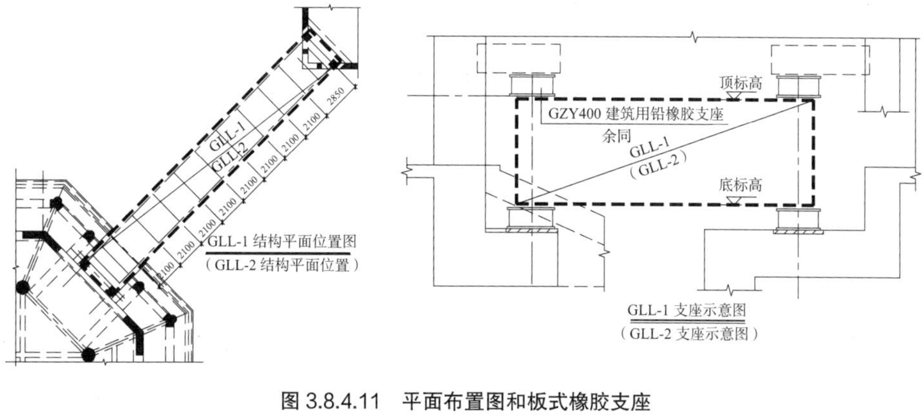

图 3.8.4.11　平面布置图和板式橡胶支座

楼的变形对连廊引起较大的内力。同时，由于连廊采用钢结构，主要构件为工厂制作加工，避免现场高空支模的高花费，自重轻，施工速度快，施工质量可以保证。最终确定了塔楼 - 连廊 - 阙楼采用橡胶支座连接的设计思路。

3）结构分析与计算

（1）连体结构计算

计算软件采用 MIDAS，对塔楼 - 连廊 - 阙楼的连体结构进行整体分析及位移计算，计算结果见表 3.8.4.1 ~表 3.8.4.3。由表 3.8.4.1 ~表 3.8.4.3 可知，分析得出的结构反应特征、变化规律基本吻合，结构周期、顶点最大位移、层间变形等各项指标均满足规范要求。

结构周期及振型 表 3.8.4.1

软件		MIDAS
第一振型	周期（s） 平扭系数（X+Y+T）	1.10 20%+67%+13%
第二振型		0.77 72%+24%+4%
第三振型		0.37 10%+17%+63%
周期比		0.33<0.9（限值）
有效质量参与系数	X 向 Y 向	92.11% 91.96%

结构在地震作用下的响应 表 3.8.4.2

计算指标			MIDAS	规范要求
X 向	地震作用	最大层间位移角 最大位移比	1/991 1.19	满足
Y 向			1/965 1.37	满足

结构在地震作用下剪重比 表 3.8.4.3

计算指标			MIDAS	规范要求
X 向	地震作用	剪重比	5.2%	≥ 3.2%
Y 向			5.2%	

（2）单体结构计算

计算软件采用 MIDAS 和 YJK，对单体结构的塔楼、连廊、阙楼进行整体分析及位移计算，塔楼的计算结果见表 3.8.4.4 ~表 3.8.4.6。由表 3.8.4.4 ~表 3.8.4.6 可知，

YJK 和 MIDAS 两种程序分析得出的结构反应特征、变化规律基本吻合，结构周期、顶点最大位移、层间变形等各项指标均满足规范要求。阙楼及连廊经计算同样满足规范要求。综上，连体结构和单体结构的计算结果互相校核，在设计中，计算结果取两者的包络值。

结构周期及振型　　　　表 3.8.4.4

软件		MIDAS	YJK
第一振型	周期（s） 平扭系数（*X*+*Y*+*T*）	1.39 0%+97%+3%	1.41 0%+98%+2%
第二振型		1.16 98%+0%+2%	1.18 100%+0%+0%
第三振型		0.77 0%+4%+96%	0.78 0%+2%+98%
周期比		0.55<0.9（限值）	0.55<0.9（限值）
有效质量参与系数	*X* 向 *Y* 向	93.35% 96.19%	94.55% 97.28%

结构在地震作用下的响应　　　　表 3.8.4.5

计算指标			MIDAS	YJK	规范要求
X 向	地震作用	最大层间位移角 最大位移比	1/911 1.16	1/886 1.18	满足
Y 向			1/875 1.27	1/831 1.21	满足

结构在地震作用下剪重比　　　　表 3.8.4.6

计算指标			MIDAS	YJK	规范要求
X 向	地震作用	剪重比	3.7%	3.86%	≥ 3.2%
Y 向			3.3%	3.5%	

4）关键节点与构造

（1）钢筋混凝土斗栱

本项目均采用轻骨料混凝土斗栱（是指采用轻骨料的混凝土，其表观密度不大于1500kg/m^3），按图纸进行模板制作和钢筋下料，成型后运至场地与檐檩（梁）焊接。这样做的好处是，在结构计算阶段可不考虑斗栱对整体结构的影响，以构筑物的方式处理斗栱，这种简化方式在传统建筑中应用普遍并且取得了很好的效果。如果采用现浇斗栱的思路，则在计算阶段无法明确斗栱节点处的受力形态及其对整体结构的影响，增加了设计的复杂性且具有一定的安全隐患。因此，确定了预制混凝土斗栱节点的设计方案。

（2）屋面节点

钢筋混凝土传统风格建筑在构造样式上沿用了传统建筑的营造法则，与一般钢筋混凝土结构的受力特点不太一致。

针对屋面檐口构件，受建筑体形、样式等因素影响，其出挑尺寸大。因此，采用设置檐檩构件以减小悬挑板的计算跨度（图 3.8.4.12），同时辅助于预应力屋面和增大节点处截面高度两种方法平衡节点区的较大弯矩，增强其抗弯能力，减小梁扭矩，增强约束（图 3.8.4.13）。

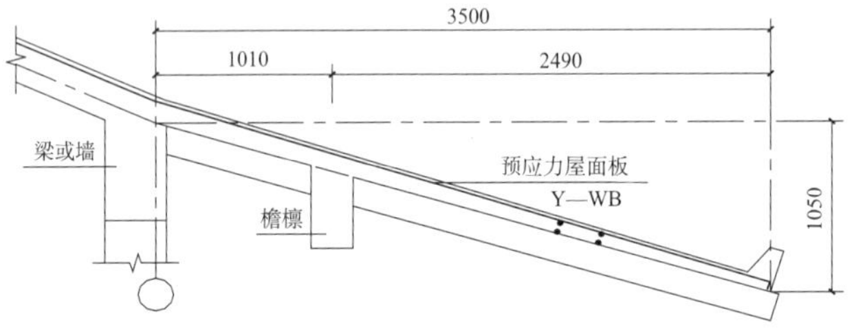

图 3.8.4.12　预应力屋面

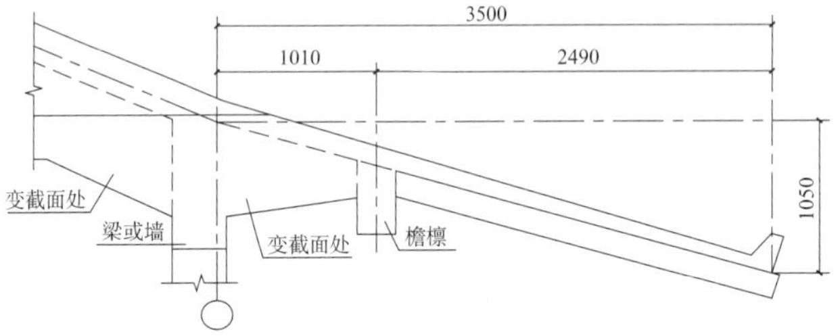

图 3.8.4.13　增大截面

5）小结

（1）主体采用钢筋混凝土连体结构，塔楼为框剪结构，阙楼为筒结构，连廊为钢结构。结构体系选择合理，结构抗侧性能良好，并且满足建筑体形和功能要求。

（2）对地裂缝范围内的建筑采用合理的避让距离，设置止水带、橡胶支座和梁柱铰接连接等措施加强建筑物适应不均匀沉降的能力，减小地裂缝的影响。

（3）钢连廊采用板式橡胶支座的连接方式，简化连体结构为三个独立的计算单元，简化计算，同时满足整体刚度要求，在地震作用下，可以有效地吸收地震力，释放位移，确保了结构的安全性。

3.8.5　工程实例五：西安博物院结构设计

1）工程概况

西安博物院（图 3.8.5.1）位于西安市小雁塔公园内，建筑南北长约 121.0m，东西宽约 81.0m，占地面积 21223m²，总建筑面积 14770m²。博物院建筑借鉴传统礼制建筑的最高形制——明堂式的格局，注重全方位形象的完整性。2.4m 高、81m 见方的台座上设置 12.5m 高的双檐方楼，四角“有亭翼然”，正中为直径 31m 的大跨度圆形攒尖。本项目于 2001 年完成施工图设计，2007 年正式对外开放运营，已成为历史文化名城西安在 21 世纪经济和文化发展的一面镜子，西安新的地标性建筑，反映着古都的新形象。

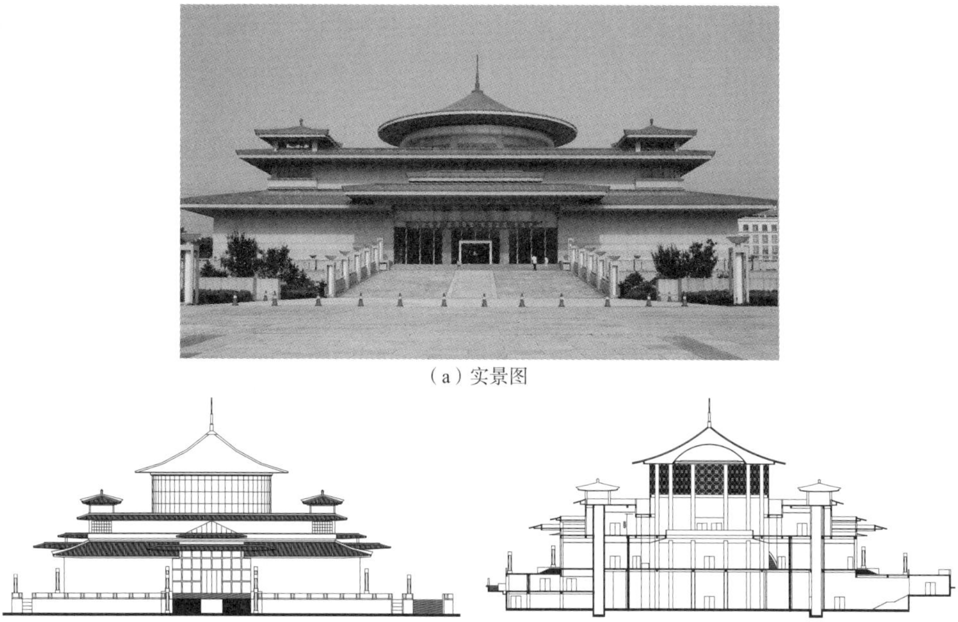

（a）实景图

（b）立面图

（c）剖面图

图 3.8.5.1　西安博物院

西安博物院檐口高度为 20.5m，建筑主要功能为博物馆基本陈列展厅及文物库房。地下一层，地上两层，地下局部有夹层，且局部设有平战结合的六级人防及物资库。结构为框架 - 剪力墙结构体系，因剪力墙布置于底部，故确切结构形式为底部框剪，上部框架；工程结构设计基准期为 50 年，结构安全等级为一级，地震设防烈度为 8 度，设计地震分组为第一组，框架及剪力墙抗震等级为一级，抗震设防类别为乙类，耐火等级为一级，建筑场地类别为Ⅲ类，场地特征周期为 0.35s，地面粗糙度类别为 C 类，基本风压为 0.35kN/m²，地下室顶板作为上部结构的嵌固部位，基础形式为梁筏基础。

2）结构分析与计算

（1）结构体系的选择

建筑平面布置均匀规则，二层四边对称缩进两跨，三层及以上为局部屋面、四角攒尖角亭及圆形坡屋面（图 3.8.5.2）。

建筑依据“天圆地方”的设计理念，将中部中央大厅 33.0m × 33.0m 范围内布置为纵向圆形空间，且大中庭空间只能布置 12 根圆柱，柱网直径达 22m。建筑自 ± 0.000m 标高至檐口 20.500m 标高于二层 6.500m 标高、10.700m 标高处设有与四周陈列展厅相连接的通道，同时屋顶为铺设重瓦的大跨度圆形攒尖屋面，因此形成了一个头重而身长的筒形结构。

结合上述建筑特点，结构设计的难点和重点在于如何处理外部回字形主体与内部圆柱筒形结构的关系，并在此基础上选择合适的结构体系，来更好地完成整体结构设计。

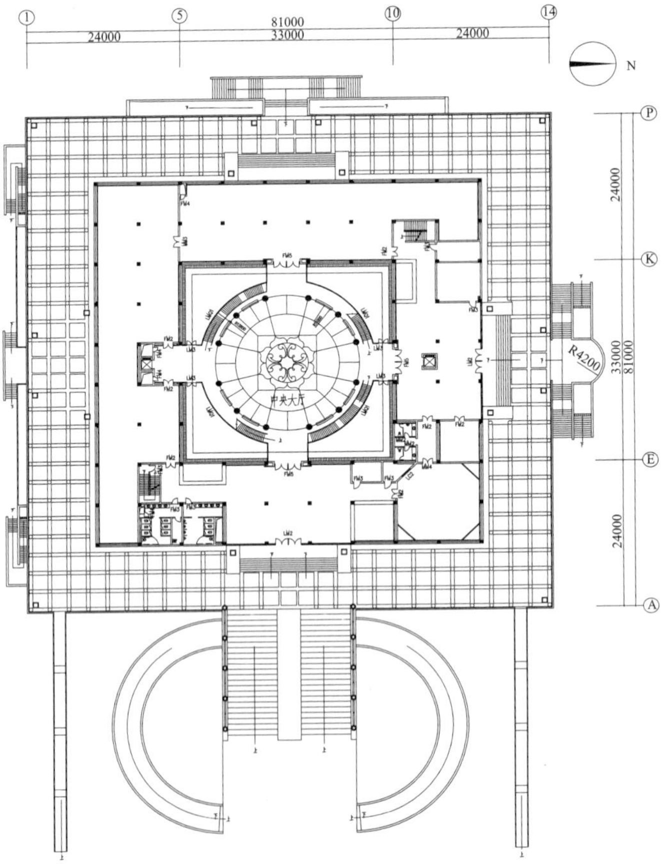

（a）首层平面图

图 3.8.5.2　建筑主要平面布置图（一）

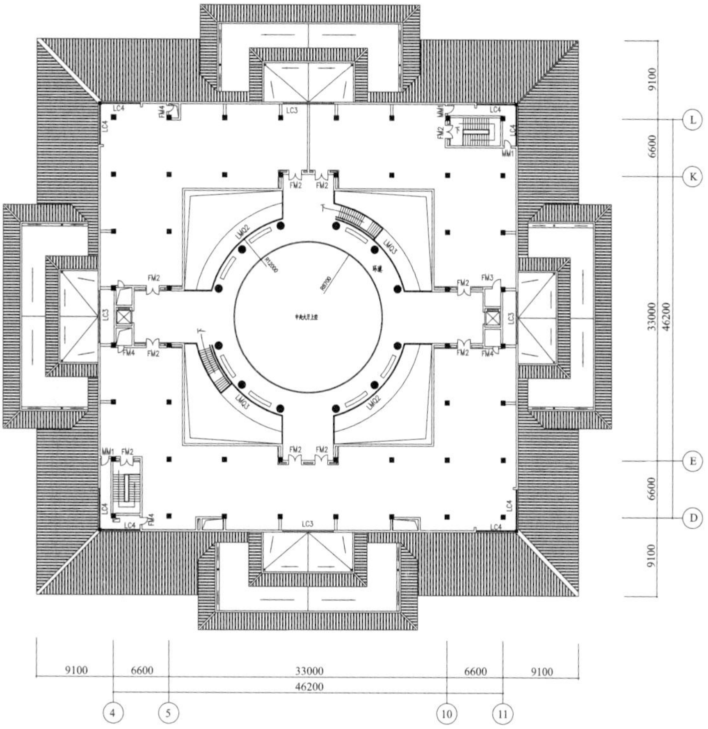

（b）二层平面图

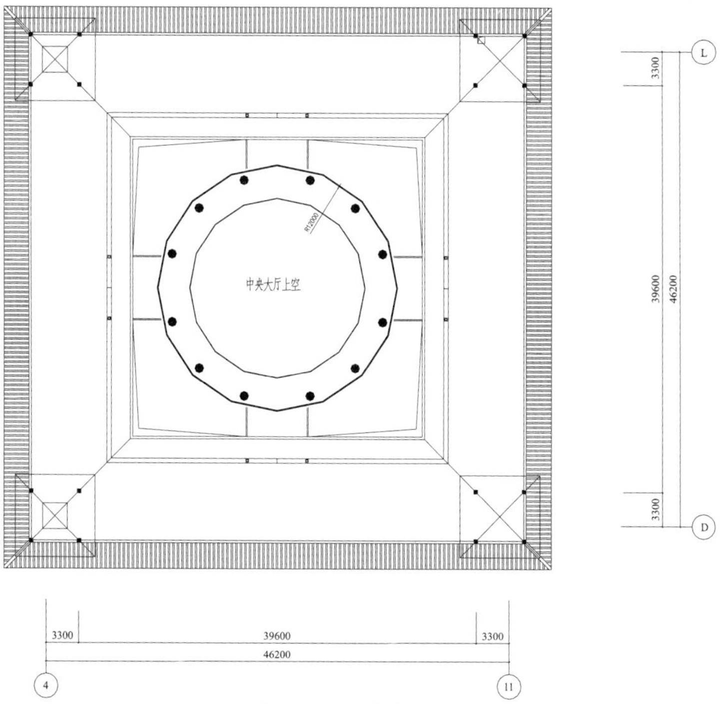

（c）12.500m 标高平面图

图 3.8.5.2　建筑主要平面布置图（二）

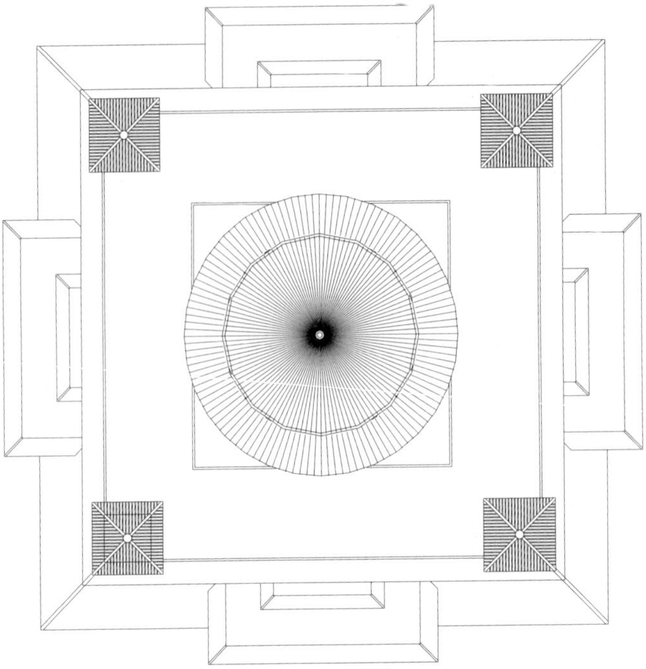

（b）屋顶平面图

图 3.8.5.2 建筑主要平面布置图（三）

首先，因为外部回字形结构规则工整，有利于结构布置，在设计初期考虑可将其与内部圆筒在地面以上作完全断缝处理，并分塔计算。但是这样的设计方案需要增加框架柱的数量，且框架柱位置正好设置于通道侧面，影响建筑美观及功能使用；对于结构自身而言，大中庭圆形平面除个别标高的环形带约束外，几乎无其他方向约束，造成圆柱在 ±0.000m 标高至 20.500m 标高范围内通高，结构计算难度太大，因此放弃该方案，考虑做内外结构连接处理。

依据建筑方案特点，外部主体与内部筒形结构的连接仅能通过二层（6.500m 标高）及 10.700m 标高平面的连接通道实现。二层连接含东西南北各 2 根共计 8 根 6m 长框架梁，4 块楼板及 1 个环形走廊板带；10.700m 标高平面除环形板带外其余构件均同二层，如图 3.8.5.3 所示，10.700m 标高平面内外的连接仅剩四个通道，连接后形成的十字形平面会引起结构扭转增大，故此标高选择断缝处理，仅于二层通道处进行内外连接，通高柱高度可从 20.5m 降至 14.0m，即 6.500m 标高至 20.500m 标高范围。在 10.700m 及 20.500m 标高处设有连接圆柱的环形框架梁，可提高内部结构整体性。

定案基础上经过初步试算，采用框架结构体系，内部框架筒由于建筑形式的约束，刚度提高空间十分有限。而外部主体虽然规则，但由于柱径有限且层高大，导致计算位移大，整体结构偏弱，很难完成有效的刚度传递，为内部框架提供刚度支撑。对于框架结构而言，要提高整体计算刚度，就要加大梁柱截面尺寸，甚至整楼构件尺寸，不但会给建筑平面功能使用带来不便，还会降低楼层层高，内外协同工作的效果也不理想且提高了经济造价。

采用框架 - 剪力墙结构进行试算，因建筑方案中各层四周展厅和中央大厅均以填充墙进行区域划分，为剪力墙的布置提供了有利条件，且此处处于内外结构交接处，又是距离内筒最近的可布置剪力墙的位置。因此在此处四角对称设置 L 形剪力墙，可提高结构抵抗水平荷载的能力，合理控制结构构件断面，最大限度地为内部框架筒提供刚度需求，有效实现中部筒形结构和周边主体结构的连接。在框架剪力墙结构体系下，通过剪力墙的布置来加强及连接内外刚度，再结合连接四块通道处连接板的环形板带的约束作用，形成里外整体协同作用，提高结构的整体性，从而达到抗震设防的基本要求，既满足结构刚度需要，同时又结合了建筑功能和效果，经济性较框架结构也更优。因此，本项目最终选择了框架 - 剪力墙体系进行结构设计。

地下室层高 7.8m，一层层高 6.5m，二层层高 6.0m；柱网以 6.6m × 6.6m 为主，框架柱截面以 700mm × 700mm 为主，框架梁截面以 400mm × 600mm 为主，外侧挡土墙墙厚 350mm，基础梁截面为 800mm × 1000mm，筏板板厚 400mm。混凝土强度等级：基础部分为 C30，6.500m 标高以下墙柱及梁板均为 C40，6.500m 标高以上墙柱及梁板均为 C35。基础平面图、墙柱平面布置图及典型结构平面图如图 3.8.5.3 所示。

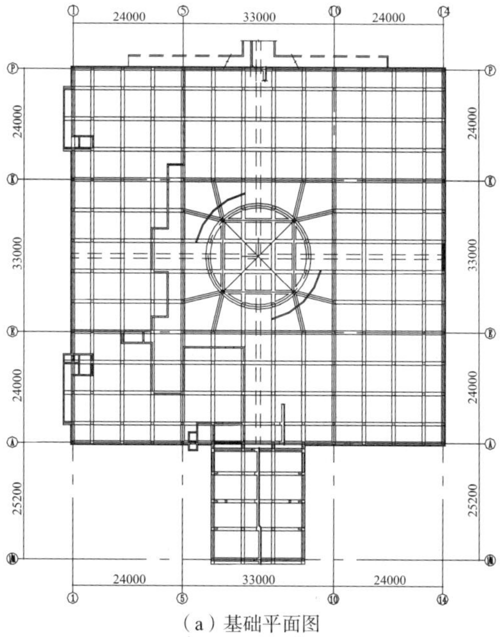

（a）基础平面图

图 3.8.5.3　主要结构布置图（一）

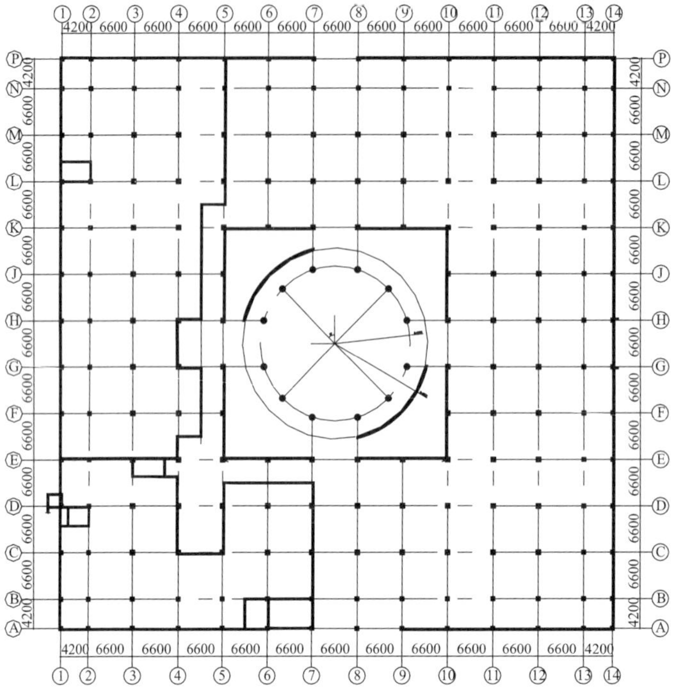

（b）地下室墙柱平面图

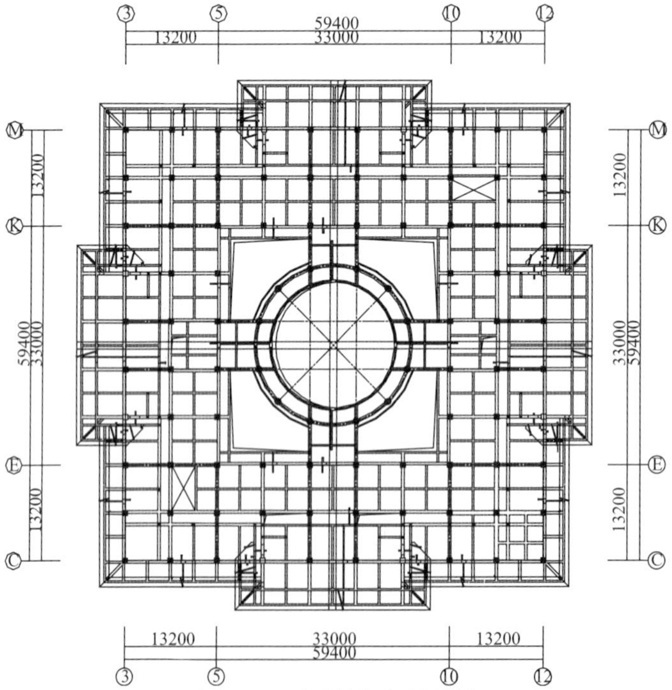

（c）6.500m 标高结构平面布置图

图 3.8.5.3　主要结构布置图（二）

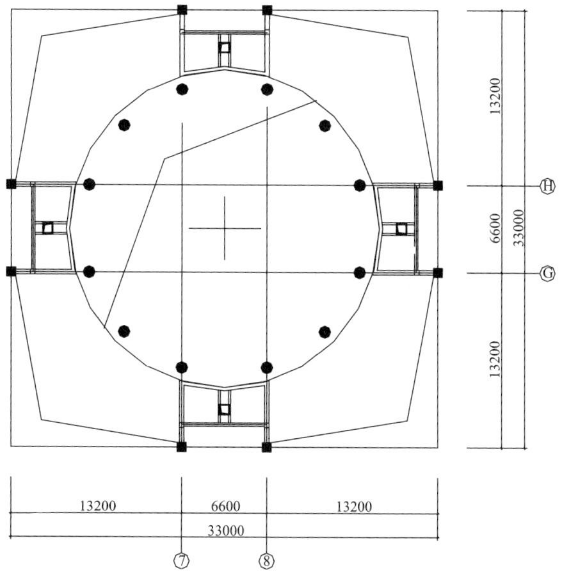

（d）10.700m 标高结构平面布置图

图 3.8.5.3　主要结构布置图（三）

（2）结构计算结果及分析

采用 SATWE 软件对结构进行整体计算分析，计算中考虑偶然偏心地震作用、双向地震作用及施工模拟加载的影响，主要计算结果见表 3.8.5.1、表 3.8.5.2。

结构自振周期及平动系数　　表 3.8.5.1

阵型号	周期（s）	平动系数	扭转系数
1	0.82（平动）	0.93	0.07
2	0.82（平动）	0.93	0.07
3	0.58（扭转）	0.00	1.00
扭转周期比		T_3/T_1	0.71

根据计算结果的主要控制参数得出结论，各项指标均能满足规范要求，且符合设计时所使用规范《建筑抗震设计规范》GBJ 11—1989 所规定“结构在两个主轴方向的动力特性宜相近”的要求[55]，结构受力整体刚度适中，技术经济指标合理、安全可靠。

结构基本指标　　表 3.8.5.2

基本指标		数值
剪力与剪重比（%）	X 向	2.8
	Y 向	3.0

续表

基本指标		数值
最大层间位移角 *	X 向	1/456（上部框架）
		1/1127（下部框剪）
	Y 向	1/455（上部框架）
		1/1123（下部框剪）
最大层间位移比	X 向	1.19
	Y 向	1.19
地震作用最大方向（度）	83	

注：*2000 年满足当时所使用的《建筑抗震设计规范》GBJ 11—1989。

（3）弹性时程分析及大震动力弹塑性时程分析

本工程剪力墙布置于 6.500m 标高以下，即底部为框剪，上部为框架，存在竖向侧向刚度突变，而内部筒形结构整体刚度本身较弱，且有达 14.0m 通高柱，屋面重荷载，易发生“鞭梢效应”。采用 YJK 软件对结构进行弹性时程分析及大震动力弹塑性时程分析补充计算。

选用三组地震波进行弹性时程分析，其中包括 1 条人工波，2 条天然波，分析结果见表 3.8.5.3。根据计算结果，全楼地震力作用放大系数建议值为 1.11。将此计算结果代入程序重新进行计算，将计算结果与原计算结果进行比对，原结果满足要求。

3 条波包络值与 CQC 法计算结果比较　　表 3.8.5.3

地震方向	层号	时程法剪力（kN）	CQC 法剪力（kN）	比值	放大系数
X 向	4	411.0	442.5	0.93	1.00
	3	3692.7	3323.6	1.11	1.11
	2	6449.3	7295.8	0.88	1.00
Y 向	4	410.6	442.6	0.93	1.00
	3	3394.2	3323.8	1.11	1.11
	2	6593.8	7290.6	0.90	1.00

同样选取 3 组地震波进行大震动力弹塑性时程分析，1 条人工波，2 条天然波，如图 3.8.5.4 所示，3 组地震波作用下结构的最大弹塑性层间位移角为：上部框架结构位移角为 1/60 < $[\theta_p]$=1/50；下部框剪结构位移角为 1/115 < $[\theta_p]$=1/100，满足“大震不倒”的设防目标。

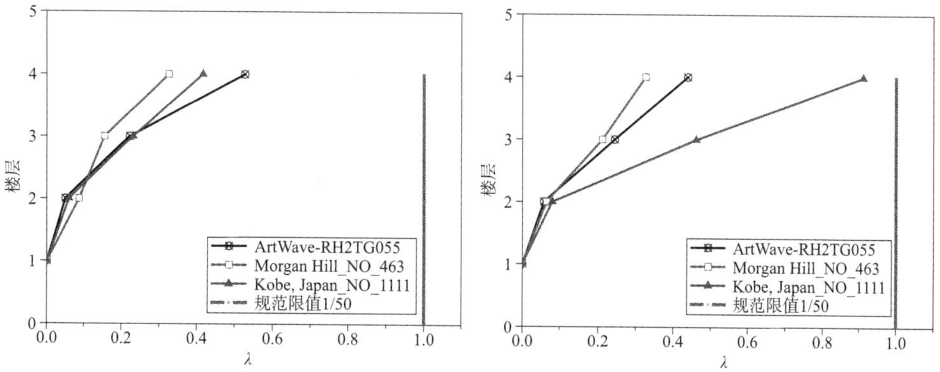

（a）X向　　（b）Y向

图 3.8.5.4　层间位移角

3）关键节点与构造

（1）结构关键部位的处理

内部筒形框架与外部主体框架的连接是本次结构设计的关键问题。采取的主要解决方案为：调整结构体系和加强结构构造措施。

采用框剪结构体系，在不影响建筑功能的前提下，通过在内外结构的连接处对称布置 350mm 厚剪力墙，吸收地震力以达到提高整体结构刚度的目的；同时，剪力墙的布置加强了嵌固部位以下和基础之间结构体系的承载力和侧向刚度，使其能够抵抗上部结构在嵌固端所产生的弯矩、剪力和轴力。

采取的主要构造措施是加强连接板、环形板带以及周边相关结构构件的强度。由于二层平面大中庭空间开洞面积占该层楼面面积约 17%，需对楼板不规则、开大洞、局部不连续等引起的楼板平面内刚度的削弱和不均匀性情况进行充分考虑。设计中将 4 块连接板及环形板带定义为弹性板，使计算模型更符合楼板平面内的实际变化。通过增加弹性连接板板厚，设置双层双向拉通筋，加大板配筋的配筋率，尤其是环形走廊板带，它对圆柱起到了串联的作用，连接四块通道连接板，形成了天然的环箍，对它的充分加强可直接影响结构的整体性。利用 YJK 对此范围弹性板进行模拟试算，X方向地震作用下板应力云图如图 3.8.5.5 所示。从应力图中可看出在连接板处出现应力集中较明显的状况，说明设计中对板配筋率的提高以减小应力集中十分必要。同时提高 12 根圆柱和相邻一跨 20 根方柱的纵向钢筋直径，并在本层层高内对箍筋进行加密，圆柱在 14m 通高范围内全高加密，增加连接板处框架梁的拉通筋面积，加大抗扭钢筋，箍筋全跨加密，从而提高梁柱的承载能力，改善其抗震性能。

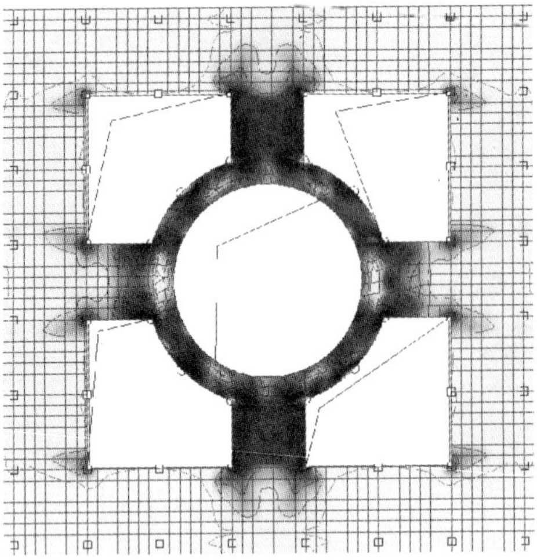

图 3.8.5.5 局部板应力云图

分析结果表明，通过考虑结构体系、选型布局、楼板的连接、提高构造措施等因素，改善了结构的整体性，同时提高了结构的抗震能力，最终达到“小震不坏、中震可修、大震不倒”的抗震设防目标。

（2）顶部造型屋面结构设计

屋面为 27m 跨度的圆形攒尖，属于大跨度重型屋面，设计中采用了网架结构。

依据建筑造型和构造，屋面采用板瓦而非轻质材料，因此加大了荷载，属于重型屋面；同时屋面跨度较大，而钢结构网架具有强度高、自重轻的优点，用于实现此处设计更为合理。设计中网架与柱顶连接定义为铰接，网架的布置、屋面节点处处理及屋面做法示意图见图 3.8.5.6。

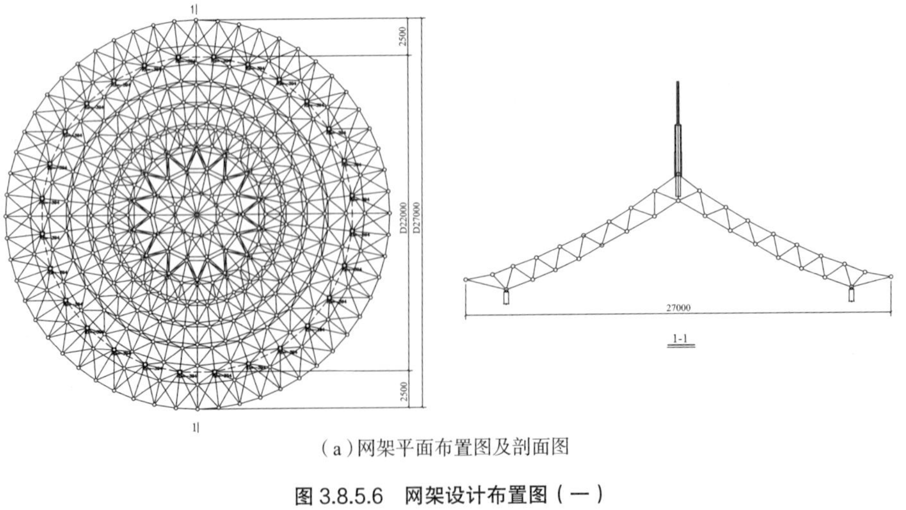

（a）网架平面布置图及剖面图

图 3.8.5.6 网架设计布置图（一）

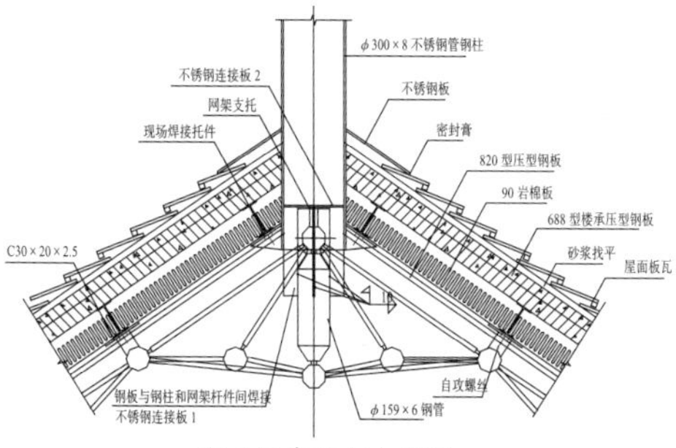

（b）屋脊节点大样图

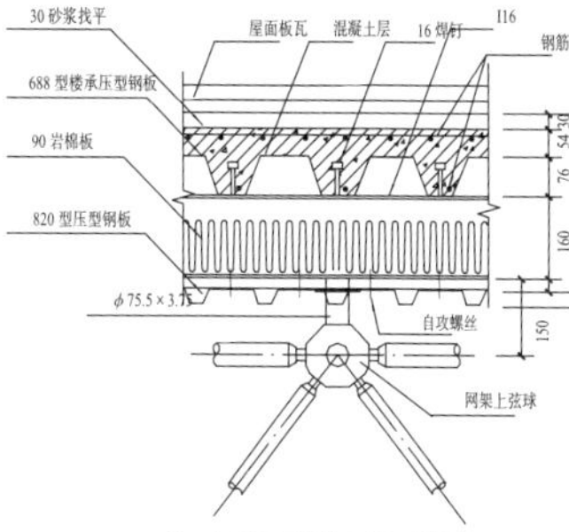

（c）屋面做法示意图

图 3.8.5.6　网架设计布置图（二）

（3）盝顶节点设计

传统建筑立面多高低错落，而盝顶又是传统建筑中常用的一种表达形式。常见的盝顶结构设计多采用单独悬挑板的方式，西安博物院因为跨度大、错层多的建筑特点，设计中盝顶节点采用双向连接梁的形式实现，其整体稳定性更强。盝顶的局部平面示意图及连系梁立面图如图 3.8.5.7 所示。

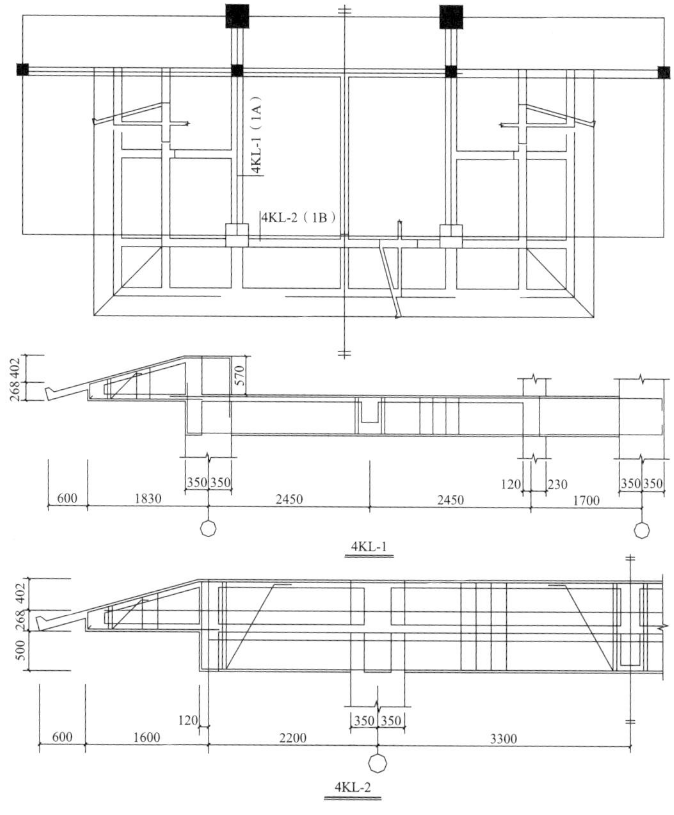

图 3.8.5.7　盝顶节点示意图

4）小结

西安博物院自建成至对外开放已十年有余，经受了实际考验。通过对西安博物院整体结构设计的分析叙述，总结得出以下几点结论和建议，可供同类传统风格建筑参考和借鉴。

（1）结合建筑条件，根据受力特征，对比分析不同布置方式在整体力学性能、综合经济效益方面的差异，选取更适合的结构体系。

（2）计算结果均满足规范要求，验证了结构布置及体系选择的合理性，弹性时程分析及大震弹塑性分析结果表明结构具有较好的抗震性能，可以满足抗震性能目标。

（3）在结构设计中，不论是结构的整体抗震性能还是局部范围的抗震性能，强调的都是其整体性，也就是指构件的相互约束和连接，保证结构各个部件在地震作用下能够协调工作。通过理论分析及实践应用论证如何通过加强构造措施达到各个构件能够“物尽其用”，从而提高结构整体抗震性能的目的。

（4）空间网架可实现传统风格建筑中大跨度、重荷载的坡屋面效果。

（5）可采用双向连接梁的形式完成传统风格建筑中的盝顶设计。

第4章

传统风格建筑结构试验研究

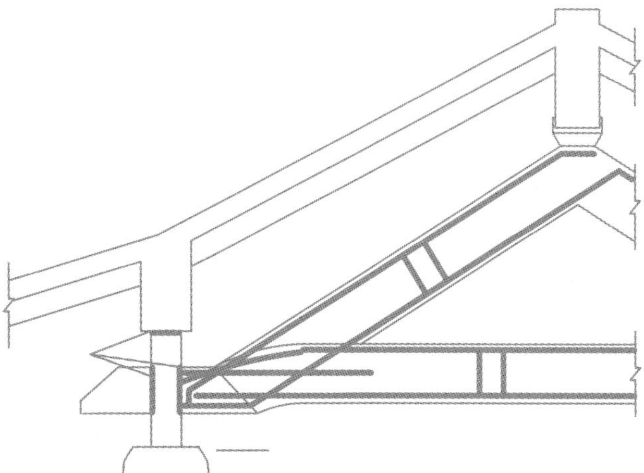

4.1 传统风格建筑梭柱节点抗震性能试验研究

4.1.1 试验概况

柱作为一种承受上部荷载的构件，是中国古建筑中重要的构件之一。柱按照外形可分为直柱和梭柱，梭柱是指柱子上端进行“收分”处理，《营造法式》卷五《大木作制度二——柱》中描述[73]“凡杀梭柱之法：随柱之长，分为三分，上一分又分为三分，如栱卷杀，渐收至上径比栌斗底四周各出四分；又量柱头四分，紧杀如覆盆样，令柱顶与栌斗底相副。其柱身下一分，杀令径围与中一分同。”具体示意如图 4.1.1.1 所示[1]。

传统风格建筑是由古建筑风格演化发展而来，该风格建筑柱顶多设置斗栱，并支撑屋盖荷载，为保证竖向传力连续及安装斗栱的便利性，需在梭柱顶面设置变截面柱，变截面柱柱顶伸至屋面。由于传统风格建筑屋面做法复杂，荷载较大，而柱截面尺寸包括变截面处尺寸也受到建筑模数限制，造成梭柱变截面位置存在刚度突变，形成薄弱点，地震作用时变截面处破坏造成其上部支撑的屋盖整体倒塌，往往震害严重。目前国内外对于传统风格建筑相关研究成果大多集中在传统风格建筑结构整体的抗震性能及木结构柱节点、钢结构柱节点的研究[31, 61, 74, 75]。由此可见，对于传统风格建筑梭柱变截面节点的理论及试验研究以及设计方法缺乏研究。

在实际工程设计中，梭柱多为钢筋混凝土圆柱，上部变截面处常采用以下做法：1）采用矩形钢筋混凝土柱；2）采用矩形型钢混凝土柱；3）采用矩形钢管混凝土柱。如图 4.1.1.2 所示。在早期的工程中，梭柱上部变截面处多采用矩形钢筋混凝土柱，随着混合结构的应用和发展，梭柱上部变截面处逐渐开始采用型钢混凝土柱及钢管混凝土柱。

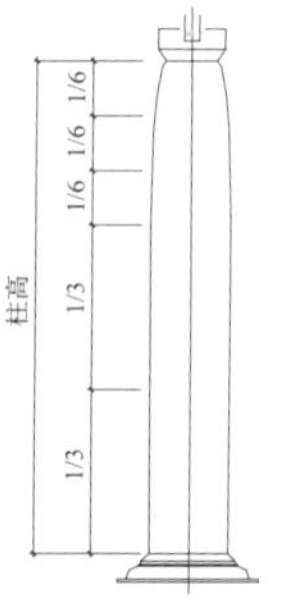

图 4.1.1.1 梭柱示意图

图 4.1.1.2 传统风格建筑梭柱节点实例

由于传统风格建筑与普通结构受力有很大不同，目前尚无针对此类结构的相关设计规范，因此本节通过对两组四个传统风格建筑梭柱变截面节点的低周反复荷载试验，对其抗震性能进行了研究和分析，为今后传统风格建筑梭柱变截面节点的设计提供科学的理论依据。

4.1.2 试验设计

1）试验概况

试验比较了两种不同梭柱变截面节点在不同轴压下的受力性能，研究了节点的承载能力、破坏形态、变形、延性、滞回性能及耗能能力。第一组为矩形型钢混凝土柱（SRC）与钢筋混凝土圆柱（RC）梭柱变截面节点（SRC-RC 柱）；第二组为方钢管混凝土柱（CFST）与钢筋混凝土圆柱（RC）梭柱变截面节点（CFST-RC 柱），试件尺寸及详细配筋见图 4.1.2.1。

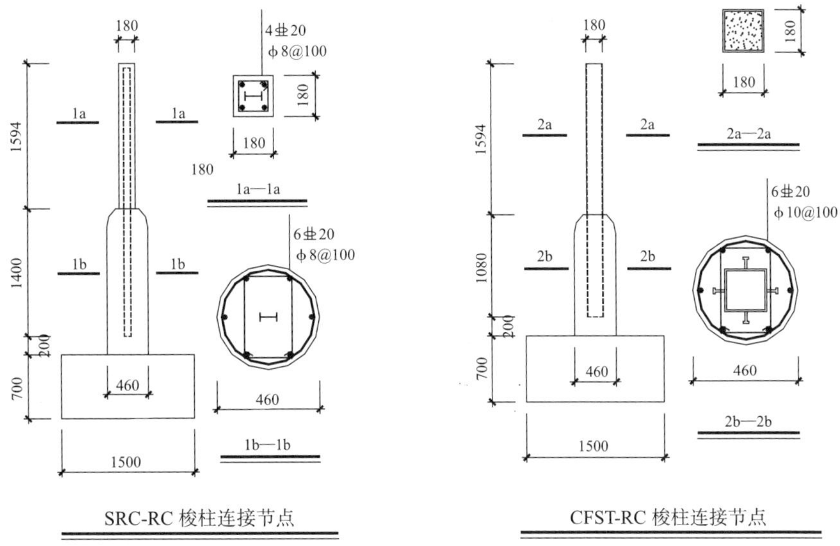

图 4.1.2.1 试件尺寸及详细配筋

SRC-RC 梭柱变截面节点上部 SRC 柱高 1594mm，下部 RC 柱高 1280mm，混凝土强度等级为 C30，上部 SRC 柱柱内钢骨为工字形截面，强度等级为 Q235B，钢骨插入下柱深度 1400mm。

CFST-RC 梭柱变截面节点上部 CFST 柱高 1594mm，下部 RC 柱高 1600mm，混凝土强度等级为 C30，上部 CFST 柱方钢管强度等级为 Q235B，方钢管插入下柱中，钢管四周均布置单排抗剪栓钉，钢管插入下柱深度 1080mm。试件规格详见表 4.1.2.1 所示。

试件编号及规格明细表 **表 4.1.2.1**

编号		第一组		第二组	
		SRC-RC1	SRC-RC2	CFST-RC1	CFST-RC2
上柱	截面形式	SRC 方柱	CFST 方柱	CFST 方柱	SRC 方柱
	截面尺寸（mm）	180 × 180	180 × 180 × 8	180 × 180 × 8	180 × 180
	长度（mm）	1594	1594	1594	1594
	长细比	61.35	61.35	61.35	61.35
下柱	截面形式	RC 圆柱	RC 圆柱	RC 圆柱	RC 圆柱
	直径（mm）	460	460	460	460
	长度（mm）	1600	1280	1280	1600
	配筋	6 ⏀ 20 ϕ 8@100	6 ⏀ 20 ϕ 10@100	6 ⏀ 20 ϕ 10@100	6 ⏀ 20 ϕ 8@100
轴压比		0.3	0.6	0.25	0.5
试件数量		1	1	1	1

2）试验装置及加载方案

试验通过 1500kN 油压千斤顶在上柱顶施加竖向荷载至设计轴压比，千斤顶与反力梁之间布置平面滚轴系统，水平低周往复荷载采用荷载 - 位移混合控制的方法，通过 MTS 电液伺服作动器作用在柱顶，试验加载装置如图 4.1.2.2 所示。

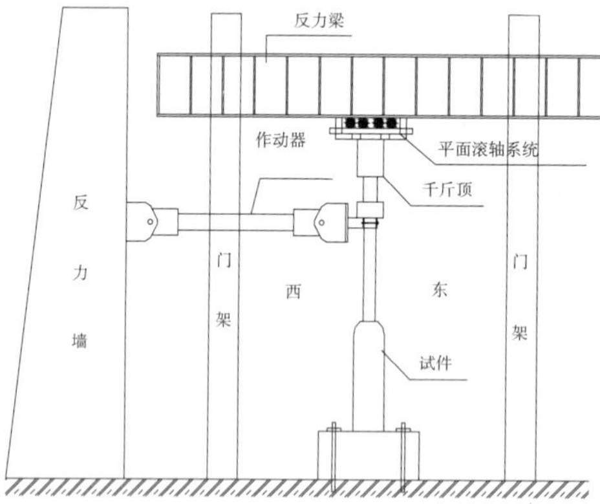

图 4.1.2.2 加载装置示意图

加载时，在试件屈服前采用荷载控制，根据每组试件的屈服荷载 P 的不同，每级所施加的荷载不同，每级荷载循环一次，加载至屈服荷载 P。试件屈服后，采用位移控制阶段，按屈服位移 Δ_y 作为加载位移，按屈服位移 Δ_y 的倍数逐级施加，每级荷载循环 3 次，直至试件破坏加载结束。

3）测点布置

测点分为内部测点和外部测点，其中内部测点的测量内容包括上柱钢管或钢骨柱内型钢的应变、梭柱连接处钢管或型钢的应变以及下柱纵筋、箍筋的应变情况；外部测点的测量内容主要包括试件从顶到底不同位置的位移值。测点布置如图 4.1.2.3 所示。

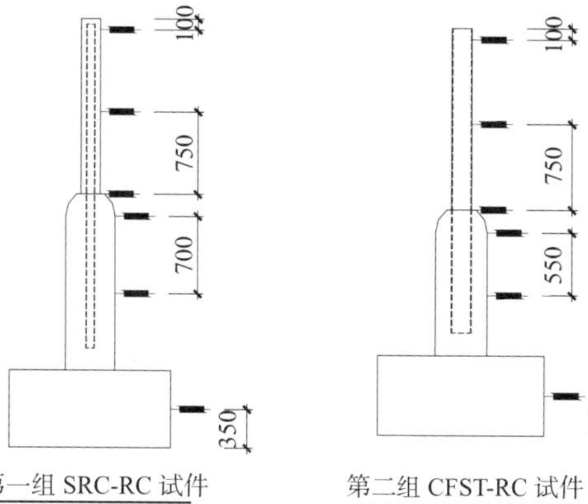

图 4.1.2.3 测点布置图

4.1.3 试验过程与破坏特征

1）试件 SRC-RC

第一组 SRC-RC 试件在加载过程中，当处于荷载控制阶段时，上部 SRC 柱柱根处首先出现东西向水平裂缝，随着荷载增大，东西向水平裂缝贯通并向南北方向发展，部分水平向裂缝开始沿竖向发展，并沿斜向延伸。

试件 SRC-RC1 加载进入位移控制阶段后，当柱顶控制位移加至 $\Delta=\pm33$mm 时，下部 RC 柱柱根东西侧由柱根向柱中上部位依次出现大量环向裂缝，上部 SRC 柱裂缝继续延伸；当柱顶控制位移加至 $\Delta=\pm48$mm 时，下部 RC 柱环向裂缝继续增加并向南北环向延伸。上部 SRC 柱柱根东西侧水平裂缝贯通且加宽，角部混凝土少量压碎；随着柱顶控制位移的增大，下部 RC 柱柱根裂缝继续发展，混凝土逐渐起皮并开始压碎脱落；当柱顶控制位移加至 $\Delta=\pm93$mm 时，上部 SRC 柱柱根东西两侧混凝土大面积剥落，纵筋与箍筋外露，部分混凝土压碎剥落，水平荷载下降至峰值荷载的 85% 以下，加载结束，试件破坏照片见图 4.1.3.1。

试件 SRC-RC2 加载进入位移控制阶段后，当柱顶控制位移加至 $\Delta=\pm28$mm 时，上部 SRC 柱柱根水平向裂缝继续延伸，部分柱根裂缝由 SRC 柱角部沿斜向延伸发展出现纵向裂缝；当柱顶控制位移加至 $\Delta=\pm48$mm 时，下部 RC 柱新增少量水平环向裂缝，原有环向裂缝继续延伸且部分裂缝贯通连接。上部 SRC 柱柱底出现大量竖向裂缝，裂缝宽度不断增大；当柱顶控制位移加至 $\Delta=\pm 68$mm 时，上部 SRC 柱柱根混凝土破损严重，东西侧大面积混凝土压碎剥落，纵筋与箍筋外露，柱角部分混凝土压碎剥落。水平荷载下降至峰值荷载的 85% 以下，加载结束，试件破坏照片见图 4.1.3.2。

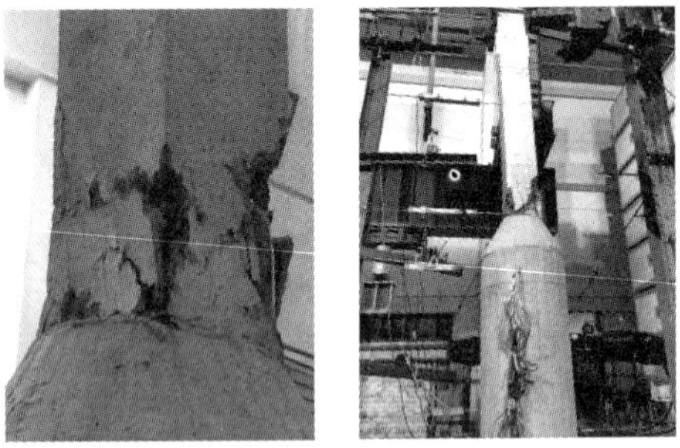

图 4.1.3.1　试件 SRC-RC1 破坏照片

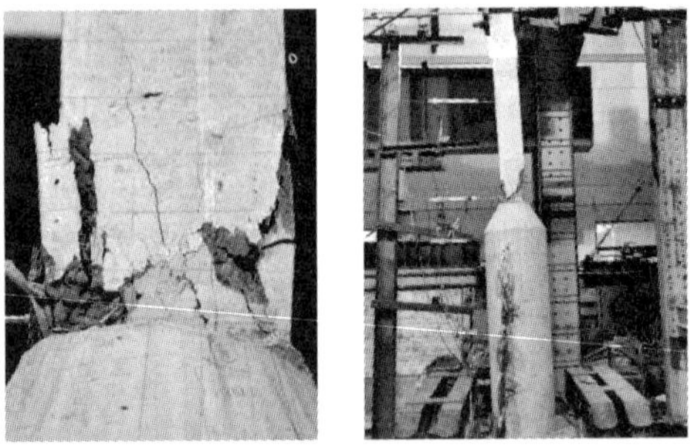

图 4.1.3.2　试件 SRC-RC2 破坏照片

2）试件 CFST-RC

第二组 CFST-RC 试件在加载过程中，在屈服荷载控制阶段，下部 RC 柱中下部东西两侧首先出现多道水平环向裂缝，随着荷载增大，裂缝沿环向向南北两侧延伸发展，且新的环向水平裂缝不断增加并开始沿竖向发展。下部 RC 柱柱顶出现竖向裂缝，柱根处开始出现环向裂缝。

试件 CFST-RC1 加载进入位移控制阶段后，当柱顶控制位移加至 $\Delta=\pm 56$mm 时，下部 RC 柱柱身南北两侧形成交叉剪切斜裂缝，上部 CFST 柱柱根部钢管开始屈服，下部 RC 柱柱根部纵筋均已达到屈服状态。当柱顶控制位移加至 $\Delta=\pm 112$mm，下部 RC 柱柱身下部环向水平裂缝继续斜向发展，柱身东西侧形成上下贯通的竖向裂缝，将环向水平裂缝上下连通，柱根处混凝土破损剥落，下部 RC 柱柱根部分箍筋达到屈服状态。当柱顶控制位移加至 $\Delta=\pm 168$mm，柱根处混凝土大面积脱落，箍筋及纵筋外露，西侧纵筋外鼓，水平承载力降至最大承载力的 85% 以下，加载结束，试件破坏照片见图 4.1.3.3。

试件 CFST-RC2 加载进入位移控制阶段后，当柱顶控制位移加至 $\Delta=\pm 40$mm 时，下部 RC 柱柱顶竖向裂缝沿斜向向柱中部发展，柱身环向水平裂缝斜向下延伸发展，形成交叉斜裂缝，上部 CFST 柱柱根钢管达到屈服。当柱顶控制位移加至 $\Delta=\pm 80$mm，下部 RC 柱上部北侧形成八字形剪切斜裂缝，环向水平裂缝继续沿斜向下发展，柱根处混凝土起皮开裂，柱纵筋达到屈服，箍筋应变接近屈服，上部 CFST 柱柱根钢管屈服范围向上延伸。当柱顶控制位移加至 $\Delta=\pm 140$mm，柱根处混凝土大面积脱落，箍筋及纵筋外露，水平承载力降至最大承载力的 85% 以下，加载结束，试件破坏照片见图 4.1.3.4。

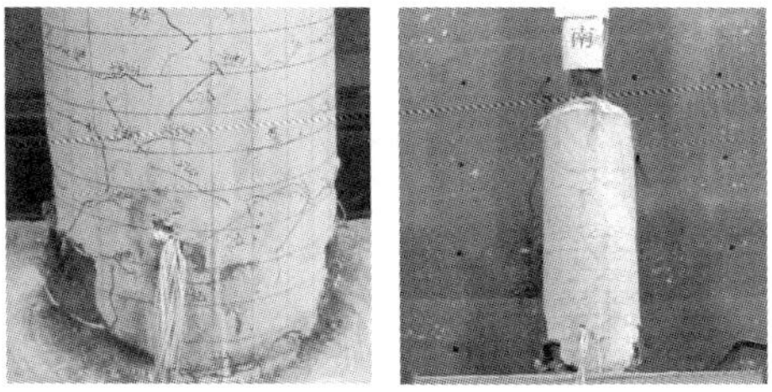

图 4.1.3.3　试件 CFST-RC1 破坏照片

图 4.1.3.4　试件 CFST-RC2 破坏照片

4.1.4　试验结果及分析

1）滞回曲线

试验测得各构件 的荷载 - 位移（P-Δ）滞回曲线如图 4.1.4.1 所示，其中水平荷载推、拉分别对应正负两个方向，从图中可以看出：

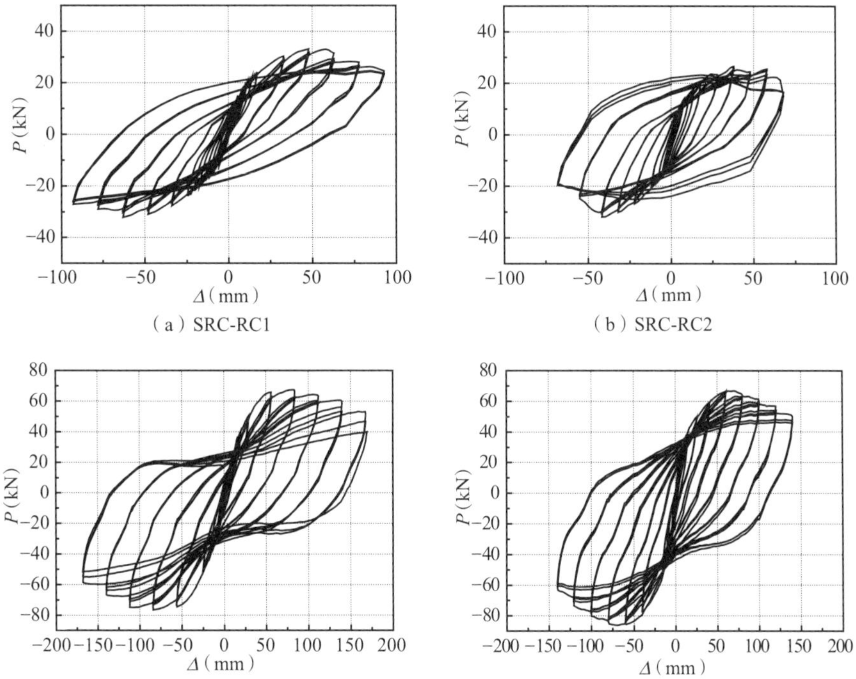

（a）SRC-RC1　（b）SRC-RC2

（c）CFST-RC1　（d）CFST-RC2

图 4.1.4.1　试件 P-Δ 滞回曲线

（1）试件 SRC-RC1、SRC-RC2 滞回曲线整体表现为理想的梭形，未发生明显的捏缩，滞回环饱满，耗能能力较好。在加载初期，滞回曲线面积较小，随着循环位移的不断增大，试件逐渐进入屈服状态，出现了不可恢复的塑性变形，滞回环面积不断增大。随着每一级循环位移的增加，滞回曲线逐渐向位移轴倾斜，说明其刚度逐渐降低。达到峰值荷载后，试验承载能力逐渐下降，强度逐渐退化。试件 SRC-RC2 滞回曲线较试件 SRC-RC1 滞回曲线更饱满，最大承载力降低。

（2）第二组试件 CFST-RC1 滞回曲线整体表现为弓形，曲线中部表现出明显的“捏缩”现象。在加载过程中，下部 RC 柱纵筋较上部 CFST 柱率先进入屈服状态，在加载后期，下部 RC 柱柱根混凝土破坏严重，导致“捏缩”现象的出现。试件 CFST-RC2 由于轴压比较大，受试件屈服机制的影响，上部 CFST 柱先于下部 RC 柱进入屈服状态，上部 CFST 柱表现出良好的耗能能力。随着荷载的增大，下部 RC 柱纵筋随后进入屈服，下部 RC 柱混凝土破坏较轻，滞回曲线表现为梭形，“捏缩”现象有所减轻。

（3）第二组 CFST-RC 试件较第一组 SRC-RC 试件滞回曲线饱满，试件承载力明显提高，滞回环面积较大，说明 CFST-RC 试件较 SRC-RC 试件具有更好的承载能力及耗能能力。

2）骨架曲线

骨架曲线为荷载 - 位移滞回曲线每一级循环第一周峰值点的连线，骨架曲线能够明确地反映结构的强度、刚度和变形性能。骨架曲线表现为上升段、强化段及下降段三个过程，表示试件经过了弹性、弹塑性及塑性破坏的过程。试件荷载 - 位移滞回曲线的骨架曲线如图 4.1.4.2 所示。从图中可以看出：

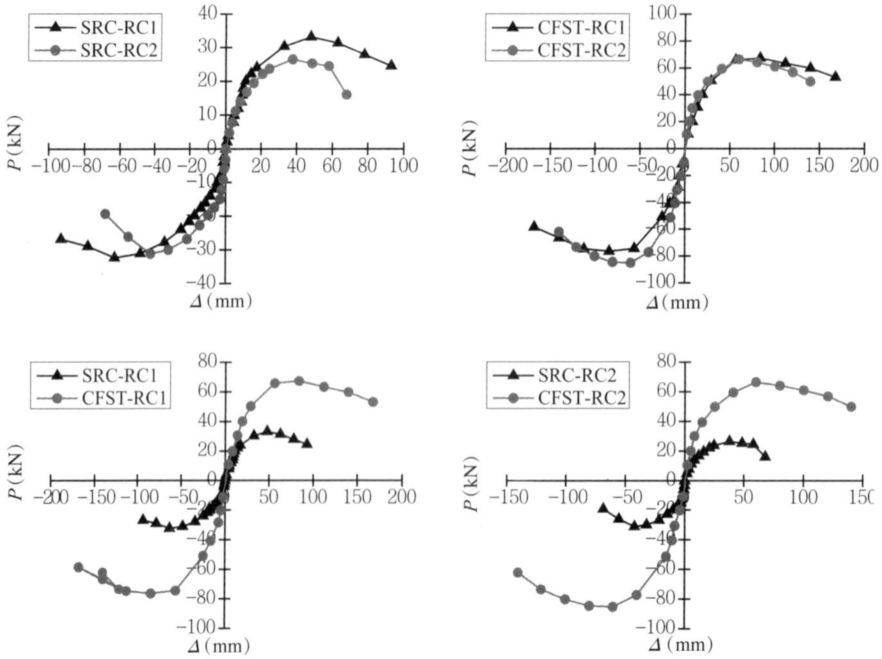

图 4.1.4.2　试件 P-Δ 骨架曲线

（1）试件 SRC-RC1 与 SRC-RC2，在弹性阶段骨架曲线基本重合，弹塑性阶段曲线差异明显。加载至极限荷载时，由于试件 SRC-RC2 轴压比较大，试件承载力较试件 SRC-RC1 低，在试件 SRC-RC2 加载的最后阶段，上部 SRC 柱柱根混凝土破坏严重，荷载急剧下降，试件迅速丧失承载能力，试件骨架曲线下降段较陡，在达到峰值后迅速破坏。试件 SRC-RC1 曲线下降段较为平缓，在加载后期仍能够保持较高的承载力，说明大轴压比试件的 P-Δ 效应较明显。

（2）试件 CFST-RC1 与 CFST-RC2 对比，在弹性阶段及弹塑性阶段骨架曲线基本重合，试件 CFST-RC2 的峰值荷载比试件 CFST-RC1 提高了 5.45%。在高轴压比的作用下，试件 CFST-RC2 上部 CFST 柱混凝土受到钢管的约束，处于三向受压状态，其力学性能有了一定的提高。试件 CFST-RC1 与 CFST-RC2 骨架曲线的下降段均较为平缓，试件在达到峰值荷载仍能继续承载并保持较大变形，说明构件具有较好的延性和耗能能力。

（3）通过对相同或相近轴压比的两组试件进行对比，第二组 CFST-RC 试件具有更高的承载能力。第二组 CFST-RC 试件在弹塑性阶段的力学性能也明显优于第一组 SRC-RC 试件，试件曲线下降段更为平缓，耗能能力及延性也优于第一组 SRC-RC 试件。

3）延性及耗能

为分析梭柱连接节点的变形及延性，对比了各构件骨架曲线的特征点参数，屈服点采用通用屈服弯矩法确定[76]，其中 P_y、P_m 及 P_u 分别为试件的屈服荷载、峰值荷载及破坏荷载；Δ_y、Δ_m 及 Δ_u 分别为试件的屈服位移、峰值位移及破坏位移；θ_y、θ_m 及 θ_u 分别为各特征点对应的层间位移角；位移延性系数 $\mu=\Delta_u/\Delta_y$。破坏位移 Δ_u 参照《建筑抗震试验方法规程》JGJ 101—1996 的规定，取骨架曲线上峰值荷载的 85% 处对应的位移值，对比结果如表 4.1.4.1 所示。

试件骨架曲线特征点参数　　表 4.1.4.1

试件编号	轴压比	荷载方向	屈服点			峰值点			破坏点			μ
			P_y（kN）	Δ_y（mm）	θ_y	P_m（kN）	Δ_m（mm）	θ_m	P_u（kN）	Δ_u（mm）	θ_u	
SRC-RC1	0.3	+	24.68	19.03	1/168	33.19	47.96	1/67	28.22	76.68	1/42	3.80
		–	–23.69	–24.39	1/131	–32.29	–63.02	1/51	–27.44	–88.50	1/36	
		平均	24.19	21.71	1/147	32.74	55.49	1/58	27.83	82.59	1/39	
SRC-RC2	0.6	+	20.51	17.73	1/180	26.45	37.78	1/85	22.49	60.38	1/53	5.54
		–	–14.24	2.92	1/1093	–31.16	–42.13	1/76	–26.49	–54.15	1/59	
		平均	17.37	10.33	1/309	28.81	39.95	1/80	24.49	57.26	1/56	

续表

试件编号	轴压比	荷载方向	屈服点			峰值点			破坏点			μ
			P_y（kN）	Δ_y（mm）	θ_y	P_m（kN）	Δ_m（mm）	θ_m	P_u（kN）	Δ_u（mm）	θ_u	
CFST-RC1	0.25	+	49.74	28.54	1/101	67.31	83.67	1/34	57.21	150.76	1/19	4.30
		–	–62.56	–40.40	1/71	–76.41	–83.97	1/34	–64.95	–145.45	1/20	
		平均	56.15	34.47	1/83	71.86	83.82	1/34	61.08	148.11	1/19	
CFST-RC2	0.5	+	41.96	17.06	1/168	66.45	59.98	1/48	56.48	121.37	1/24	5.31
		–	–65.28	–28.80	1/100	–85.11	–60.00	1/48	–72.34	–122.37	1/23	
		平均	53.62	22.93	1/125	75.78	59.99	1/48	64.41	121.87	1/24	

由表中结果可知，各试件具有良好的极限变形能力，按照《建筑抗震设计规范》GB 50011—2010 的规定，罕遇地震作用下钢筋混凝土框架结构弹塑性层间位移角限值为 1/50[19]，除试件 SRC-RC2 外，各试件破坏点层间位移角均小于规范限值。试件 SRC-RC2 屈服点屈服位移在正负方向差别较大，原因是安装或加载误差造成试件发生随机开裂，而试件峰值点位移及破坏点位移正负方向差别不大。

四个试件的位移延性系数分别为 3.80、5.54、4.30 和 5.31，明显高于钢筋混凝土结构位移延性系数的限值要求，部分构件位移延性系数高于型钢混凝土结构位移延性系数的限值要求，说明构件具有较好的延性，可保证结构在地震作用时具有良好的塑性变形能力及抗倒塌能力。

4.1.5 结论

通过对两组不同连接形式、不同轴压比的传统风格建筑梭柱节点的低周反复加载试验分析，得到以下结论：

1）SRC-RC 梭柱变截面节点和 CFST-RC 梭柱变截面节点在试验过程中均发生弯剪破坏。其中 SRC-RC 梭柱变截面节点表现为上部 SRC 柱柱根纵筋屈服，混凝土脱落形成塑性铰，下部 RC 柱发生剪切破坏；CFST-RC 梭柱变截面节点表现为上部 CFST 柱柱根钢管以及下部 RC 柱纵筋屈曲，发生弯曲破坏，同时下部 RC 柱柱身出现大量剪切斜裂缝。

2）SRC-RC 梭柱变截面节点与 CFST-RC 梭柱变截面节点各组构件的滞回曲线均比较饱满，在试验过程中表现出良好的滞回性能及耗能能力，抗震性能优于普通钢筋混凝土连接节点。

3）轴压比的不同对于梭柱节点的极限承载力和延性有一定影响，其中对于 SRC-

RC梭柱变截面节点，当轴压比较大时，上部SRC柱先于下部RC柱破坏，试件承载力迅速下降，延性较差；对于CFST-RC梭柱连接节点，当轴压比较大时，上部CFST柱钢管先于下部RC柱纵筋屈服，变形明显增大，但由于上部CFST柱钢管对其中混凝土的较强约束，试件承载力有一定下降，但幅度不大。

4）不同连接形式的梭柱节点抗震承载能力差异明显，方钢管混凝土柱与钢筋混凝土圆柱梭柱变截面节点（CFST-RC）比矩形型钢混凝土柱与钢筋混凝土圆柱梭柱变截面节点（SRC-RC）具有更好的抗震性能。

通过对试验结果的分析，对传统建筑梭柱变截面节点的设计提出以下几点建议：

1）建议设计时采用抗震性能更好的钢管混凝土柱与钢筋混凝土圆柱梭柱变截面节点形式。

2）梭柱变截面部位的柱截面尺寸不宜过小，避免柱轴压比及柱配筋率过大。

3）适当增大下部RC柱的配箍量，建议采用螺旋箍筋形式，避免发生剪切破坏。

4.2　传统风格建筑钢筋混凝土框架拟静力/拟动力试验研究

4.2.1　试验概况

传统风格建筑是利用当代建筑材料及结构体系设计建造古代建筑的统称，是我国现代化建设和建筑文化发展的必然阶段。

对森林的过度砍伐会导致水土流失、土壤沙化，生态环境会遭到破坏。另外木材由于材料本身属性会出现变形、劈裂等破坏现象，因此木结构建筑已不能适应当代建筑的发展趋势。近代以来产生了用其他建筑材料代替木材建造传统风格建筑的做法，在诸多材料中，混凝土具有可塑性、整体性、耐久性好等优点，同时易于就地取材，所以越来越多地应用于传统风格建筑。

本次试验基于《营造法式》设计并制作了一榀1∶2平面缩尺钢筋混凝土传统风格框架模型，进行低周反复加载试验，对该框架模型的破坏形态、滞回特性、骨架曲线、延性系数、位移角等抗震性能进行研究。

1）试件设计

试件原形取自舟山佛学院某茶榭，工程原图见图4.2.1.1。缩尺后框架底层混凝土柱高1.9m，上部方钢管伸入混凝土柱中450mm，其中边柱伸出265mm，中柱伸出750mm。总跨度为4m，边跨为0.75m，中跨为2.5m。纵向钢筋为HRB400，混凝土柱纵筋为8根⌀10钢筋，配筋率为2.22%，横梁纵筋为4⌀10钢筋，配筋率为1.57%。柱中箍筋采用8号钢丝，其中柱上、下部600mm范围内为加密区，箍筋间距为 100mm，非加密区为 200mm，横梁箍筋间距均匀分布，间距为 100mm。插入钢筋混凝土柱的方钢管 4 个表面焊接栓钉，用以加强方钢管与混凝土的粘结力。混凝土强度等级为 C30。整个模型混凝土分两次浇筑，大致制作流程为：基础梁钢筋绑扎→基础梁模板制作→柱钢筋骨架、方钢管吊装、固定→柱模板制作→基础梁、柱混凝土浇筑→横梁、屋盖模板制作→横梁、屋盖钢筋绑扎→主体混凝土浇筑→养护 28d 拆除模板。试件几何尺寸见图 4.2.1.2。

图 4.2.1.1　舟山佛学院某茶榭

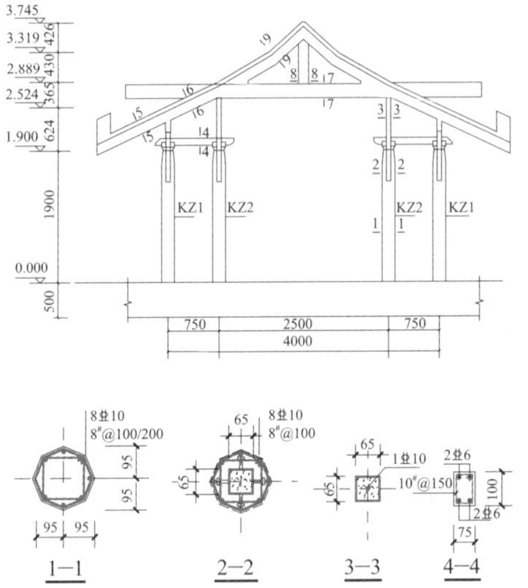

图 4.2.1.2　试件几何尺寸

2）加载装置

试验在西安建筑科技大学抗震试验室进行，试验加载装置见图 4.2.1.3，框架屋顶配置足额配重块。水平荷载由 MTS 电液伺服作动器施加，最大推力为 50kN，行程为 ± 250mm。整个试验加载过程由 MTS 电液伺服程控结构试验机系统全程控制，试验中的各项数据都由 TDS-602 数据采集仪进行采集。

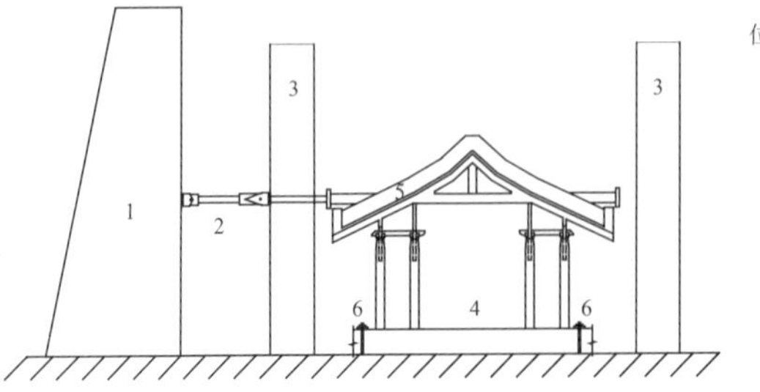

1- 反力墙；2- 作动器；3- 反力梁；4- 试件；5- 配重块；6- 压梁

图 4.2.1.3　试验加载装置示意图

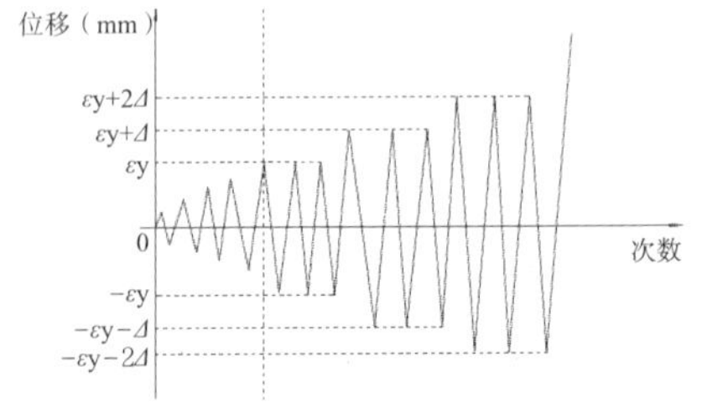

图 4.2.1.4　荷载 - 位移混合加载制度示意图

3）拟动力试验加载制度

本次试验框架模型设计抗震设防烈度为 7 度，在进行动力分析时，加载工况应包含 7 度小震、中震、大震，同时还验证了在 8 度中震和大震情况下的框架变形能力。依据《高层建筑混凝土结构技术规程》JGJ 3—2010 第 4.3.5 条第 1、2 款规定，应按建筑的场地类别和设计地震分组选取实际地震记录和人工模拟的加速度时程曲线，其中实际地震记录的数量不应少于总数量的 2/3。地震波的持续时间不应少于建筑结构的自振周期的 5 倍和 15s，地震波的时间间距可取 0.01s 或 0.02s。

基于上述要求，本文选取 4 条地震波进行动力时程分析，其中 3 条实际记录的地震波分别为 ElCentro（1940）N-S 波、TaftE-W 波和汶川波，1 条人工模拟地震波为兰州波。地震波形见图 4.2.1.5 所示。

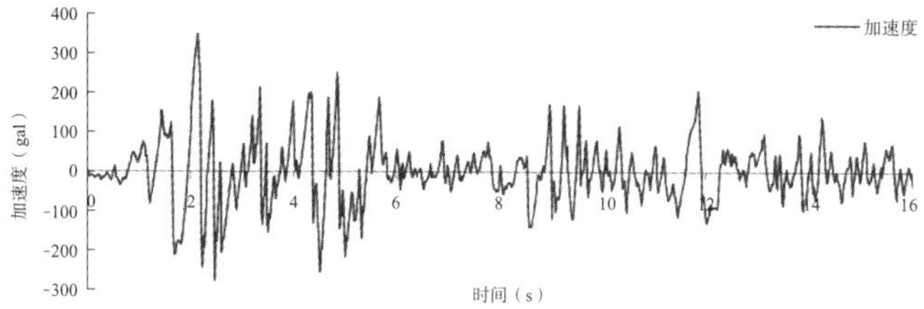

（a）ElCentro 波

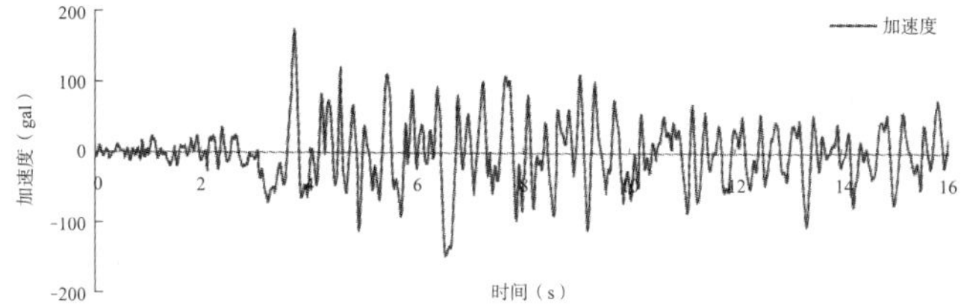

（b）Taft 波

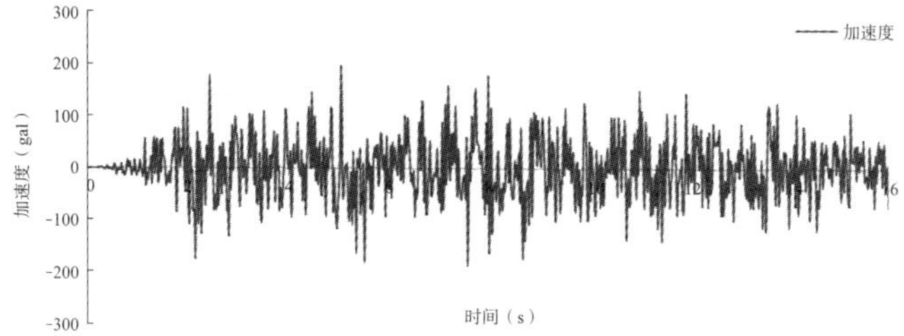

（c）兰州波

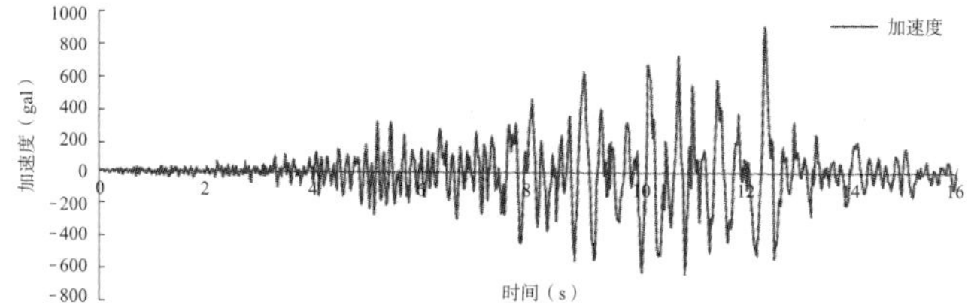

（d）汶川波

图 4.2.1.5　地震波形图

本节试验的水平荷载在横梁的中心处施加。本次施加地震的峰值加速度预计为35gal、100gal、220gal、300gal、400gal用来模拟不同地震烈度。其中35gal、100gal、220gal时，交替输入4种地震波，300gal时选择输入ELCentro波和Taft波，400gal时只输入ELCentro波。试验过程中分别选取地震波的前16s地震记录，时间间隔为0.02s，时间步数一共800步。根据相似关系，时间间隔调整为0.014s，总时间为11.30s。一共设置15个加载工况，见表4.2.1.1。

加载工况设置表 **表 4.2.1.1**

工况	地震波	峰值加速度（gal）	工况	地震波	峰值加速度（gal）
1	ELCentro 波	35	9	ELCentro 波	220
2	Taft 波	35	10	Taft 波	220
3	兰州波	35	11	兰州波	220
4	汶川波	35	12	汶川波	220
5	ELCentro 波	100	13	ELCentro 波	300
6	Taft 波	100	14	Taft 波	300
7	兰州波	100	15	ELCentro 波	400
8	汶川波	100			

4）拟静力试验加载制度

加载制度按《建筑抗震试验方法规程》JGJ 101—96的规定，采用荷载-位移混合控制加载制度，屈服前采用力控制，每级荷载增量为5kN并循环一次，屈服后采用位移控制，以屈服位移的倍数逐级递增并循环3次，直到荷载下降到峰值荷载的85%左右，加载制度如图4.2.1.4所示。

4.2.2 试验现象及破坏形态

1）拟动力试验过程及破坏特征

为了方便对试验现象进行描述，对各构件进行命名（见图4.2.2.1），作用力以由西向东推为正，由东向西拉为负。

（1）工况1-4（最大峰值加速度35gal）

在加速度峰值为35gal的四种地震波荷载作用下，除了由于混凝土干缩形成的初始裂缝外，几乎没有新裂缝产生，35gal ElCentro波加载后试件的形态如图4.2.2.2所示。

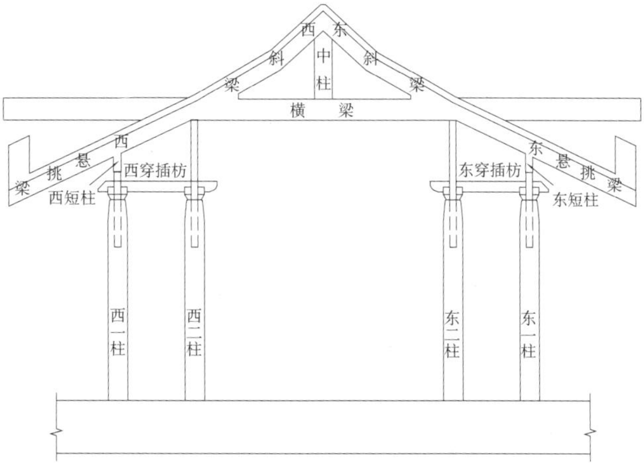

图 4.2.2.1　构件命名示意图

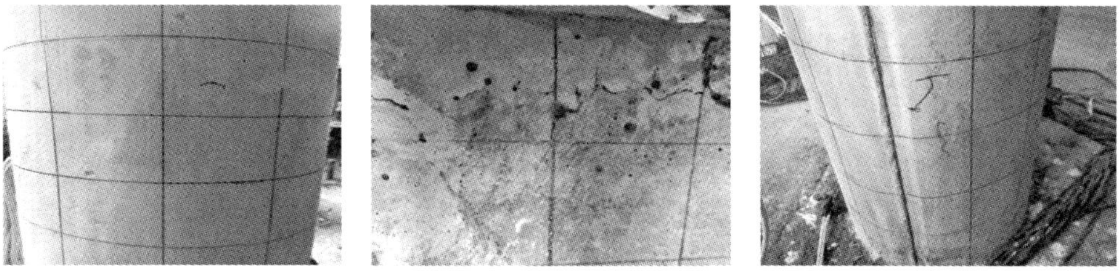

（a）东二柱柱中　　（b）横梁上部　　（c）西一柱柱底

图 4.2.2.2　35gal 加载后试件的形态

（2）工况 5-8（最大峰值加速度 100gal）

ElCentro 波：当加载到负向峰值时，横梁东端部出现大约 3cm 的水平裂缝，东侧柱出现水平环形裂缝，东西斜梁端部出现约为 3cm 的裂缝。当加载到正向峰值时，横梁西端处开始出现水平裂缝，东侧柱出现水平环形裂缝。西侧柱出现水平裂缝。

Taft 波：当加载到负向峰值时，东西横梁与斜梁节点处产生大约 3cm 的斜裂缝，短柱与横梁交界处在横梁上部出现大约 10cm 的水平裂缝。东侧柱出现环向水平裂缝。同时原有的水平裂缝略有延伸。东二柱方钢管与东穿插枋交界处出现延伸至斗栱顶处的贯穿裂缝。当加载到正向峰值时，短柱西侧产生大约 5cm 的水平裂缝，东西斜梁距梁端 10cm 处出现裂缝，两侧柱均产生横向裂缝。

兰州波、汶川波：在 100gal 的兰州波和汶川波地震作用加载到正向峰值时，裂缝基本无变化。100gal 加载结束后试件的形态见图 4.2.2.3。

（3）工况 9-12（最大峰值加速度 220gal）

ElCentro 波：当加载到负向峰值加速度时，东二柱中自下而上出现新的环形裂缝。原裂缝横向延长。两侧柱均产生新的环形裂缝，原裂缝横向延伸发展。横梁跨中腹部

（a）东二柱斗栱处　（b）西二柱东面　（c）横梁东端部上部

图 4.2.2.3　100gal 加载后试件的形态

开始出现若干条斜裂缝。当加载到正向峰值加速度时，东西内柱上部方钢管底部混凝土处产生斜裂缝延伸至斗栱处，短柱西面柱顶产生大约 10cm 的水平裂缝。斜梁两端产生竖向裂缝。两侧柱均出现新的横向裂缝。

Taft：当加载到负向峰值加速度时，两侧柱均产生新的裂缝。西侧斜梁跨中腹部产生若干条 2~3cm 的斜裂缝，东西内柱斗栱顶面出现 1 条水平裂缝。其他柱柱底及柱中原有裂缝出现 4~10cm 的延长。当加载到正向峰值加速度时，短柱西面柱底产生 5cm 的水平裂缝，两侧柱均有新的裂缝产生，原有裂缝开始向北出现 7cm 多的延伸。

兰州波、汶川波：在 220gal 的兰州波地震作用时，由于在峰值加速度时其最大位移均小于前两个工况的峰值位移，因此其裂缝基本无变化。220gal 加载结束后试件的形态见图 4.2.2.4。

（a）中柱东侧　（b）东二柱斗栱处　（c）西二柱西侧柱中

图 4.2.2.4　220gal 加载后试件的形态

（4）工况 13-14（最大峰值加速度 300gal）

工况 13 开始改变加载机制，此后仅输入 ElCentro 波和 Taft 波。

ElCentro 波：当加载到正向峰值加速度时，西穿插枋梁顶和梁侧产生若干条水平裂缝和竖向裂缝。各柱斗栱产生不同程度的破坏。西一柱斗栱与短柱脱离，东二柱穿插枋与斗栱处出现横向贯通裂缝。横梁北侧跨中出现竖向裂缝。当加载到负向峰值加速度时，各柱均有新的裂缝产生，与原有裂缝相交贯通。

Taft 波：当加载到负向峰值加速度时，柱中中下部并无新裂缝产生，大多数水平裂缝略有不同程度的延伸。东二柱斗栱与穿插枋基本脱离。当加载到正向峰值加速度时，西一柱变截面环向裂缝延伸。各柱柱顶裂缝延伸。300gal 加载结束后试件的形态见图 4.2.2.5。

（a）西一柱柱顶　（b）西穿插枋梁顶　（c）东二柱斗栱

图 4.2.2.5　300gal 加载后试件的形态

（5）工况 15（最大峰值加速度 400gal）

ElCentro 波：当加载到正向峰值加速度时，东一柱斗栱与东穿插枋连接处混凝土开始剥落。西一柱短柱产生斜裂缝，与柱中横向裂缝贯通。西二柱斗栱与下柱交界处混凝土开裂并剥落。各柱柱中的裂缝出现不同程度的延伸。当加载到负向峰值加速度时，四个斗栱与穿插枋交接处出现不同程度的混凝土剥落，东一柱距柱底 17cm 处产生一条 10cm 的斜裂缝。400gal 加载结束后试件的形态见图 4.2.2.6。

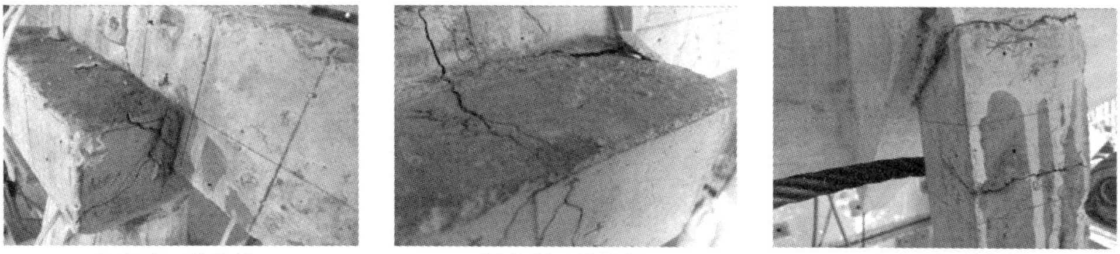

（a）东一柱斗栱　（b）西二柱斗栱　（c）西一柱短柱

图 4.2.2.6　400gal ElCentro 加载后试件的形态

2）拟静力试验过程及破坏特征

在试件加载过程中，当水平荷载达到 ±15kN 时，试件在弹性范围内工作；荷载达到 ±20kN 时，柱中出现环向裂缝，以及少量竖向裂缝，柱底开始出现斜裂缝。西短柱北侧出现 5~16cm 斜裂缝，西侧柱顶出现竖向裂缝，西北角混凝土出现破损，并伴有少许脱落现象。西短柱与斜梁连接处西侧混凝土出现南北向横向裂缝。荷载达到±25kN时，柱身西侧有多条裂缝贯通，有部分环向裂缝向两侧延伸发展。原有裂缝宽度加宽，斗栱与横梁交接处混凝土脱落。方钢管与横梁北侧交接处原有裂缝加宽，出现断截面。东短柱南侧面出现起皮现象，原斜裂缝延伸并加深。与西短柱北侧连接处斜梁出现15cm斜裂缝。东西短柱应变达到屈服应变，此后改用位移控制加载。

当水平位移达到68mm时，柱顶出现环向裂缝以及斜裂缝，原裂缝加宽加深，柱中原横向裂缝贯通。西短柱北侧原表面斜裂缝发展成为斜向贯通裂缝，裂缝宽度约为1.5mm。东短柱柱顶混凝土起皮现象严重，斗栱与横梁交界处南侧出现断裂面，斗栱底部出现竖向裂缝，短柱与斜梁交接处裂缝延伸。

当水平位移达到78mm时，柱顶继续产生横向裂缝，原有裂缝持续发展，柱底出现10cm竖向裂缝，柱底原有裂缝贯通。东西短柱被压酥，东短柱南侧产生多条斜贯通裂缝，混凝土大量剥落，露出纵筋，纵筋明显弯曲。

当水平位移达到88mm时，柱底出现斜裂缝，原裂缝加宽加深，并且向竖向延伸。东短柱混凝土继续剥落，失去承载能力，外露纵筋呈明显弯曲状态。斗栱原竖向裂缝继续发展，裂缝宽度增加。

当水平位移达到98mm时，柱底混凝土起皮，原斜裂缝加宽加粗，方钢管上出现裂缝，但无明显弯曲、变形。由于试件变形较大，弹塑性层间位移角达到1/35，超过《建筑抗震设计规范》GB 50011—2010规定的限值1/50，可以认为已不适于再继续承载，终止加载。加载过程中破坏形态见图4.2.2.7。

（a）20kN——东一柱西侧裂缝

（b）20kN——西二柱南侧裂缝

（c）25kN——西穿插枋裂缝

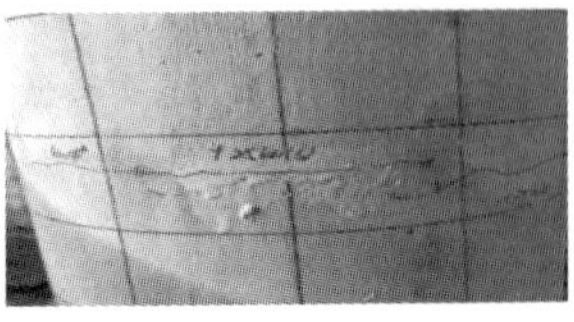

（d）25kN——东一柱西侧裂缝

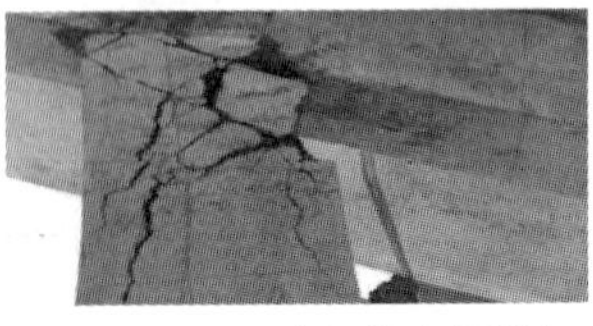

（e）78mm——东短柱南侧裂缝

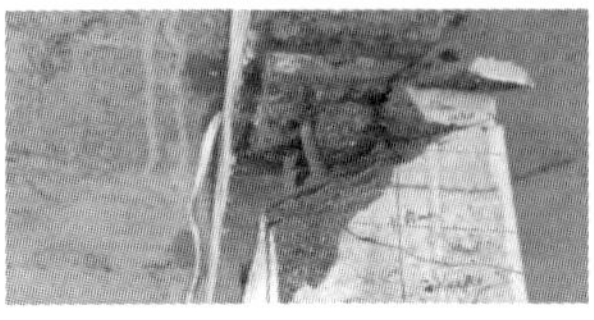

（f）78mm——西短柱西侧裂缝

图4.2.2.7 试件破坏形态

4.2.3 试验数据分析

1）拟动力试验数据分析

（1）位移时程分析

图 4.2.3.1 为试件框架在不同加载工况下的位移时程曲线。表 4.2.3.1 为试件框架在四种典型加载工况下的最大位移值。由表中数据可以看出，随着地震加速度峰值的增大，结构的位移反应随之增加。在不同地震波作用下，框架模型的位移响应与输入的地震波形状基本保持一致。地震波对框架模型的位移响应的影响大小依次为 El Centro 波、Taft 波、兰州波和汶川波，这是因为模型结构的自振周期与 El Centro 波的频谱较为接近。

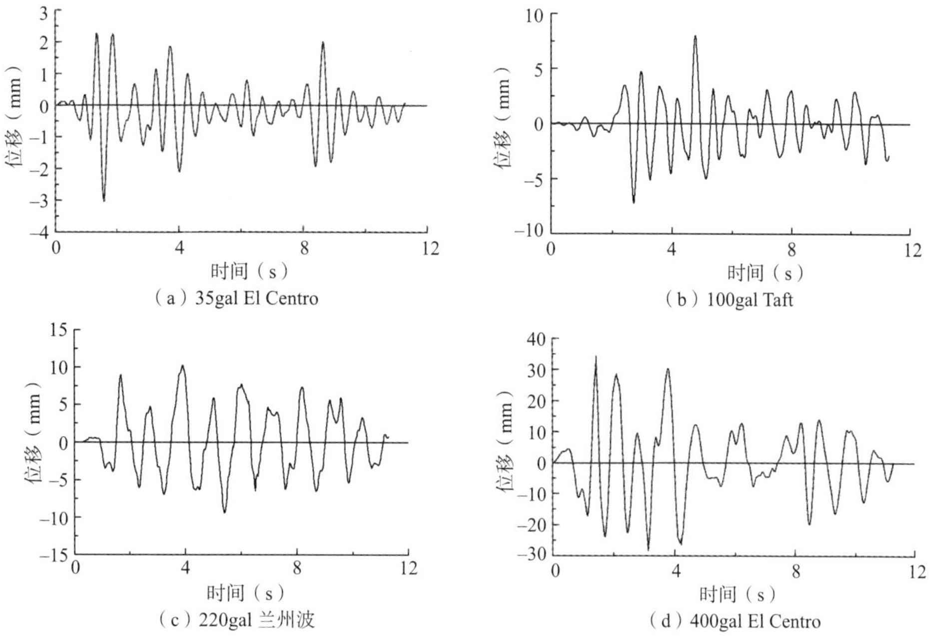

（a）35gal El Centro

（b）100gal Taft

（c）220gal 兰州波

（d）400gal El Centro

图 4.2.3.1 不同加载工况下的位移时程曲线

不同工况下试件的最大位移值 **表 4.2.3.1**

加载工况	加载方向	时间（s）	步数	最大位移（mm）
E35	正向	1.358	97	2.026
	负向	1.596	114	−3.030
T100	正向	4.774	341	8.030
	负向	2.716	194	−7.222

续表

加载工况	加载方向	时间（s）	步数	最大位移（mm）
L220	正向	3.920	280	10.261
	负向	5.390	385	－9.487
E400	正向	1.428	102	34.250
	负向	3.122	223	－28.199

（2）恢复力时程分析

图 4.2.3.2 为试件框架在不同的峰值加速度下的恢复力时程曲线，表 4.2.3.2 为不同工况下的最大恢复力。由图中可以看出，随着地震作用的不断加强，结构恢复力响应逐渐增大，El Centro 波相对于其他三条地震波而言，对结构的恢复力影响最大。通过位移时程曲线对比可以发现，框架模型在不同峰值加速度作用下的恢复力曲线与位移时程曲线的波形基本一致，各波峰、波谷出现的时刻大致相同。说明结构的位移时程曲线和恢复力时程曲线之间具有良好的协调性。

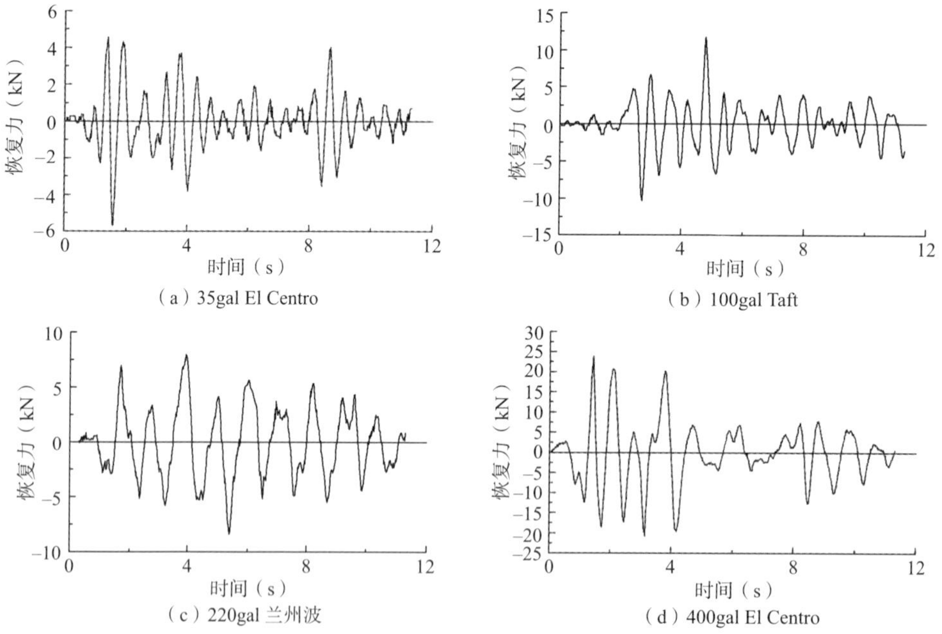

图 4.2.3.2　不同加载工况下的恢复力时程曲线

不同工况下试件的最大恢复力　　表 4.2.3.2

加载工况	加载方向	时间（s）	步数	最大恢复力（kN）
E35	正向	1.386	99	4.536
	负向	1.568	112	－5.671

续表

加载工况	加载方向	时间（s）	步数	最大恢复力（kN）
T100	正向	4.774	341	11.695
	负向	2.716	194	－10.366
L220	正向	3.906	279	7.971
	负向	5.390	385	－8.386
E400	正向	1.428	102	24.003
	负向	3.136	224	－20.842

2）拟静力试验数据分析

（1）滞回曲线

试验获得的低周反复荷载下的滞回曲线如图 4.2.3.3 所示，由图可见试件的滞回曲线整体呈反 S 形，抗震性能较差，这是由于核心区短柱及斗栱发生剪切破坏，从而降低了结构的延性和刚度。

（2）骨架曲线

图 4.2.3.4 为试件的骨架曲线。由图可见，由于试件的对称性，试件正向加载和反向加载时骨架曲线的斜率一致，骨架曲线的下降段较为平缓，表明试件具有较好的承载能力和延性。

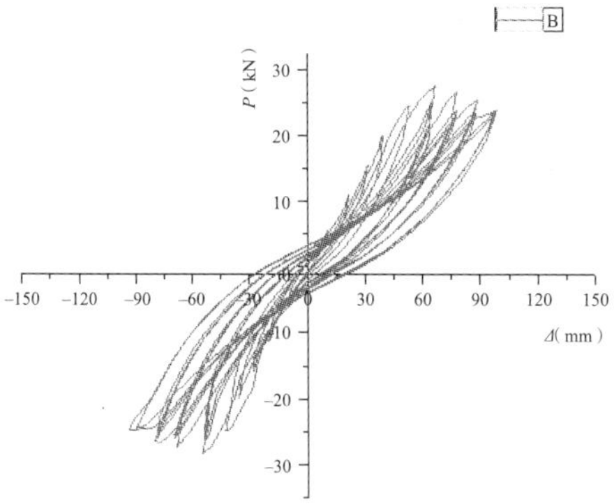

图 4.2.3.3　框架恢复力－位移滞回曲线

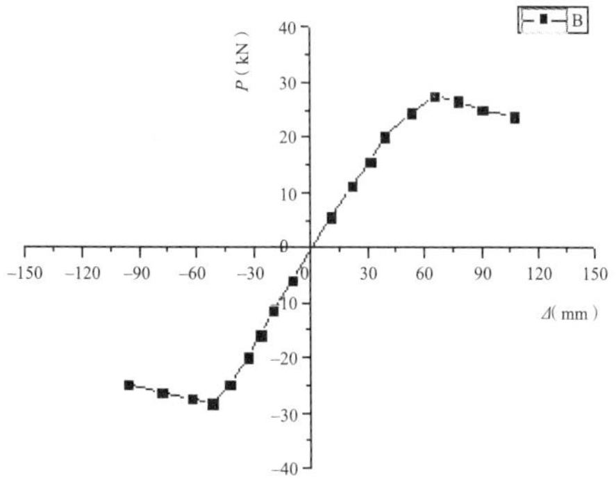

图 4.2.3.4　试件 P-△骨架曲线

（3）强度刚度退化曲线

图 4.2.3.5 为试件的强度刚度退化曲线。框架的强度衰减速率随着水平位移的增大而加快，衰减程度随着循环次数的增加而增加，正向强度衰减速率较反向大。

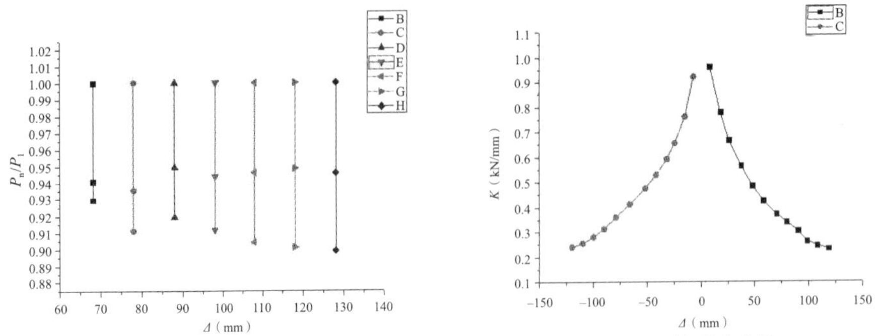

（a）强度退化曲线　　（b）刚度退化曲线

图 4.2.3.5　试件强度 / 刚度曲线

4.2.4　试件结构分析

对拟动力试验在不同工况下获得的试验数据进行整理分析，得到了试件框架的荷载 - 位移滞回曲线，选取了其中具有代表性的四个工况进行分析，拟动力试验滞回曲线如图 4.2.4.1 所示。

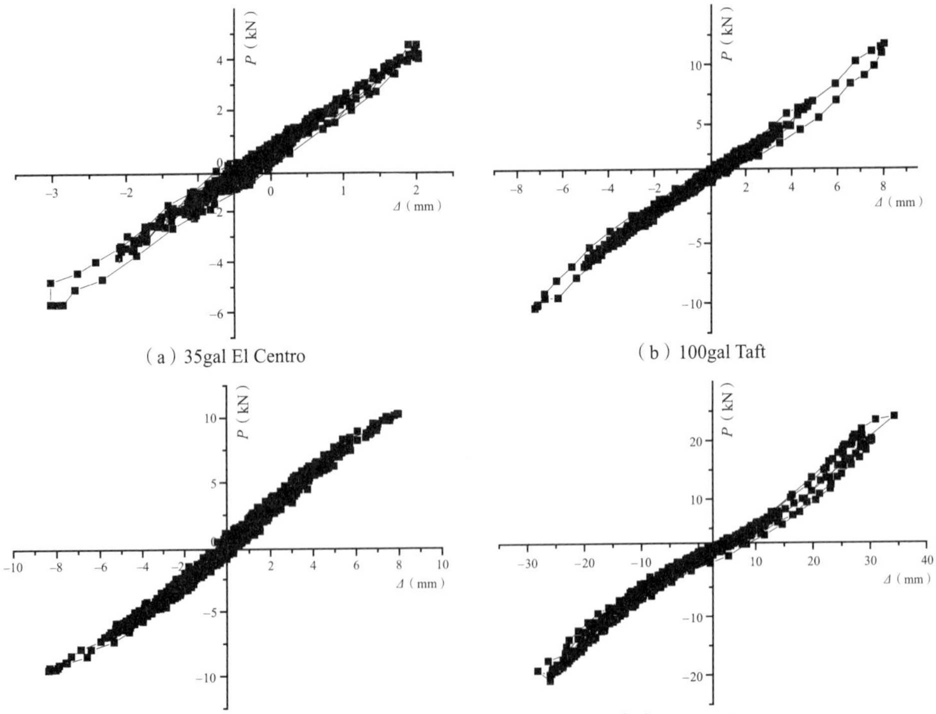

（a）35gal El Centro　　（b）100gal Taft

（c）220gal 兰州波　　（d）400gal El Centro

图 4.2.4.1　拟动力试验不同加载工况下的恢复力 – 位移滞回曲线

以 ElCentro 波加载 35gal 为例，当恢复力达到 2.5kN 左右时，试件框架荷载 - 位移滞回曲线呈直线分布，框架处于弹性工作状态，结构耗能较小，继续正向加载，滞回曲线略有弯曲，卸载后变形基本恢复，结构仍处于弹性工作阶段。由于本次试验的水平荷载在横梁的中心处施加，结构的主要变形发生在梁端结合部，构件的耗能能力与钢材屈服变形发挥和截面损伤密切相关。横梁端部、东西穿插枋与方钢管短柱节点处具有较强的抗震能力，卸载后残余变形小，截面损伤程度轻微。

从图 4.2.4.1 拟静力试验恢复力 - 位移滞回曲线可以看出，滞回环较为丰满，说明试件框架在低周反复荷载作用下具有较强的耗能能力，滞回曲线呈捏拢状，框架屈服前梁端未出现损伤，柱未出现环状裂缝，试件基本处于弹性工作阶段；试件屈服后，由于方钢管柱的存在，柱刚度未出现大的退化，且具有较强的变形恢复能力，卸载后变形基本恢复，残余变形不大。但普通的钢筋混凝土框架一旦屈服，残余变形较大，滞回曲线中部不呈捏拢状，框架卸载后恢复能力较差，结构损伤严重。

4.2.5　结论

本节通过一榀 1 : 2 平面 缩尺钢筋混凝土传统建筑框架模型的拟静力和拟动力试验研究，了解了传统建筑框架的地震反应、能量耗能、刚度退化滞回性能等抗震性能，可以得到以下结论：

（1）在不同波形的加载过程中，试件框架的最大层间位移角为 1/77，小于 1/50 的限值要求。说明本次试验构件在地震作用下具有良好的变形能力，能够满足“小震不坏”和“大震不倒”的抗震要求。

（2）混凝土框架柱柱顶由于内插了方钢管柱，节点核心区的抗裂性能得到了很大的提升，节点刚性制约了混凝土梁柱节点的变形，从而提高整个框架的抗震性能和变形恢复能力。

4.3　传统风格建筑钢筋混凝土框架结构抗震性能试验研究

4.3.1　试验概况

基于对中华民族几千年传统文化的探索与创新，近些年在我国城市化快速发展进程中，传统风格建筑受到越来越多的关注和认可。对于这种既创新又传统的建筑结构类型，虽然在现实生活中已经有了大量的工程实例，但工程设计中还缺乏相应的规范和规程，只能参照现有规范中关于框架结构和框剪结构等的一些规定进行设计。然而由于钢筋混凝土梁柱构件、节点等的外形需要满足传统风格独特的建筑艺术造型的要求，使其截面尺寸与构造受到很大的限制，在抗震性能和设计方法上与常规的钢筋混凝土建筑结构未必完全一致。在此情况下，如果完全按照现行的规范规定进行结构设计，可能导致较大的误差甚至错误[75]。因此，对于传统风格建筑的抗震性能进行专门的研究是十分必要的。

基于上述分析，本节将以浙江舟山市普陀山佛学院的茶榭为对象进行相关研究，为该类结构的工程实际提供科学的参考依据。茶榭主体结构2层，±0.000以下为架空层，其上为单层歇山屋顶，屋脊顶标高为7.550m，建筑物位于水面上。建筑实景图如图4.3.1.1所示。

图 4.3.1.1　茶榭实景图

建筑结构抗震设防烈度为7度，设计基本地震加速度值为0.1g，设计地震分组为第一组，框架抗震等级为三级，场地类别为Ⅲ类。该结构具有以下特点：

（1）上层层高较高，而圆柱直径只有380mm，且在斗栱处柱头“收分”，使得该处节点削弱较多，因此采用方钢管混凝土加强该部位。

（2）斗栱处设置钢筋混凝土阑额梁和穿插枋，与圆柱相连，上、下梁截面尺寸和间距均较小，导致该节点处会出现类似于“短柱”的现象。

（3）屋面梁板均采用现浇钢筋混凝土，且上卧传统的灰色陶瓦和外挑2.1m的飞檐，造成屋面荷载较大。

针对此类结构的抗震性能研究，地震模拟振动台试验可以直观地看到结构在真实地震作用下的运动特征，是最直接可靠的方法之一。该方法的基本原理为：根据动力相似理论进行试验模型设计，通过测试模型在模拟地震波作用下的相关结果，然后依据相似关系反推原型结构结果[77, 78]。

本次实验借助西安建筑科技大学新 MTS（4m × 4m）振动台对模型进行地震模拟振动试验研究。通过考察模型结构的破坏机理与破坏模式，对传统风格建筑钢筋混凝土框架结构的总体抗震性能进行评价，并提出切实可行的抗震改进措施，为此类结构提供有力的理论支持。

4.3.2　试验模型设计与制作

1）模型设计

按相似关系制作了 1 : 4 的缩尺试验模型，模型主要由钢筋混凝土圆柱、梁和板等承重构件以及栌斗、穿插枋、阑额等造型构件组成，屋面结构是歇山式屋顶。模型结构平面、屋架见图 4.3.2.1、图 4.3.2.2。

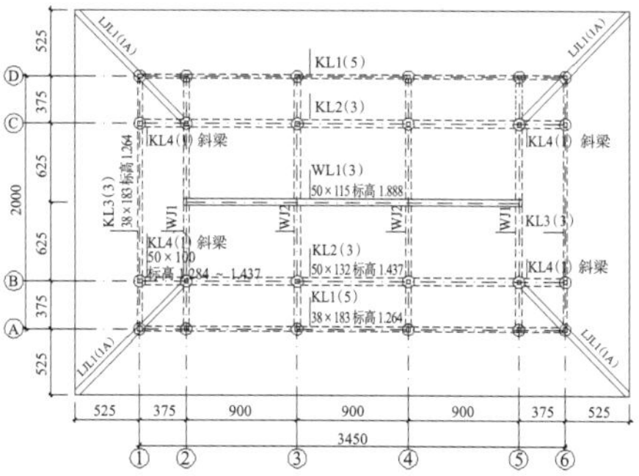

图 4.3.2.1　模型结构布置图

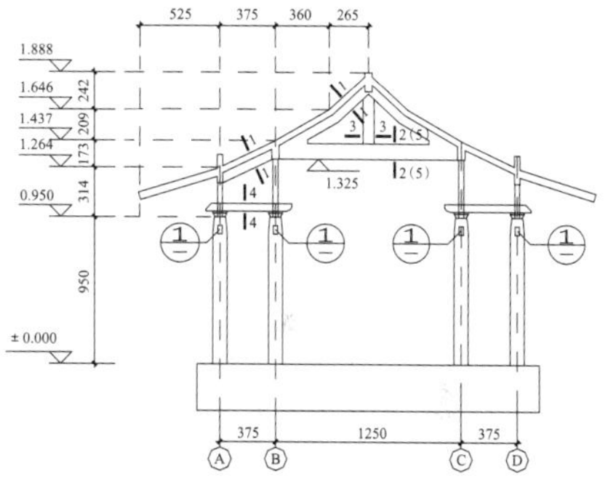

图 4.3.2.2　模型屋架（WJ1、WJ2）

2）相似比

由于原型尺寸经过比例换算后所得的模型的梁和柱等构件的截面尺寸均偏小，为了满足混凝土的浇筑等施工工艺的要求，同时满足模型和原型结构的材料性能相似的条件，模型的材料主要物理量的相似关系见表 4.3.2.1。

模型相似比　　表 4.3.2.1

物理量	长度	弹性模量	刚度	周期	加速度
相似比	0.25	1	0.25	0.3536	2

3）模型制作

本试验混凝土材料选择使用强度等级为 C30 的微粒混凝土，其原料配合比为水：水泥：细砂：米石 =0.38：1：1.11：2.72，其中使用的水泥为 32.5 级普通硅酸盐水泥，细骨料为最大粒径小于 2.5mm 的细砂，粗骨料为最大粒径小于 5mm 的米石。

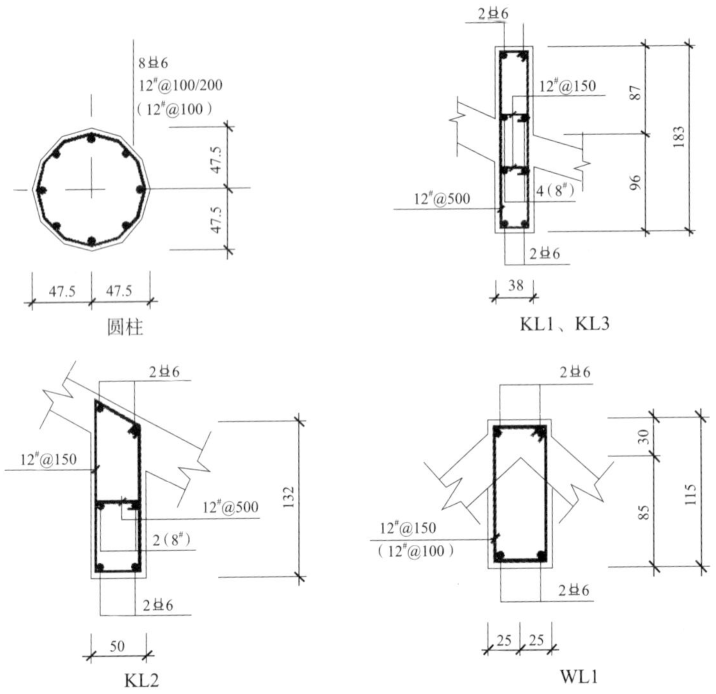

图 4.3.2.3 圆柱、梁截面配筋图

钢筋材料主要采用Φ6钢筋作为纵筋，12号钢丝作为箍筋。其中圆柱纵筋采用8根Φ6，箍筋采用12号钢丝。柱头“收分”处采用钢管混凝土，方钢管为壁厚3mm的Q235钢，插入下部圆柱内200mm，下插部分方钢管焊有12根Φ6的钢筋头增加钢管和混凝土的咬合作用，方钢管内的混凝土预埋有10号镀锌钢丝，作为和框架梁之间的锚固。框架梁的受力纵筋均采用Φ6钢筋，其中考虑到外周边框架梁可能承受较大的扭矩，在其中部设置四根受扭纵筋。板筋采用φ8钢筋，双层双向布置。穿插枋和阑额的纵筋均采用8号镀锌钢丝，箍筋采用12号镀锌钢丝，栌斗沿高度方向设置正方形的10号钢丝。

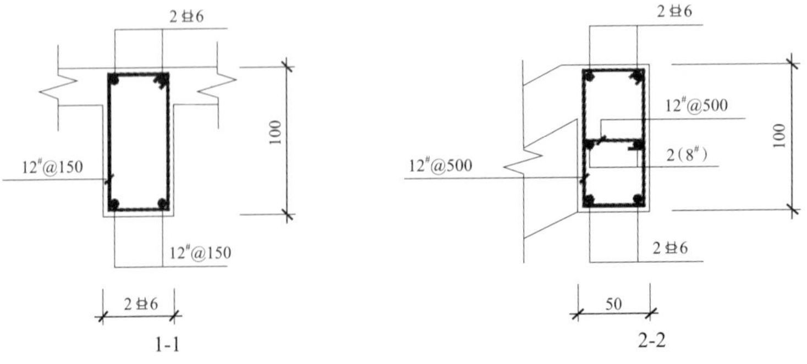

图 4.3.2.4 屋架梁、穿插枋和阑额梁截面配筋图（一）

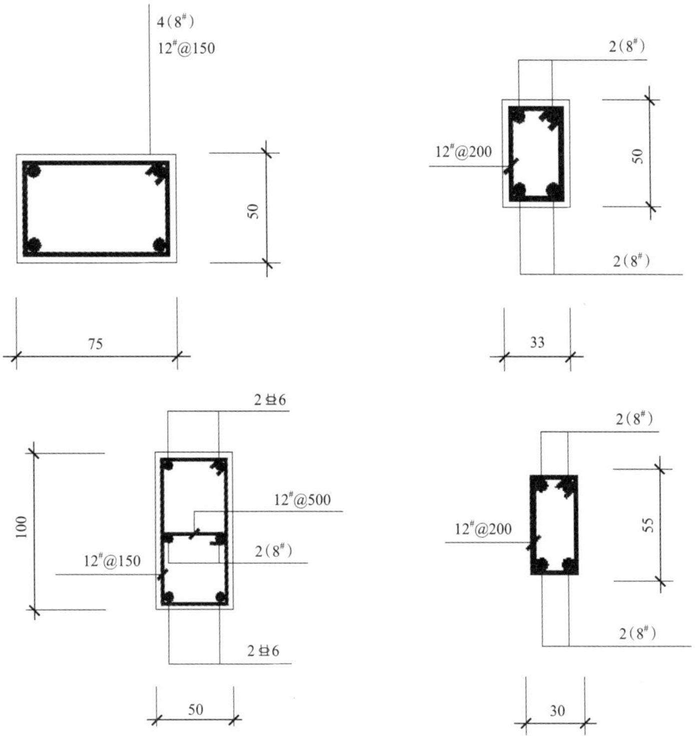

图 4.3.2.4　屋架梁、穿插枋和阑额梁截面配筋图（二）

4）配重

本试验模型的总配重质量为 5.418t，配重块分为混凝土配重块和铁配重块。混凝土配重块采用现浇的方式制作，通过预留钢筋固定在板上，且在浇筑时用塑料布与板隔离。铁配重块通过发泡胶粘贴在混凝土配重块顶面。配重块布置如图 4.3.2.5 所示。

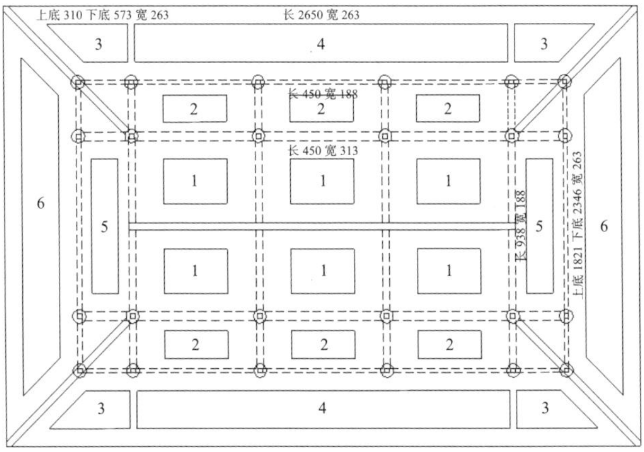

图 4.3.2.5　屋顶混凝土配重块布置

4.3.3 结构体系的选择和计算分析

1）测点布置

在结构的关键部位，如外柱、中柱和内柱的梁柱节点以及结构基础顶部、屋脊顶面，按 X、Y 和 Z 三个方向依次布置相应的位移传感器（图 4.3.3.1）和加速度传感器（图 4.3.3.2），以测定结构的地震反应。

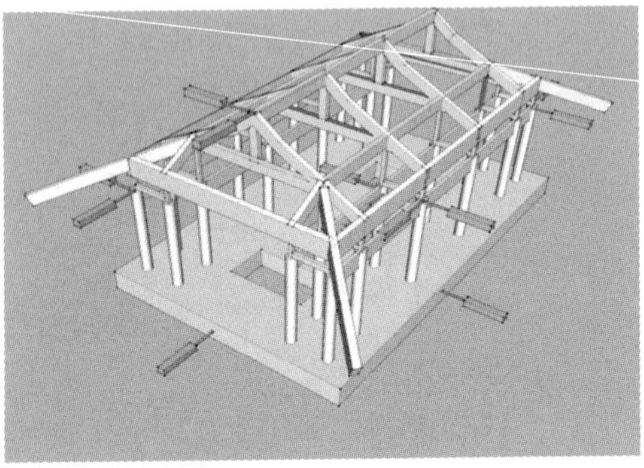

图 4.3.3.1　位移传感器布置

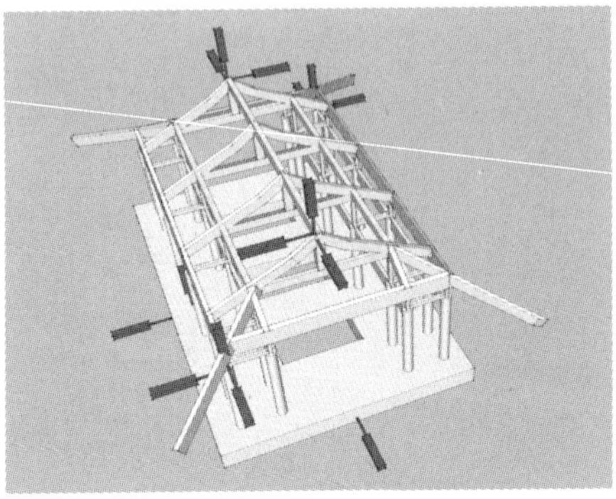

图 4.3.3.2　加速度传感器布置

2）加载工况

本试验选用 4 组天然地震波作为模拟地震振动台台面输入波，其中包括汶川波、兰州波、Taft 波和 El Centro 波。

试验从台面输入峰值加速度为 70gal 开始加载，到台面输入加速度为 1240gal 结束，共经历 7 级加载。主要加载工况依次为：7 度多遇（工况 1 ~ 17，台面峰值加速度 70gal），7 度设防（工况 18 ~ 34，台面峰值加速度 200gal），7 度罕遇（工况 35 ~ 51，台面峰值加速度 440gal），8.5 度设防（工况 52 ~ 64，台面峰值加速度 600gal），8 度罕遇（工况 65 ~ 77，台面峰值加速度 800gal），8.5 度罕遇（工况 78 ~ 81，台面峰值加速度 1000gal），9 度罕遇（工况 82 ~ 85，台面峰值加速度 1240gal）。

7 级加载均为单向、双向和三向地震波输入。前 5 级加载按汶川波、兰州波、Taft 波、El Centro 波分别对模型 X 向、Y 向、XY 双向以及 XYZ 三向激励。后 2 级加载单是 Taft 波对模型 X 向、XY 双向以及 XYZ 三向激励。其中，XY 双向激励加速度峰值比为 1 ∶ 0.85；XYZ 三向激励加速度峰值比为 1 ∶ 0.85 ∶ 0.65。在初始加载和每级加载后，对模型进行白噪声（台面峰值加速度 50gal）扫描，以测量结构的自振频率、振型和阻尼比等动力特征参数。

4.3.4 试验现象及结果分析

1）试验现象

在峰值加速度 70gal（7 度多遇）地震作用下，结构位移和扭转反应均较小，模型表面没有出现可见裂缝，结构基本处于弹性阶段。

加载至 7 度设防 *X*、*Y* 双向 Taft 波和 El Centro 波时，有部分造型构件（如穿插坊、阑额梁）端部出现斜裂缝，且不断加深扩展（图 4.3.4.1）；阑额梁跨中部分有一处发现竖向裂缝。

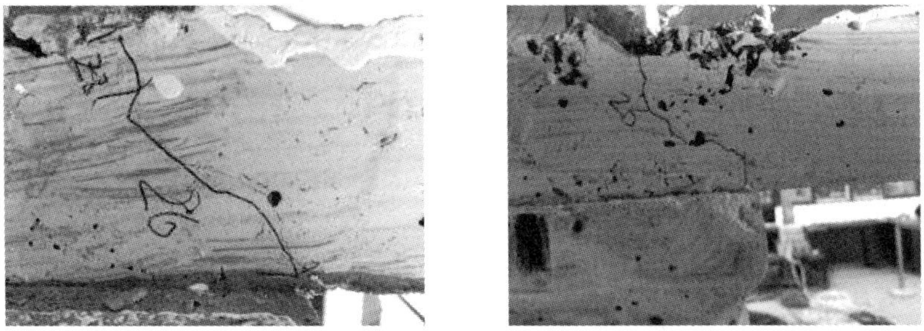

图 4.3.4.1 穿插枋、阑额梁出现裂缝

在 7 度罕遇 *X*、*Y* 双向 Taft 波和 ElCentro 波地震试验阶段，多根框架柱分别在距柱底 5cm、10cm、20cm、30cm 和 40cm 等处出现横向水平裂缝和竖向短裂缝并不断的延伸（图 4.3.4.2）。随后的工况，框架梁端部底面裂缝延伸至柱上端方钢管混凝土处，梁柱交点处混凝土开始剥落（图 4.3.4.3）。

图 4.3.4.2 柱底出现裂缝

图 4.3.4.3 梁柱交点混凝土剥落

当台面输入峰值加速度600gal，相当于遭遇8.5度设防*X*、*Y*双向Taft波和El Centro波时，框架梁两端出现竖向裂缝，梁底部中段出现横向裂缝（图4.3.4.4）；同时柱底裂缝继续快速发展（图4.3.4.5），其中有两根柱的底部水平裂缝贯通而形成环向裂缝。

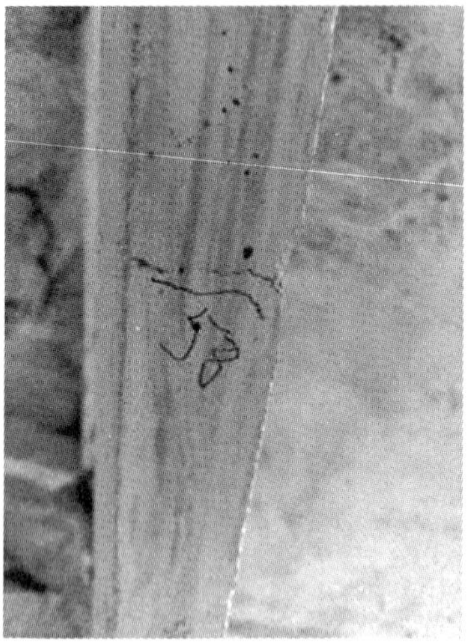

图4.3.4.4　梁底部中段出现裂缝

图4.3.4.5　柱底裂缝继续发展

加载至8度罕遇*X*、*Y*双向ElCentro波时，钢管混凝土柱顶部混凝土多处出现脱落，某处梁端出现混凝土压碎、钢筋露出等现象（图4.3.4.6），形成塑性铰。

加载至峰值加速度为1000gal（8.5度罕遇）的*X*、*Y*双向Taft波时，柱底部裂缝持续加深加宽，多处发展为环向贯通裂缝，柱底和梁端的混凝土不断脱落。

从峰值加速度1240gal地震试验阶段开始至试验结束，模型破坏越来越严重，直至倒塌（图4.3.4.7），破坏模式主要集中在柱底部和梁柱节点处，而坡屋盖则相对完好。

图4.3.4.6　梁底部中段出现裂缝

图4.3.4.7　模型倒塌

2）模型结构动力特性

在初始加载和各级加载后，通过白噪声来获得的模型结构自振频率和周期，如表4.3.4.1所示。

不同加载等级作用下模型结构频率和周期　　表4.3.4.1

方向	项次	加载等级						
		震前	1	2	3	4	5	6
*X*向	频率（Hz）	2.34	2.34	1.84	1.48	1.33	1.29	1.17
	周期（s）	0.43	0.43	0.54	0.67	0.75	0.78	0.85
*Y*向	频率（Hz）	2.34	2.34	1.88	1.60	1.52	1.41	1.33
	周期（s）	0.43	0.43	0.53	0.62	0.66	0.71	0.75

从表4.3.4.1试验结果可以看出：7度多遇地震作用后，结构自振频率、周期与试验前初始值基本一致，表明结构无损伤，还处于弹性结构。随输入地震强度的增加，模型裂缝不断扩展，结构损伤累积，自振频率下降，周期增大。

3）模型加速度反应

根据模型结构加速度反应时程，统计出屋脊上加速度反应的最大值，通过数据处理可以得到模型在同一条地震波、不同水准地震作用下的屋脊上加速度包络值[78]，如图4.3.4.8、图4.3.4.9所示。由图中可以看出：

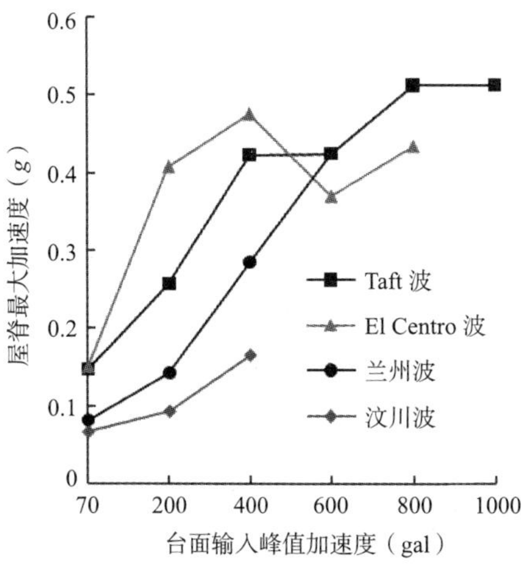

图4.3.4.8　*X*向各级加载下屋脊加速度包络

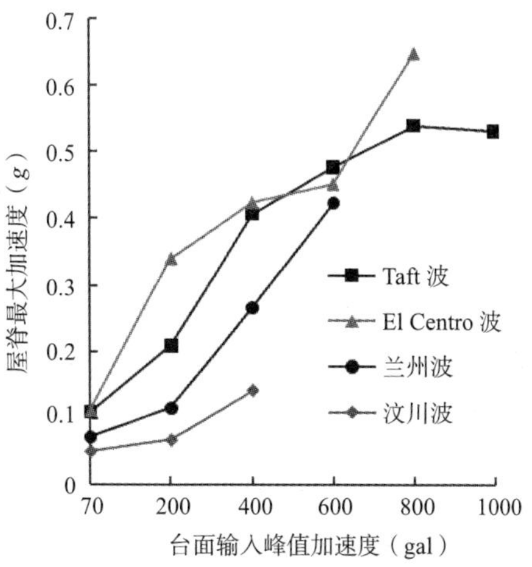

图4.3.4.9　*Y*向各级加载下屋脊加速度包络

前3级加载时，随着台面输入峰值加速度的提高，屋脊上的加速度呈增加的趋势。当加载进行至第4级Taft波和El Centro波时，屋脊上X向加速度出现平直段和下降段，Y向加速度增加速度放缓，原因为在3、4级加载时柱底水平裂缝不断扩展和梁柱交点处混凝土开始剥落，地震作用不能顺利地传送到屋脊，加速度反应与破坏情况基本吻合。

在同级加载、不同波形的地震作用下，模型结构屋脊上的加速度也不同，四条地震波引起的结构加速度反应程度相差较大，其中，Taft波和El Centro波引起的结构动力反应比兰州波和汶川波大，说明地震波的频谱特性对结构的反应有较大的影响。

前3级加载地震作用下，模型X方向的加速度反应大于Y方向，但相差较小，说明模型结构X方向的刚度略小于Y方向。

4）模型位移反应

图4.3.4.10和图4.3.4.11是模型结构在不同水准地震作用下屋脊最大位移包络图，由图可知随着地震动强度的增加模型结构的最大位移反应不断增大，其中，Taft波、El Centro波和兰州波引起的结构位移反应较为接近，而比汶川波大得多。

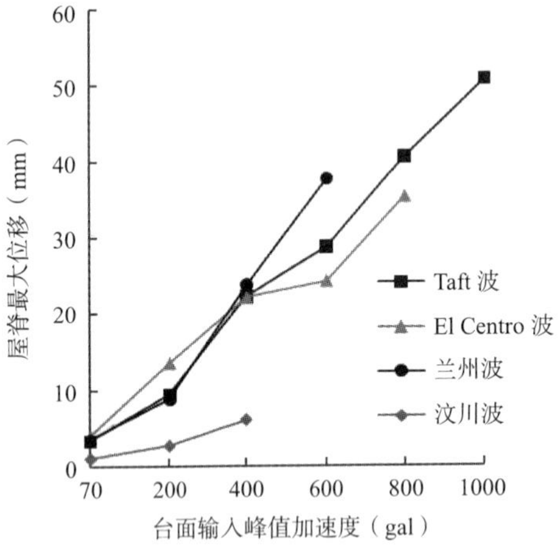

图4.3.4.10　X向屋脊最大位移包络图

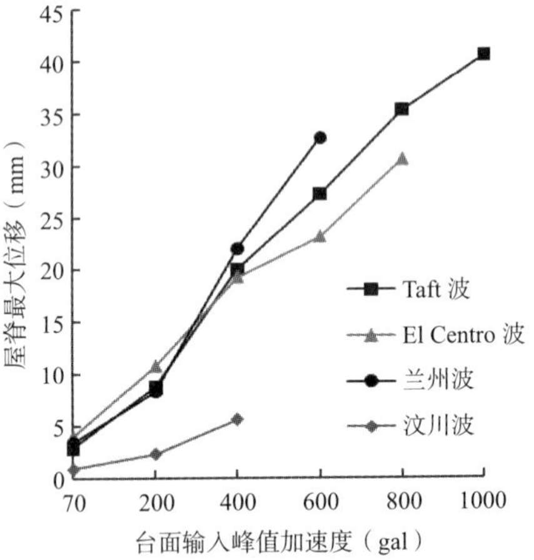

图4.3.4.11　Y向屋脊最大位移包络图

该模型结构层间位移是指屋脊处位移与基座表面处位移之差，本节仅给出Taft波地震作用下模型X向、Y向位移反应，位移时程曲线见图4.3.4.12和图4.3.4.13，层间位移和层间位移角见表4.3.4.2。

由图4.3.4.12和图4.3.4.13可以看出，屋脊处的位移较基座处的位移放大倍数大，表明模型结构的侧向刚度在剧烈地震作用中稍显不足，如果该种风格建筑设在更高抗震设防烈度地区的话，则必须加强其抗侧刚度，满足现行规范的要求。

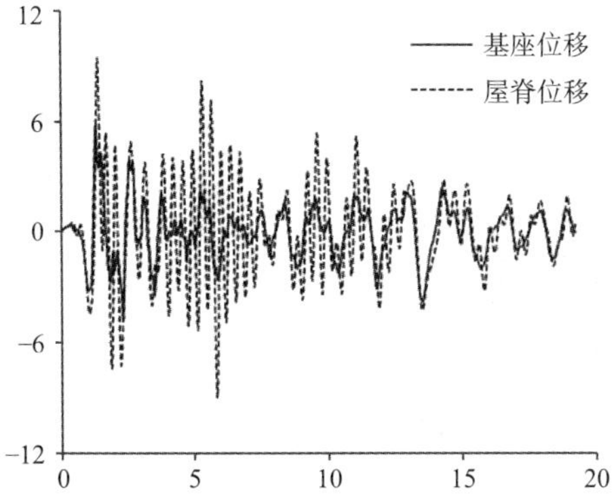

图 4.3.4.12　7 度设防 Taft 波 X 向位移反应

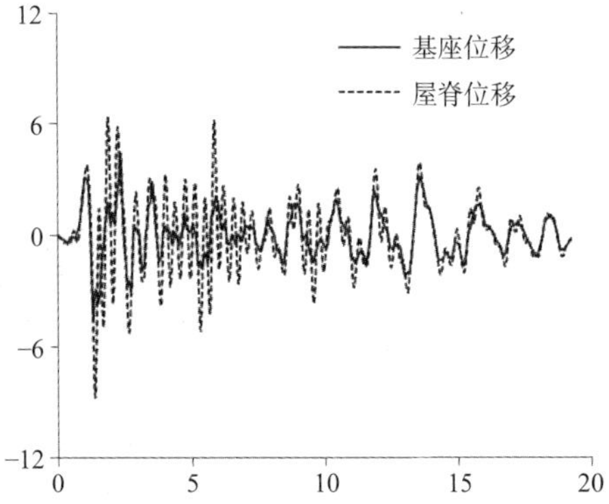

图 4.3.4.13　7 度设防 Taft 波 Y 向位移反应

不同加载等级作用下模型位移反应　　表 4.3.4.2

地震波	台面加速度（gal）	相对位移（mm）		层间位移角	
		X 向	Y 向	X 向	Y 向
Taft 波	70	2.53	1.90	1/746	1/995
	200	7.63	5.67	1/247	1/333
	440	17.15	14.42	1/110	1/131
	600	19.52	20.01	1/97	1/94
	800	31.49	34.57	1/60	1/55
	1000	43.77	39.85	1/43	1/47

由表 4.3.4.2 可知，在 7 度多遇（台面输入峰值加速度 70gal）地震作用下，模型的层间位移角均小于现行规范要求的限值 1/550，模型结构表面没有出现明显的破坏现象，说明结构尚处于弹性状态，满足“小震不坏”的抗震设防标准。在 7 度罕遇（台面输入峰值加速度 440gal）地震作用下，结构 X 向、Y 向层间位移角为 1/110、1/131，均满足现行规范 1/50 限值的要求，表明结构满足“大震不倒”的抗震设防标准。

4.3.5　原型结构抗震性能对比分析

为了进一步研究传统风格建筑钢筋混凝土框架结构的抗震性能，分别采用了 Spas+PMSAP 软件和 SAP2000 软件对原型结构进行了三维空间建模计算分析，并基于弹性和弹塑性时程分析的方法，输入试验所用的台面地震波，对振动台试验的全过程进行仿真分析，并与振动台试验根据相似关系推算出的结果进行对比分析。

1）结构初始动力特性

图 4.3.5.1 为原型结构整体计算分析模型，表 4.3.5.1 为结构自振特性的计算结果

与试验测试结果的对比。可以看出，在后续地震输入工况开始前，计算结果与试验实测结果吻合较好。

图 4.3.5.1　原型结构计算模型

原型结构自振周期对比　　表 4.3.5.1

方向	周期（s）		相差（%）
	试验值	计算值	
X向	1.216	1.186	2.47
Y向	1.216	1.177	3.21

2）结构顶点位移

原型结构进行时程分析时，只选择 Taft 地震波作用的加载工况，其加速度峰值分别调整到 100gal、220gal、300gal、400gal 和 500gal，以模拟不同的地震作用水准，可得到屋脊处的最大位移见表 4.3.5.2。

时程分析与试验的屋脊处最大位移　　表 4.3.5.2

加速度峰值（gal）		35	100	220	300	400	500
计算结果（mm）	X	10.62	30.37	55.00	86.9	117.7	237.1
	Y	10.57	30.22	49.30	66.2	92.4	166.1
试验结果（mm）	X	10.12	30.52	68.62	78.07	125.95	175.07
	Y	7.59	22.66	57.68	80.05	138.29	159.40

对比时程分析结果及试验结果可以发现，时程分析得到的结果在弹性阶段与试验结果比较符合，而随着结构进入弹塑性阶段，塑性铰的出现，引起两者屋脊处的位移结果相差较大。主要原因是结构屈服后时程分析采用的滞回模型和破坏准则与结构实际的破坏情况不完全一致，且试验具有一定程度的离散性。

4.3.6 结论

通过对传统风格建筑钢筋混凝土框架结构整体模型振动台试验结果的分析，可以得到以下结论：

（1）在 7 度多遇地震作用下，结构 X、Y 向最大层间位移角分别为 1/746、1/995，均小于规范限值，模型结构自振频率较试验前未发生变化，且没有明显破坏现象，结构处于弹性阶段。在 7 度罕遇地震作用下，结构 X、Y 向弹塑性层间位移角最大值分别为 1/110、1/131，均未超过规范限值的要求。综上，可以认为原型结构能够满足我国现行抗震规范“小震不坏”和“大震不倒”的抗震设防标准。

（2）模型结构裂缝首先出现在次要装饰构件（如穿插枋、阑额梁等）上，然后随着地震动强度的增强，结构破坏主要集中在圆柱底部和梁柱节点处。试验现象表明，装饰构件表现出了一定的耗能能力，柱头“收分”使得梁柱节点处强度和刚度削弱较多，应充分重视梁柱节点的设计，加强该处节点构造。

（3）当模型结构遭遇到 9 度罕遇地震作用时，柱底和梁柱节点剪切破坏导致结构倒塌，然而屋盖则相对比较完好。说明传统风格建筑中的屋盖系统在地震作用下有着优良的抗震性能。

（4）原型结构模拟仿真结果表明，在弹性阶段分析得到的结构动力特性及屋脊位移与试验结果吻合较好，而在结构屈服出现塑性铰后，两者结果有一定的偏差。

4.4 传统风格建筑钢框架抗震性能试验研究

4.4.1 试验概况

传统风格建筑既继承了古建筑的特点又与现代科学技术相结合，使结构的抗灾害能力和耐久性得到增强。鉴于钢材性能和钢结构施工的便捷，钢结构应用于传统风格建筑在实践中得到了一定的应用 [13, 14, 68]。到目前为止，国内外学者对钢框架结构的研究仅局限于常规结构，对传统风格建筑的钢结构框架研究鲜见报道。丁阳等 [69] 基于数值模拟方法对钢框架结构在爆炸荷载作用下的动态响应和连续倒塌进行了分析；孙国华等 [70] 根据能量反应谱估计多自由度体系能量的计算方法，采用弹塑性时程分析法对 3 个不同层数的钢框架算例进行能量计算分析；施刚等 [71, 72] 从设防目标、地震作用、承载力、延性及侧移要求等方面详细比较并分析了欧洲、美国、日本和中国规范的异同。

近年来，课题组根据工程实践对钢结构传统风格建筑的关键节点进行了系统研究[31, 32, 51]，而对钢结构整体框架结构的抗震性能研究仍未进行。为了能够真实地模拟地震对结构的作用以及地震作用下结构的反应，课题组按 1∶2 缩尺比例设计制作了试验模型，并对其进行了拟动力和拟静力试验，主要研究钢框架结构在弹性和弹塑性阶段的地震反应、滞回耗能特性等，为后续理论分析和结构设计提供试验依据。

1）试件设计

模型原型为某景区偏殿建筑（图 4.4.1.1），是一座单层两跨的传统风格建筑，结构体系采用了钢框架结构。

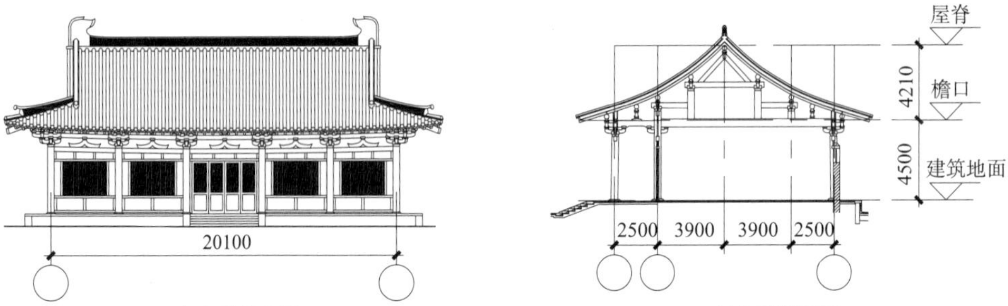

（a）建筑立面　　　　（b）建筑剖面

图 4.4.1.1　模型原型

考虑到试验场地的条件以及结构实际情况，确定模型的线长度相似系数为 1/2，其他相似系数通过量纲分析法和动力试验模型在任意配重条件下弹性与弹塑性阶段的动力相似关系确定，结构缩尺比取为 1∶2。模型中构件节点连接采用全焊连接，其中梁与柱的连接采用坡口全熔透焊缝，加劲肋采用双面角焊缝连接。试验模型钢材材质为 Q235B，焊接材料为 E43 型焊条。模型构件先在工厂加工，然后在试验室现场拼装，其模型如图 4.4.1.2 所示，钢材材性及构件参数表分别见表 4.4.1.1、表 4.4.1.2。

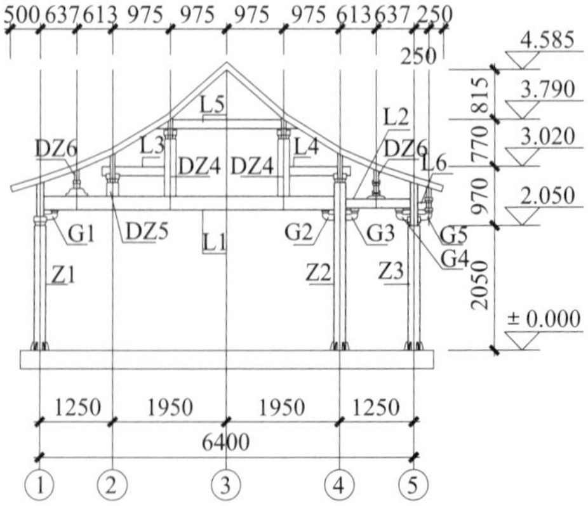

图 4.4.1.2　试验模型

钢材材性 表 4.4.1.1

材料	板厚 t（mm）	屈服强度 f_y（MPa）	屈服应变 ε_y（$\times10^{-6}$）	极限强度 f_u（MPa）	弹性模量 E_s（MPa）	伸长率 δ（%）
板材	3	327.3	1544	476.8	2.12×10^5	21.1
	5	317.6	1557	390.7	2.04×10^5	20.8
	10	289.2	1530	407.1	1.89×10^5	27.8
管材	3	335.9	1592	502.4	2.11×10^5	25.6
	6	306.3	1612	362.6	1.90×10^5	25.6

构件参数表 表 4.4.1.2

构件	编号	截面尺寸
柱	Z1、Z3	下段 $\phi203\times6$；上端 □125×5
	Z2	$\phi203\times6$
	DZ4、DZ5、DZ6	□125×3
梁	L1	□$225\times125\times3$
	L2、L3、L4、L5	□$150\times100\times3$
	L6	□$120\times100\times3$
节点板	—	t=10mm

2）加载装置及加载制度

试验在西安建筑科技大学结构工程与抗震实验室进行，试验模型的固定台座采用7500mm×500mm×600mm（长 × 宽 × 高）的钢筋混凝土梁刚性底座，并通过钢压梁以地脚锚栓固定在地槽内，设置2道侧向支撑，限制试件平面外变形。水平荷载由支撑于反力墙上的500kN电液伺服作动器施加，作动器量程为250mm，整个试验过程采用MTS973电液伺服程控结构试验机系统控制，试验数据由100通道TDS602数据采集仪采集。

模型的竖向荷载在考虑模型的相似比后由原型竖向荷载及自重求得，并采用混凝土配重块在钢框架两侧用钢索悬吊施加。模型加载示意及布置如图4.4.1.3、图4.4.1.4所示。

拟动力加载制度：施加竖向荷载后，再施加水平荷载，通过对模型结构进行弹性静力加载，得到初始刚度矩阵；然后进行拟动力加载试验，加载方式为逐级加载。拟动力试验中所采用的地震波加速度幅值按相似关系进行调整，使其分别相当于8度多遇（加速度峰值取70gal）、8度设防（加速度峰值取200gal）、8度罕遇（加速度峰值取400gal）地震作用。

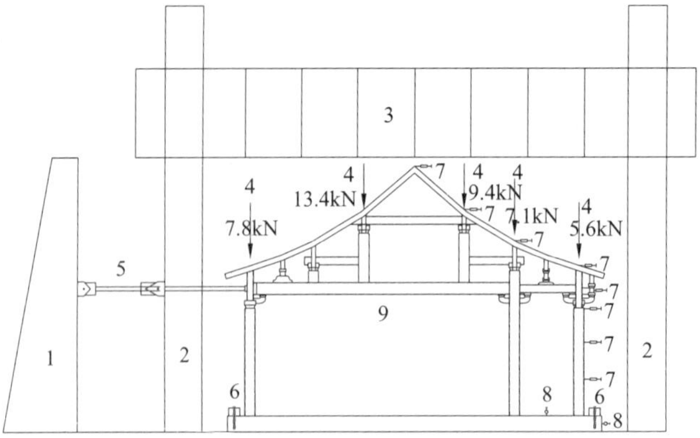

1- 反力墙；2- 反力钢架；3- 反力梁；4- 配重块；5- 电液伺服作动器；
6- 压梁；7- 电子位移计；8- 百分表；9- 试件

图 4.4.1.3 模型试验加载、测试图

图 4.4.1.4 试件加载布置

综合考虑原型钢框架的所在场地、现有地震波记录的持时、频谱特性和峰值等因素，采用了 El centro 波、Taft 波、兰州波、汶川波（具体加载工况见表 4.4.1.3）。其中 El centro 波、Taft 波和兰州波的时间间隔 Δt 根据相似比压缩为 0.014s，从原地震波中取 1000 个点作为输入波，则压缩后输入波持续时间为 14s；汶川波的时间间隔 Δt 根据相似比压缩为 0.0035s，从原地震波中取 4000 个点作为输入波，则压缩后输入波持续时间为 14s。

拟静力加载制度（图 4.4.1.5）：采用 MTS 电液伺服加载系统对模型结构施加水平低周反复荷载，采用混合加载的加载程序。模型结构屈服前，即水平荷载 - 位移曲线发生明显转折前，采用水平力控制的加载方式，每 20kN 为一级，每级荷载循环 1 次；模型结构屈服后，改用水平位移控制的加载方式，采用屈服位移作为步长进行加载，每级循环 3 次，直至模型破坏。

拟动力加载工况　　表 4.4.1.3

工况	地震波	加速度峰值（gal）
1	El Centro 波	70
2	Taft 波	70
3	兰州波	70
4	汶川波	70
5	El Centro 波	200
6	Taft 波	200
7	兰州波	200
8	汶川波	200
9	El Centro 波	400
10	汶川波	400

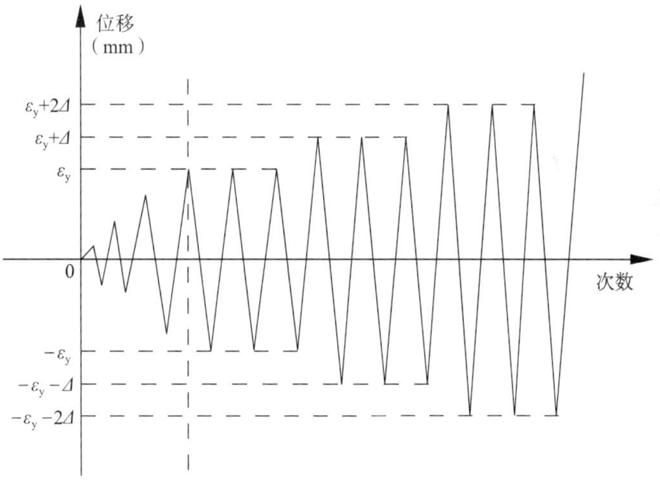

图 4.4.1.5　拟静力加载制度

4.4.2　实验结果及分析

1）拟动力试验结果和分析

拟动力试验加载全程中，试件仅在个别斗栱部位出现板件开裂现象（图 4.4.2.1）。从开裂现象和位置分析知，由于构件尺度小，焊缝施焊困难，且个别位置为点焊间断焊，加之斗栱构件板材较薄。焊接缺陷和板材较薄易导致焊缝过早开裂扩展。

各加载工况下，结构整体侧移不大，根据模型各测点应变数据分析知，整个加载过程结构处于弹性阶段，整体刚度基本保持不变。钢框架结构试件 MTS 作用点在各个工况下的位移反应如图 4.4.2.2 所示。

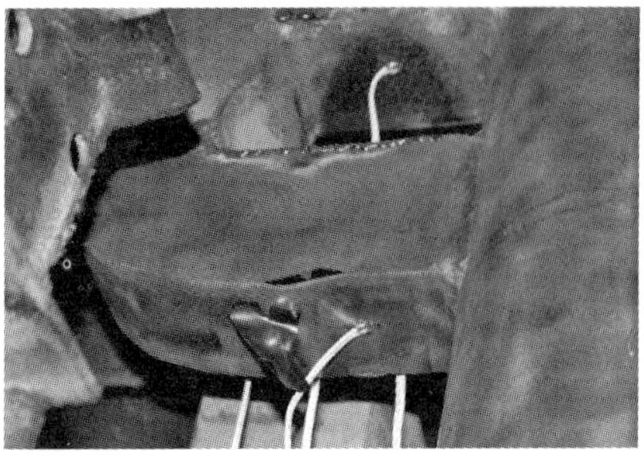

（a）G2 部位

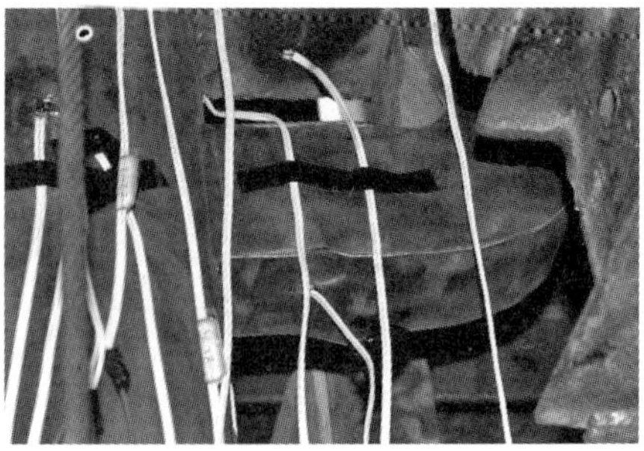

（b）G3 部位

图 4.4.2.1　试件开裂

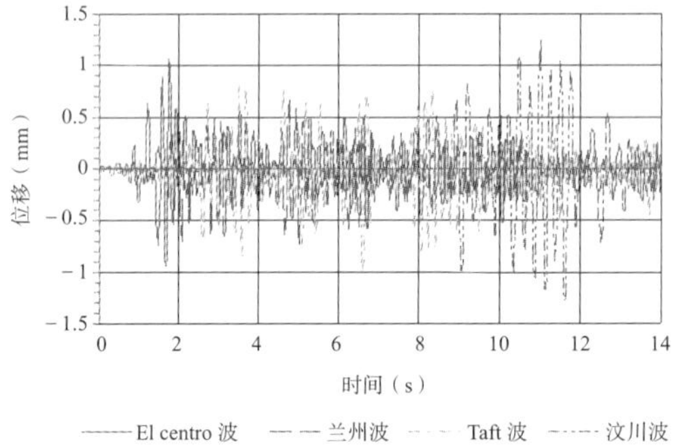

（a）70gal 位移时程曲线

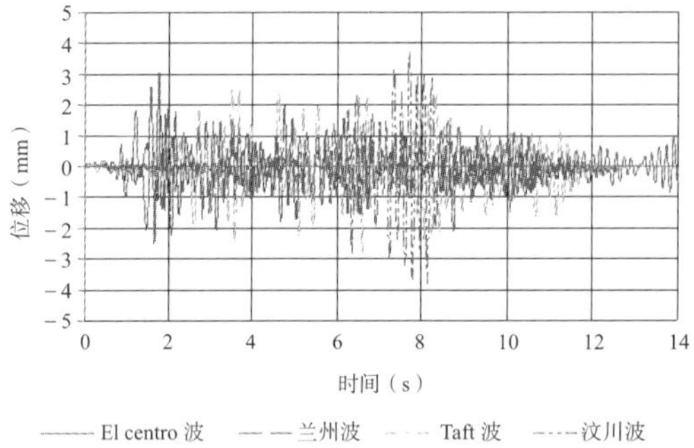

（b）200gal 位移时程曲线

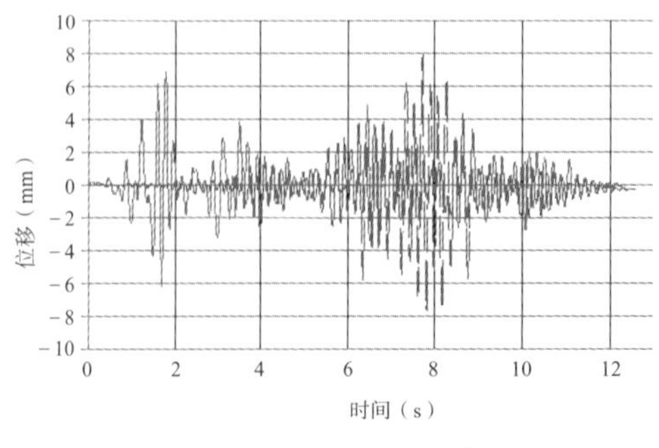

（c）400gal 位移时程曲线

图 4.4.2.2　拟动力试验位移时程

由图 4.4.2.2 可知：

（1）在不同的加载工况下，随着加速度峰值增加，钢框架的位移反应加大，但结构整体始终处弹性状态；

（2）在不同的加载工况下，传统风格建筑钢框架结构承载力高，初始刚度大，耗能及延性好；

（3）传统风格建筑钢框架结构的位移反应与所输入的地震波的频谱特性具有一定关系，对传统风格建筑钢框架结构位移响应的影响大小依次为：ELCentro 波、兰州波、Taft 波、汶川波。

2）拟静力试验结果和分析

拟静力试验作为本次拟动力试验的补充，以便获得试件模型极限状态下的破坏机制、承载力、刚度、变形和耗能等信息，为钢框架结构抗震设计收集和提供试验数据。拟静力试验加载过程中，试验现象如下：

（1）试验加载前期，水平荷载加载采用力控制加载方式。当作动器荷载小于 ±140kN 时，前期斗栱开裂处开裂呈扩大趋势，同时有个别斗栱焊缝部位出现新增细小裂纹（图 4.4.2.3）。根据钢框架结构荷载 - 位移滞回曲线以及应变变化情况可知，结构处于弹性和弹塑性阶段，结构整体刚度较大，刚度退化缓慢，结构延性较好。

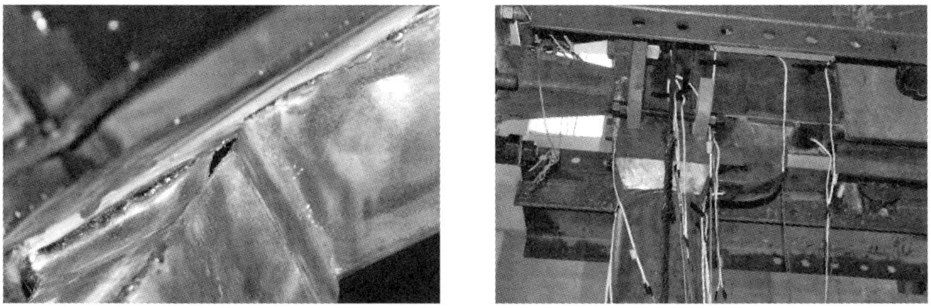

（a）裂缝扩展　　（b）新增裂缝

图 4.4.2.3　试验现象

（2）随后试验加载由水平荷载加载控制改为位移控制。在循环加载过程中，当位移至 ±55mm，此时结构弹塑性层间位移角值已大于 1/50，试件 G2 上部开裂，G3 上部内凹变形 [图 4.4.2.4（a）]，下部焊缝开裂。当位移至 ±65mm 时：G1 上部开裂，下部底面与 Z1 斗连接处焊缝开裂；G4 上部开裂，下部北侧鼓曲 [图 4.4.2.4（b）]；Z1 作动器夹板区域南北侧中部出现水平裂缝。当位移至 ±75mm 时，L1 右端上表面距 Z2 约 5cm 处鼓曲，下部开裂 [图 4.4.2.4（c）]；L2 右端开裂。当位移至 ±85mm 时，G2 上部完全断开；G3 上部完全断开。当位移至 ±95mm 时，L2 右端裂缝延伸，Z3 靠近 L2 连接处母材开裂。当位移至 ±105mm 时，L1 上表面靠近 Z2 西侧鼓曲；Z1 作动器夹板区域水平裂缝延伸至东西两侧。当位移至 ±115mm 时，G1 底面与 Z1 斗连接处完全开裂；L1 右端几乎断开；L2 左端完全断开；Z2 顶部斗座发生屈曲 [图 4.4.2.4（d）]；Z3 柱脚发生屈曲。当位移至 ±125mm 时，Z1，Z2 柱脚发生屈曲。此时，结构变形过大，加载终止。

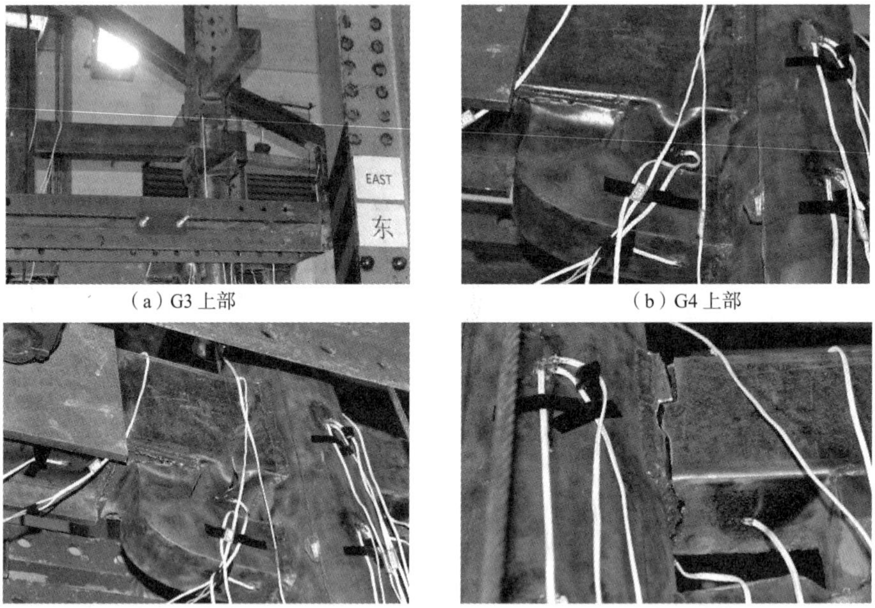

（a）G3 上部　（b）G4 上部

（c）L1 右端　（d）L2 左端

图 4.4.2.4　试验现象

图 4.4.2.5 为试验 MTS 作用点处的滞回曲线，结果表明：传统风格建筑钢框架结构滞回曲线饱满、对称，滞回曲线呈较为饱满的梭形或弓形，说明传统风格建筑钢框架结构具有良好的抗震性能。

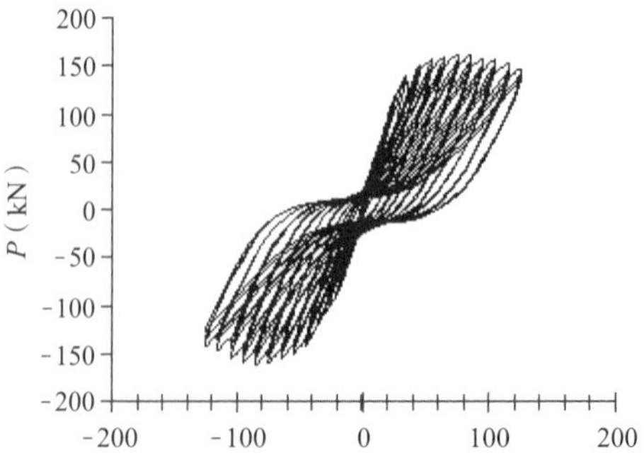

图 4.4.2.5　钢框架 $P\text{-}\Delta$ 滞回曲线图

4.4.3 结论

（1）提高和改善焊接质量是防止传统风格建筑钢框架节点区域脆性破坏的首要保证。明显的焊接缺陷容易导致裂缝过早扩展，从而降低节点延性和耗能能力。

（2）传统风格建筑钢框架结构具有承载力高，承载力退化稳定，初始刚度大，耗能及延性好等特点。

（3）在斗栱屈曲后，主体框架结构仍具有相当可观的屈曲后强度，从而保证框架具有较大的承载力和可靠的抗震性能。

（4）斗栱节点域剪切变形不容忽略，在结构设计中可适当加强斗栱域节点设计，以加强该位置梁柱节点，延迟框架梁端开裂、屈曲，实现“强节点、弱构件”。

（5）传统风格建筑钢框架可经历较大的塑性变形，节点及构件破坏呈延性破坏特征，结构抗震性能优越。

第5章

展　望

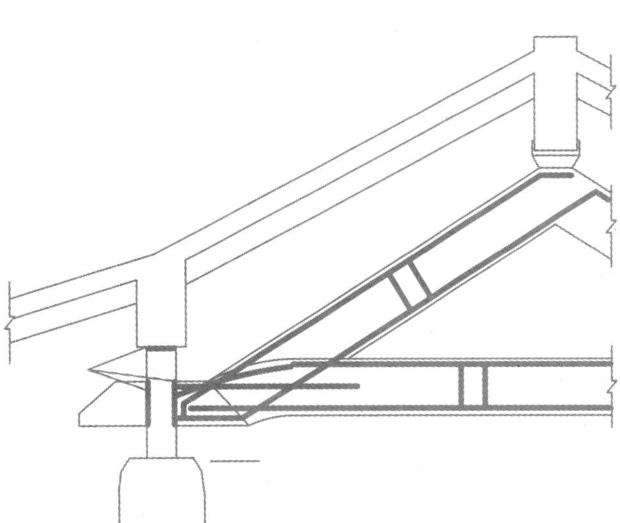

近些年来，各大城市在发展和建设中，为了更能体现本城市的文化底蕴与特点，都在探索如何在新建现代建筑中传承与创新本地区传统建筑。传统风格建筑具有很好推广应用前景,已得到了普遍的认可。在这方面的探索与创新中,古都西安最具代表性，且已取得了很大的成功。在古都西安，为适应历史文化名城保护与发展的需要，传统风格建筑得到了迅速的发展，建设了大量的具有新时代功能、传统文化风格显著的地标性建筑。这些传统风格建筑均体现了当地的文化底蕴和特色，逐渐成了这些城市的标志和象征，得到了民众的认可。

采用各种现代结构技术设计建造的传统风格建筑已有诸多工程实践案例，但对这些结构体系及设计方法进行系统的理论及试验研究在国内尚属先例。合理的现代结构设计既能很好地传承中国传统建筑风格，又能满足现代建筑抗震、防火、节能、环保等要求，对建设和发展具有地域特色的新建现代建筑具有重要的理论意义和工程应用价值。

目前传统风格建筑结构性能研究才刚刚起步，虽然取得了一定的成果，但尚未形成相对统一的研究理论方法，还需有大量的研究工作亟待开展。

（1）由于条件及技术限制，目前传统风格建筑结构性能研究大多集中在计算机模拟阶段，试验研究相对较少，试验数据支持有限，极大地影响了现有研究成果的可靠性，应进一步加大传统风格建筑结构性能的试验研究。

（2）传统风格建筑结构设计缺乏专业的设计规范。目前结构设计一般都参考现行的《混凝土结构设计规范》和《钢结构设计规范》进行设计，但由于传统风格建筑结构的要求与现代建筑有差别，因此还需细化其结构设计规范。

（3）传统风格建筑结构的节点部位的连接比较复杂，目前掌握的试验数据有限，需对其加大试验研究以便更好地了解该复杂节点的受力性能。现有的试验装置都只能满足普通单梁 - 柱节点的约束要求，如果用来约束仿古建筑双梁 - 柱节点，则节点难以发生真实的破坏，试验结果的准确性有待验证。因此，需要完善相关试验装置。

（4）随着传统风格建筑的不断发展，新功能引起的大跨度、大空间、大悬挑等要求，需进一步研究如钢管混凝土、预应力混凝土等新型组合或混合结构在传统风格建筑中的应用。

（5）斗栱、雀替等构件在传统风格建筑抗震性能中发挥重要的作用，但在具体设计中通常这些构件用于装饰较多。因此，如何考虑在传统风格建筑设计中发挥斗栱、雀替等构件的抗震性能是未来的研究方向。

（6）在传统风格建筑主体结构采用钢筋混凝土或钢结构时，将檐口如斗栱、挑檐等部位构件采用木结构或其他轻型、环保材料，既可以合理地利用几种不同材料的抗震性能，又可更好地营造出建筑的风韵。因此，在传统风格建筑设计中研究新型混合结构也是未来研究的热门方向。

（7）目前传统风格建筑抗震性能评估方面的研究非常有限，传统风格建筑中没有可以依据的设计规范，现有的传统风格建筑大都只通过设计师的保守计算，因此亟须对其抗震性能进行评估。基于性能的抗震评估理论和方法可以详尽地对结构的抗震能力进行评估，因此，基于性能的传统风格建筑结构的抗震安全评估是未来传统风格建筑结构性能领域的研究趋势。

（8）由于新型组合材料的发展，现在对传统风格建筑中如何运用“现代木结构”，也是一个值得研究的课题。中国木结构建筑是独立于西方建筑而发展成熟的结构系统，是中华文化的有机组成部分，理应采取科学的方法加以保护，使之更为久远地传承下去。

参考文献

[1] 梁思成. 中国建筑史 [M]. 天津：百花文艺出版社，2005 年 .

[2] 薛玉宝. 中国古建筑概论 [M]. 北京 : 中国建筑工业出版社，2015.

[3] 蔡良瑞. 探秘中国古建筑 [M]. 北京：清华大学出版社，2015.

[4] 尚正春，张硕新 . 森林与大气中 CO_2 关系的研究进展 [J]. 西北林学院学报，2004，19（3）：188-192.

[5] 田耀武，田国行，郑根宝 . 城市森林水土流失率的研究 [J]. 中国城市林业，2004，2（5）：60-63.

[6] 张锦秋. 长安沃土育古今——唐大明宫丹凤门遗址博物馆设计 [J]. 建筑学报，2010，11：26-29.

[7] 张锦秋 - 建筑院士访谈录 [M]. 北京：中国建筑工业出版社，2014.

[8] 刘克成 . 全球化语境下的中国当代建筑设计 [J]. 建筑学报，2014，01:9-13.

[9] 郭小青 . 对当代建筑设计的思考 [J]. 工程设计与研究，2012，01:27-28.

[10] 王航 . 建筑形态的进化——当代建筑设计中的进化思想 [J]. 建筑与文化，2015，01:184-185.

[11] 张锦秋 - 从传统走向未来 [M]. 北京：中国建筑工业出版社，2016.

[12] 长安意匠——张锦秋建筑作品集 [M]. 北京：中国建筑工业出版社，2006.

[13] 车顺利，韦孙印，吴琨，贾俊明，曾凡生 . 唐大明宫丹凤门遗址博物馆结构设计 [J]. 建筑结构，2017，03:88-91.

[14] 车顺利，贾俊明，吴琨，韦孙印，曾凡生 .2011 年西安世园会天人长安塔结构设计 [J]. 钢结构，2017，02:59-62+71.

[15] 贾俊明，吴琨，陶晞暝，韦孙印 . 黄帝陵祭祀大殿大跨预应力混凝土屋盖设计 [J]. 建筑结构，2007，（10）:1-5.

[16] 赵元超 . 天地之间——张锦秋建筑思想集成研究 [M]. 北京：中国建筑工业出版社，2016.

[17] 傅熹年 . 中国古代建筑概说 [M]. 北京：北京出版社，2016.

[18] 赵鸿铁，张锡成，薛建阳，等 . 中国木结构古建筑的概念设计思想 [J]. 西安建筑科技大学学报，2011，43（4）：457-463.

[19] GB 50011—2010 建筑抗震设计规范 [S]. 北京：中国建筑工业出版社，2016.

[20] GB 50010—2010 混凝土结构设计规范 [S]. 北京：中国建筑工业出版社，2011.

[21] GB 50017—2003 钢结构设计规范 [S]. 北京：中国计划出版社，2003.

[22] GB 50009—2012 建筑结构荷载规范 [S]. 北京：中国建筑工业出版社，2012.

[23] JGJ 3—2010 高层建筑混凝土结构技术规程 [S]. 北京 : 中国建筑工业出版社，2010.

[24] 贾俊明，车顺利，张耀，韦孙印 . 一种建筑用钢结构收分柱 [P]. 陕西：CN204826406U，2015-12-02.

[25] 吴琨，车顺利，马牧．一种增强型建筑钢筋混凝土结构柱收分装置 [P]. 陕西：CN204826407U，2015-12-02.

[26] 贾俊明，吴琨，车顺利，韦孙印．一种建筑飞檐组件 [P]. 陕西：CN204826462U，2015-12-02.

[27] 车顺利，葛鸿鹏，吴翔艳，贾俊明．一种建筑用空心方椽檐口结构 [P]. 陕西：CN204850277U，2015-12-09.

[28] 车顺利，吴琨，贾俊明，董凯利．一种建筑用空心圆椽檐口结构安装方法 [P]. 陕西：CN105178520A，2015-12-23.

[29] 吴琨，车顺利，马牧，贾俊明．一种建筑钢筋混凝土结构柱收分装置安装方法 [P]. 陕西：CN104895338A，2015-09-09.

[30] 董凯利，韦孙印，侯文龙．一种建筑用单椽檐板结构 [P]. 陕西：CN204826463U，2015-12-02.

[31] 薛建阳，翟磊，高卫欣，董金爽，葛鸿鹏，刘祖强，吴琨．仿古建筑矩形与圆形钢管柱连接抗震性能试验研究 [J]. 建筑结构学报，2016，02:81-91.

[32] 薛建阳，吴占景，隋龑，葛鸿鹏，吴琨．传统风格建筑钢结构双梁 - 柱中节点抗震性能试验研究及有限元分析 [J]. 工程力学，2016，05:97-105.

[33] 薛建阳，翟磊，魏志粉，吴占景，隋龑，贾俊明．传统风格建筑圆钢管柱 - 箱形截面双梁节点受力性能试验研究与承载力计算 [J]. 工程力学，2017，02:189-196.

[34] 张锦秋．大明宫国家遗址公园：丹凤门遗址博物馆设计 [J]. 建筑创作，2012，01:18-27.

[35] 张锦秋．唐韵盛景曲水丹青：长安芙蓉园规划设计 [J]. 建筑创作，2004，03:34-53.

[36] 张锦秋，徐嵘．长安塔创作札记 [J]. 建筑学报，2011，08:9-11.

[37] 张锦秋，成社，杨超英．黄帝陵祭祀大院（殿）[J]. 建筑创作，2005，09:22-27.

[38] 刘琼，李向民，许清风．预制装配式混凝土结构研究与应用现状 [J]. 施工技术，2014，22:9-14+36.

[39] 赵唯坚．超高强材料与装配式结构 [J]. 工程力学，2012，S2:31-42.

[40] 曹杨，陈沸镔，龙也．装配式钢结构建筑的深化设计探讨 [J]. 钢结构，2016，02:72-76.

[41] 赵东拂，孟颖．装配式钢结构住宅外围护结构体系的发展与应用 [J]. 建筑结构，2016，S2:422-425.

[42] 王亚超，李俊峰，蒋世林，张峰．装配式混凝土结构设计关键连接技术研究 [J]. 建筑结构，2016，10:91-94+106.

[43] 上海市建设和交通委员会. 世博会临时建筑物、构筑物设计标准（结构专篇）[R]. 上海：上海市建设和交通委员会，2007.

[44] 赵鸿铁，张风亮，薛建阳，谢启芳，张锡成，马辉．古建筑木结构的结构性能研究综述 [J]. 建筑结构学报，2012，08:1-10.

[45] 沈祖炎，温东辉，李元齐．中国建筑钢结构技术发展现状及展望 [J]. 建筑结构，2009，09:15-24+14.

[46] 韩建华．中国古代城阙的考古学观察 [J]. 中原文物，2005，01：53-61.

[47] 《结构力学》编写组．结构计算简图的选择 [J]. 清华大学学报，1973 年 12 月．

[48] 彭明祥等. 大明宫国家遗址公园丹凤门工程设计与施工 [J]. 施工技术，2010，8（39）：154-157

[49] 马哲刚等. 大明宫丹凤门遗址保护展示工程钢结构施工技术 [J]. 施工技术，2011，2（40）：28-30

[50] JGJ/T 92—93 无粘结预应力混凝土结构技术规程 [S]. 北京：中国计划出版社，1993.

[51] 薛建阳，翟磊，马林林，葛鸿鹏，董金爽，吴琨．钢结构仿古建筑带斗栱檐柱抗震性能试验研究及有限元分析 [J]. 土木工程学报，2016，07:57-67.

[52] 吴清，郝亚民．杭州雷峰塔新塔结构设计与施工 [J]. 工业建筑，2004，34（12），19-22.

[53] 张锦秋. 盛世伽蓝 [M]. 北京：中国建筑工业出版社，2012.

[54] 林建鹏. 仿古建筑方钢管混凝土柱与钢筋混凝土圆柱连接抗震性能试验研究 [D]. 西安：西安建筑科技大学，2015.

[55] 建筑抗震设计规范：GBJ 11—1989 建筑抗震设计规范 .[S]. 北京：中国建筑工业出版社，1989.

[56] 张锦秋．欲攀琼楼登玉宇，俯瞰苍茫觅风情 2011 西安世园会四大标志性建筑之——长安塔 [J]. 建筑与文化，2011，02:24.

[57] 李萍．近 20 年来西安地区建筑创作中多元化探索的研究 [D]. 北京：清华大学，2013.

[58] 王宏旭，周华新等．天人长安塔钢 - 混组合结构应用技术 [J]. 施工技术，2011，01:31-33.

[59] 丁亮进，董欢涛等．天人长安塔钢结构综合施工技术 [J]. 施工技术，2010，08:158-159，166.

[60] 康丽娟，张利新，李玉爽，葛晓东. 某寺庙混凝土仿古建筑结构抗震设计实例 [J]. 建筑结构，2011，41（增刊）：113-115

[61] 米文杰. 仿古建筑结构设计分析 [J]. 建筑结构，2013，43（23）：62-66

[62] GB 50936—2014 钢管混凝土结构技术规范 [S]. 北京：中国建筑工业出版社，2014.

[63] 陈明达．应县木塔 [M]. 北京：文物出版社，2001.

[64] 陈志勇．应县木塔典型节点及结构受力性能研究 [D]. 哈尔滨：哈尔滨工业大学，2011.

[65] 傅学怡，雷康儿，杨想兵，等．福建兴业银行大厦搭接柱转换结构研究应用 [J]. 建筑结构，2003，33（12）：8-12.

[66] GB 50005—2003 木结构设计规范 [S]. 北京：中国建筑工业出版社，2004.

[67] CECS 126:2001 叠层橡胶支座隔震技术规程 [S]. 北京：中国工程建设标准化协会，2001.

[68] 徐珂，王雷．钢结构在仿古建筑中的应用 [J]. 建筑结构，2003，10:26-29.

[69] 丁阳，汪明，李忠献．爆炸荷载作用下钢框架结构连续倒塌分析 [J]. 建筑结构学报，2012，02:78-84.

[70] 孙国华，顾强，何若全，方有珍．基于能量反应谱的抗弯钢框架结构能量计算 [J]. 土木工程学报，2012，05:41-48.

[71] 施刚，胡方鑫，石永久．各国规范钢框架结构抗震设计方法对比研究（Ⅰ）：设防目标与地震作用 [J]. 建筑结构，2017，02:1-6.

[72] 施刚，胡方鑫，石永久．各国规范钢框架结构抗震设计方法对比研究（Ⅱ）：承载力、延性与侧移要求 [J]. 建筑结构，2017，02:7-15.

[73] 李诫撰，邹其昌．营造法式（修订本）[M]. 北京：人民出版社，2011.

[74] 王佩云．祈年殿式钢筋混凝土建筑结构研究 [D]. 北京：北方工业大学，2015

[75] 谢启芳，李朋，葛鸿鹏，等．传统风格钢筋混凝土梁 - 柱节点抗震性能试验研究 [J]. 世界地震工程，2015，31（4）:81-91.

[76] 李俊华．低周反复荷载下型钢高强混凝土柱受力性能试验研究 [D]. 西安：西安建筑科技大学，2005.

[77] 赖正聪，白羽，潘文，等．高烈度地区高层隔震剪力墙结构抗震性能地震模拟振动台试验 [J]. 建筑结构，2016，46（11）：92-95.

[78] 周琦，门进杰，史庆轩．钢筋混凝土框架结构模型振动台试验及抗震性能对比 [J]. 建筑结构，2008，38（5）：41-44.